国家精品课程教材

高等学校规划教材

数 据 结 构

（C 语言描述）

（第 3 版）

王晓东 编著

Publishing House of Electronics Industry

北京·BEIJING

内 容 简 介

本书是国家精品课程教材，以 ACM 和 IEEE/CS Computing Curricula 课程体系及教育部计算机科学与技术教学指导委员会发布的"高等学校计算机科学与技术本科专业规范"为依据，以基本数据结构为知识单元编写而成。全书分为 10 章，内容包括引论、表、栈、队列、排序与选择算法、树、散列表、优先队列、并查集、图等。全书采用 C 语言作为描述语言，内容丰富，叙述简明，理论与实践并重。每章设有应用举例和算法实验题，并为任课教师免费提供电子课件和课程实验用数据。

本书可作为高等学校计算机、电子信息、信息与计算科学、信息管理与信息系统等专业的数据结构课程教材，也适合工程技术人员和自学者学习参考。

图书在版编目（CIP）数据

数据结构：C 语言描述 / 王晓东编著. —3 版. —北京：电子工业出版社，2019.8

ISBN 978-7-121-34442-8

Ⅰ. ① 数… Ⅱ. ① 王… Ⅲ. ① 数据结构－高等学校－教材 ② C 语言－程序设计－高等学校－教材

Ⅳ. ① TP311.12 ② TP312.8

中国版本图书馆 CIP 数据核字（2018）第 119824 号

责任编辑：章海涛   文字编辑：张 鑫

印   刷：大厂聚鑫印刷有限责任公司

装   订：大厂聚鑫印刷有限责任公司

出版发行：电子工业出版社

　　　　　北京市海淀区万寿路 173 信箱   邮编：100036

开   本：787×1092 1/16 印张：16.25 字数：427 千字

版   次：2007 年 7 月第 1 版

　　　　　2019 年 8 月第 3 版

印   次：2021 年 10 月第 8 次印刷

定   价：49.00 元

凡所购买电子工业出版社图书有缺损问题，请向购买书店调换。若书店售缺，请与本社发行部联系，联系及邮购电话：（010）88254888，88258888。

质量投诉请发邮件至 zlts@phei.com.cn，盗版侵权举报请发邮件至 dbqq@phei.com.cn。

本书咨询联系方式：192910558（QQ 群）。

前　　言

要想以最低的成本、最快的速度、最好的质量开发出适合各种应用需求的软件，必须遵循软件工程的原则，设计出高效的程序。一个高效的程序不仅需要编程技巧，而且需要合理的数据组织和清晰高效的算法。这正是计算机科学领域里数据结构与算法设计所研究的主要内容。

计算机科学是一种创造性思维活动，其教育必须面向设计。数据结构正是一门面向设计，且处于计算机学科核心地位的教育课程。通过对数据结构知识的系统学习与研究，理解和掌握数据结构与算法设计的主要方法，为独立完成软件设计和分析奠定坚实的理论基础，对从事计算机系统结构、系统软件和应用软件研究与开发的科技工作者来说是必不可少的。为了适应 21 世纪我国培养各类计算机人才的需要，本课程结合我国高等学校教育工作的现状，追踪国际计算机科学技术的发展水平，更新了教学内容和教学方法，以基本数据结构为知识单元，系统介绍数据结构知识与应用，以期为计算机相关专业的学生提供一个扎实的数据结构设计的知识基础。本课程的教学改革实践取得了丰硕的成果，课程已被评为国家精品课程。

本书以 ACM 和 IEEE/CS Computing Curricula 课程体系及教育部计算机科学与技术教学指导委员会发布的"高等学校计算机科学与技术本科专业规范"中关于算法与数据结构的知识结构和体系为依据编写，全书分为 10 章。

第 1 章为引论，介绍数据结构、抽象数据类型和算法等基本概念，并简要阐述了算法的计算复杂性和对算法的描述。

第 2~4 章依次介绍基于序列的抽象数据类型表、栈和队列。

第 5 章介绍在实际应用中常用的排序与选择算法。

第 6 章讨论反映层次关系的抽象数据类型树。

第 7 章讨论散列表等实践中常用的实现集合和符号表的方法。

第 8 章讨论以有序集为基础的抽象数据类型优先队列及其实现方法。

第 9 章讨论以不相交集合为基础的抽象数据类型并查集及其实现方法。

第 10 章介绍非线性结构图及其算法。

考虑到学生的知识基础和课程体系的需要，本书用 C 语言作为描述语言，并尽量使数据结构和算法的描述简明、清晰。参考学时数为 54~68。

数据结构是一门理论性强、实践难度较大的专业基础课程。为了使学生在深刻理解课程内容的基础上，灵活运用所学的知识解决实际问题，我们在章首增加了学习要点提示，章末有本章小结和难易适当的习题，并特别设计了算法实验题，以强化实践环节，要求学生课后通过上机实验来完成。作者的教学实践表明，这类算法实验题对学生掌握课堂教学内容有很大帮助，效果非常好。

国家精品课程资源共享课地址：http://www.icourses.cn/sCourse/course_2535.html。欢迎广大读者访问教学网站，并提出宝贵意见，作者 E-mail：wangxd@fzu.edu.cn。

在本书编写过程中，得到了全国高等学校计算机专业教学指导委员会的关心和支持。福州大学"211 工程"计算机与信息工程重点学科实验室和福建工程学院为本书编写提供了优良的设备和工作环境。傅清祥教授、吴英杰教授、傅仰耿博士和朱达欣教授参加了本书有关章节的讨论，对本书第 3 版的内容及各章节的编排提出了许多建设性意见。田俊教授认真审阅了全书。在此，谨向每一位曾经关心和支持本书编写工作的人士表示衷心的感谢！

由于作者的知识和写作水平有限，书稿虽几经修改，仍难免有缺点和错误。热忱欢迎同行专家和读者批评指正，以使本书不断改进，日臻完善。

作者

目　　录

第1章　引论 ·· 1

　1.1　算法及其复杂性的概念 ·· 1

　　1.1.1　算法与程序 ·· 1

　　1.1.2　算法复杂性的概念 ·· 1

　　1.1.3　算法复杂性的渐近性态 ·· 3

　1.2　算法的表达与数据表示 ·· 5

　　1.2.1　问题求解 ·· 5

　　1.2.2　表达算法的抽象机制 ·· 5

　1.3　抽象数据类型 ·· 8

　　1.3.1　抽象数据类型的基本概念 ·· 8

　　1.3.2　使用抽象数据类型的好处 ·· 9

　1.4　数据结构、数据类型和抽象数据类型 ·· 10

　1.5　用C语言描述数据结构与算法 ··· 11

　　1.5.1　变量和指针 ·· 11

　　1.5.2　函数与参数传递 ·· 12

　　1.5.3　结构 ·· 13

　　1.5.4　动态存储分配 ··· 14

　1.6　递归 ·· 15

　　1.6.1　递归的基本概念 ·· 15

　　1.6.2　间接递归 ·· 17

　本章小结 ·· 18

　习题1 ·· 18

　算法实验题1 ·· 19

第2章　表 ·· 21

　2.1　表的基本概念 ·· 21

　2.2　用数组实现表 ·· 22

　2.3　用指针实现表 ·· 26

　2.4　用间接寻址方法实现表 ·· 30

　2.5　用游标实现表 ·· 32

　2.6　循环链表 ·· 37

　2.7　双链表 ··· 39

　2.8　表的搜索游标 ·· 43

　　2.8.1　用数组实现表的搜索游标 ·· 43

　　2.8.2　单循环链表的搜索游标 ·· 44

2.9　应用举例 ··· 45

本章小结 ·· 47

习题 2 ·· 47

算法实验题 2 ·· 49

第 3 章　栈 ·· 52

3.1　栈的基本概念 ·· 52

3.2　用数组实现栈 ·· 53

3.3　用指针实现栈 ·· 55

3.4　应用举例 ·· 57

本章小结 ·· 60

习题 3 ·· 60

算法实验题 3 ·· 62

第 4 章　队列 ·· 64

4.1　队列的基本概念 ·· 64

4.2　用指针实现队列 ·· 64

4.3　用循环数组实现队列 ·· 67

4.4　应用举例 ·· 70

本章小结 ·· 74

习题 4 ·· 74

算法实验题 4 ·· 75

第 5 章　排序与选择算法 ··· 78

5.1　简单排序算法 ·· 78

5.1.1　冒泡排序算法 ·· 79

5.1.2　插入排序算法 ·· 79

5.1.3　选择排序算法 ·· 80

5.1.4　简单排序算法的复杂性 ···································· 80

5.2　快速排序算法 ·· 81

5.2.1　算法基本思想及实现 ······································ 81

5.2.2　算法的性能 ·· 82

5.2.3　随机快速排序算法 ·· 83

5.2.4　非递归快速排序算法 ······································ 83

5.2.5　三数取中划分算法 ·· 84

5.2.6　三划分快速排序算法 ······································ 85

5.3　合并排序算法 ·· 86

5.3.1　算法基本思想及实现 ······································ 86

5.3.2　对基本算法的改进 ·· 87

5.3.3　自底向上合并排序算法 ···································· 88

5.3.4　自然合并排序算法 ·· 88

5.3.5　链表结构的合并排序算法 ·································· 89

5.4　线性时间排序算法 ·· 90

5.4.1 计数排序算法 ··· 90

5.4.2 桶排序算法 ··· 91

5.4.3 基数排序算法 ··· 92

5.5 中位数与第 k 小元素 ··· 94

5.5.1 平均情况下的线性时间选择算法 ······················· 94

5.5.2 最坏情况下的线性时间选择算法 ······················· 96

5.6 应用举例 ·· 98

本章小结 ··· 100

习题 5 ·· 100

算法实验题 5 ·· 101

第 6 章 树 ·· 104

6.1 树的定义 ·· 104

6.2 树的遍历 ·· 106

6.3 树的表示法 ··· 108

6.3.1 父结点数组表示法 ·· 108

6.3.2 儿子链表表示法 ·· 108

6.3.3 左儿子右兄弟表示法 ·· 108

6.4 二叉树的基本概念 ·· 109

6.5 二叉树的运算 ·· 111

6.6 二叉树的实现 ·· 112

6.6.1 二叉树的顺序存储结构 ··· 112

6.6.2 二叉树的结点度表示 ·· 113

6.6.3 用指针实现二叉树 ··· 113

6.7 线索二叉树 ··· 118

6.8 二叉搜索树 ··· 119

6.9 线段树 ··· 128

6.10 序列树 ·· 134

6.11 应用举例 ··· 142

本章小结 ··· 146

习题 6 ·· 147

算法实验题 6 ·· 149

第 7 章 散列表 ··· 154

7.1 集合的基本概念 ··· 154

7.1.1 集合的定义和记号 ··· 154

7.1.2 定义在集合上的基本运算 ·· 155

7.2 简单集合的实现方法 ··· 156

7.2.1 用位向量实现集合 ··· 156

7.2.2 用链表实现集合 ·· 158

7.3 散列技术 ·· 161

7.3.1 符号表 ··· 161

	7.3.2	开散列	163
	7.3.3	闭散列	164
	7.3.4	散列函数及其效率	168
	7.3.5	闭散列的重新散列技术	169
7.4	应用举例		170
本章小结			171
习题 7			172
算法实验题 7			173

第 8 章	优先队列		176
8.1	优先队列的定义		176
8.2	优先队列的简单实现		177
8.3	优先级树和堆		177
8.4	用数组实现堆		179
8.5	可并优先队列		181
	8.5.1	左偏树的定义	182
	8.5.2	用左偏树实现可并优先队列	182
8.6	应用举例		185
本章小结			190
习题 8			190
算法实验题 8			191

第 9 章	并查集		194
9.1	并查集的定义及其简单实现		194
9.2	用父结点数组实现并查集		195
9.3	应用举例		198
本章小结			201
习题 9			201
算法实验题 9			202

第 10 章	图		205
10.1	图的基本概念		205
10.2	抽象数据类型图		208
10.3	图的表示法		209
	10.3.1	邻接矩阵表示法	209
	10.3.2	邻接表表示法	209
	10.3.3	紧缩邻接表表示法	210
10.4	用邻接矩阵实现图		211
	10.4.1	用邻接矩阵实现赋权有向图	211
	10.4.2	用邻接矩阵实现赋权无向图	213
	10.4.3	用邻接矩阵实现有向图	213
	10.4.4	用邻接矩阵实现无向图	213
10.5	用邻接表实现图		214

10.5.1 用邻接表实现有向图 ·· 214

10.5.2 用邻接表实现无向图 ·· 217

10.5.3 用邻接表实现赋权有向图 ·· 218

10.5.4 用邻接表实现赋权无向图 ·· 221

10.6 图的遍历 ·· 222

10.6.1 广度优先搜索 ·· 222

10.6.2 深度优先搜索 ·· 224

10.7 最短路径 ·· 225

10.7.1 单源最短路径 ·· 225

10.7.2 Bellman-Ford 最短路径算法 ·· 228

10.7.3 所有顶点对之间的最短路径 ·· 230

10.8 无圈有向图 ·· 231

10.8.1 拓扑排序 ··· 231

10.8.2 DAG 的最短路径 ·· 233

10.8.3 DAG 的最长路径 ·· 234

10.8.4 DAG 所有顶点对之间的最短路径 ·································· 234

10.9 最小支撑树 ·· 235

10.9.1 最小支撑树性质 ·· 235

10.9.2 Prim 算法 ··· 235

10.9.3 Kruskal 算法 ·· 237

10.10 图匹配 ··· 239

10.11 应用举例 ·· 241

本章小结 ··· 243

习题 10 ··· 244

算法实验题 10 ··· 245

参考文献 ··· 250

第1章 引　　论

学习要点
- 理解算法的概念
- 理解什么是程序，程序与算法的区别和内在联系
- 能够列举求解问题的基本步骤
- 掌握算法在最坏情况、最好情况和平均情况下的时间复杂性
- 掌握算法复杂性的渐近性态的数学表述
- 了解表达算法的抽象机制
- 熟悉数据类型和数据结构的概念
- 熟悉抽象数据类型的基本概念
- 理解数据结构、数据类型和抽象数据类型三者的区别和联系
- 掌握用 C 语言描述数据结构与算法的方法
- 理解递归的概念

1.1　算法及其复杂性的概念

1.1.1　算法与程序

对于计算机科学来说，算法（Algorithm）的概念是至关重要的。例如，在一个大型软件系统的开发中，设计出有效的算法起决定性作用。通俗地讲，算法是指解决问题的一种方法或一个过程。严格地讲，算法是由若干条指令组成的有穷序列，且具有下述 4 条性质。

① 输入：有零个或多个由外部提供的量作为算法的输入。

② 输出：算法产生至少一个量作为输出。

③ 确定性：组成算法的每条指令是清晰的，无歧义的。

④ 有限性：算法中每条指令的执行次数是有限的，执行每条指令的时间也是有限的。

程序（Program）与算法不同。程序是算法用某种程序设计语言的具体实现。程序可以不满足算法的性质④。例如，操作系统是一个在无限循环中执行的程序，因而不是一个算法。然而可把操作系统的各种任务看成一些单独的问题，每一个问题由操作系统中的一个子程序通过特定的算法来实现，该子程序得到输出结果后便终止。

1.1.2　算法复杂性的概念

一个算法的复杂性的高低体现在运行该算法所需要的计算机资源的多少上，所需要的资源越多，该算法的复杂性越高；反之，所需要的资源越少，该算法的复杂性越低。计算机资源中最重要的是时间和空间（即存储器）资源。因此，算法的复杂性有时间复杂性和空间复

杂性之分。

不言而喻，对于任意给定的问题，设计出复杂性尽可能低的算法是设计算法时追求的一个重要目标。另一方面，当给定的问题已有多种算法时，选择其中复杂性最低者，是选用算法应遵循的一个重要准则。因此，算法复杂性分析对算法的设计或选用有重要的指导意义和实用价值。

确切地说，算法的复杂性是指运行算法所需要的计算机资源的量。需要的时间资源的量称为时间复杂性，需要的空间资源的量称为空间复杂性。这个量应该集中反映算法的效率，而从运行该算法的实际计算机中抽象出来。换句话说，这个量应该是只依赖于算法要解的问题的规模和算法的输入的函数。

如果分别用 n 和 I 表示算法要解的问题的规模和算法的输入，用 C 表示复杂性，那么算法复杂性可表示为 $C(n,I)$。如果把时间复杂性和空间复杂性分开，并分别用 T 和 S 来表示，那么应该有 $T=T(n,I)$ 和 $S=S(n,I)$。由于时间复杂性与空间复杂性概念类同，计量方法相似，且空间复杂性分析相对简单些，所以本书将主要讨论时间复杂性。现在的问题是如何将复杂性函数具体化，即对于给定的 n 和 I，如何导出 $T(n,I)$ 和 $S(n,I)$ 的数学表达式，给出计算 $T(n,I)$ 和 $S(n,I)$ 的法则。下面以 $T(n,I)$ 为例，将复杂性函数具体化。

根据 $T(n,I)$ 的概念，它应该是算法在一台抽象的计算机上运行所需要的时间。设此抽象的计算机所提供的元运算有 k 种，分别记为 $O_1,O_2,\cdots,O_k$。又设每执行一次这些元运算所需要的时间分别为 $t_1,t_2,\cdots,t_k$。对于给定的算法 A，设经统计，用到元运算 O_i 的次数为 e_i，$i=1,2,\cdots,k$。显然，对于每一个 i，$1 \leqslant i \leqslant k$，$e_i$ 是 n 和 I 的函数，即 $e_i = e_i(n,I)$。那么有

$$T(n,I) = \sum_{i=1}^{k} t_i e_i(n,I)$$

式中，$t_i (i=1,2,\cdots,k)$ 是与 n 和 I 无关的常数。

显然，不可能对规模为 n 的每一种合法的输入 I 都统计 $e_i(n,I)$，$i=1,2,\cdots,k$。因此 $T(n,I)$ 的表达式还要进一步简化。或者说，只能在规模为 n 的某些或某类有代表性的合法输入中统计相应的 e_i，$i=1,2,\cdots,k$，评价时间复杂性。

通常考虑最坏、最好和平均三种情况下的时间复杂性，并分别记为 $T_{\max}(n)$，$T_{\min}(n)$ 和 $T_{\text{avg}}(n)$。在数学上有

$$T_{\max}(n) = \max_{I \in D_n} T(n,I) = \max_{I \in D_n} \sum_{i=1}^{k} t_i e_i(n,I) = \sum_{i=1}^{k} t_i e_i(n,I^*) = T(n,I^*)$$

$$T_{\min}(n) = \min_{I \in D_n} T(n,I) = \min_{I \in D_n} \sum_{i=1}^{k} t_i e_i(n,I) = \sum_{i=1}^{k} t_i e_i(n,\tilde{I}) = T(n,\tilde{I})$$

$$T_{\text{avg}}(n) = \sum_{I \in D_n} P(I) T(n,I) = \sum_{I \in D_n} P(I) \sum_{i=1}^{k} t_i e_i(n,I)$$

式中，D_n 是规模为 n 的合法输入的集合；I^* 是 D_n 中一个使 $T(n,I^*)$ 达到 $T_{\max}(n)$ 的合法输入；$\tilde{I}$ 是 D_n 中一个使 $T(n,\tilde{I})$ 达到 $T_{\min}(n)$ 的合法输入；而 $P(I)$ 是在算法的应用中出现输入 I 的概率。

以上三种情况下的时间复杂性从不同角度反映算法的效率，各有各的局限性，也各有各的用处。实践表明，可操作性最好且最有实际价值的是最坏情况下的时间复杂性。本书对算法时

间复杂性分析的重点将放在这种情况下。

1.1.3 算法复杂性的渐近性态

随着经济的发展、社会的进步和科学研究的深入，要求用计算机解决的问题越来越复杂，规模越来越大。对求解这类问题的算法进行复杂性分析具有特别重要的意义，因而要特别关注。在此引入复杂性渐近性态的概念。

设 $T(n)$ 是前面所定义的关于算法 A 的复杂性函数。一般来说，当 n 单调增加且趋于 ∞ 时，$T(n)$ 也将单调增加趋于 ∞。对于 $T(n)$，若存在 $\tilde{T}(n)$，使得当 $n \to \infty$ 时，有 $\dfrac{T(n) - \tilde{T}(n)}{T(n)} \to 0$，则 $\tilde{T}(n)$ 是 $T(n)$ 当 $n \to \infty$ 时的渐近性态，或称 $\tilde{T}(n)$ 为算法 A 当 $n \to \infty$ 时的渐近复杂性，以示与 $T(n)$ 区别。因为在数学上，$\tilde{T}(n)$ 是 $T(n)$ 当 $n \to \infty$ 时的渐近表达式；直观上，$\tilde{T}(n)$ 是 $T(n)$ 中略去低阶项所留下的主项，所以它比 $T(n)$ 更简单。

例如，当 $T(n) = 3n^2 + 4n\log n^{注} + 7$ 时，$\tilde{T}(n)$ 的一个答案是 $3n^2$，因为这时有

$$\lim_{n \to \infty} \frac{T(n) - \tilde{T}(n)}{T(n)} = \lim_{n \to \infty} \frac{4n\log n + 7}{3n^2 + 4n\log n + 7} = 0$$

显然，$3n^2$ 比 $3n^2 + 4n\log n + 7$ 简单得多。

由于当 $n \to \infty$ 时 $T(n)$ 渐近于 $\tilde{T}(n)$，所以可以用 $\tilde{T}(n)$ 来替代 $T(n)$，作为算法 A 在 $n \to \infty$ 时的复杂性的度量。而且 $\tilde{T}(n)$ 明显地比 $T(n)$ 简单，这种替代是对复杂性分析的一种简化。还要进一步考虑分析算法的复杂性的目的在于比较求解同一问题的两个不同算法的效率。而当要比较的两个算法的渐近复杂性的阶不相同时，只要能确定出各自的阶，就可以判定哪一个算法的效率高。换句话说，这时的渐近复杂性分析只要关心 $\tilde{T}(n)$ 的阶就够了，不必关心包含在 $\tilde{T}(n)$ 中的常数因子。因此又可对 $\tilde{T}(n)$ 的分析进一步简化，即假设算法中用到的所有不同的元运算各执行一次所需要的时间都是一个单位时间。

上面已经给出了简化算法复杂性分析的方法，即只需要考查当问题的规模充分大时，算法复杂性在渐近意义下的阶。本书的算法分析都将这么进行。为此引入渐近意义下的记号 O，Ω，θ 和 o。

以下设 $f(n)$ 和 $g(n)$ 是定义在正数集上的正函数。

若存在正的常数 C 和自然数 n_0，使得当 $n \geqslant n_0$ 时有 $f(n) \leqslant Cg(n)$，则称函数 $f(n)$ 当 n 充分大时上有界，且 $g(n)$ 是它的一个上界，记为 $f(n) = O(g(n))$。这时还称 $f(n)$ 的阶不高于 $g(n)$ 的阶。

举几个例子如下。

（1）因为对所有的 $n \geqslant 1$ 有 $3n \leqslant 4n$，所以 $3n = O(n)$。

（2）因为当 $n \geqslant 1$ 时有 $n + 1024 \leqslant 1025n$，所以 $n + 1024 = O(n)$。

（3）因为当 $n \geqslant 10$ 时有 $2n^2 + 11n - 10 \leqslant 3n^2$，所以 $2n^2 + 11n - 10 = O(n^2)$。

注：没有标注底的 $\log$ 可默认为以 2 为底。在算法分析中，可不关心对数的底，这是因为不同的底只相差一个常数，对算法复杂性没有任何影响。

（4）因为对所有 $n\geqslant 1$ 有 $n^2\leqslant n^3$，所以 $n^2=O(n^3)$。

（5）一个反例 $n^3\neq O(n^2)$。因为若不然，则存在正的常数 C 和自然数 n_0，使得当 $n\geqslant n_0$ 有 $n^3\leqslant Cn^2$，即 $n\leqslant C$。显然，当取 $n=\max\{n_0,\lfloor C\rfloor+1\}$ 时这个不等式不成立，所以 $n^3\neq O(n^2)$。

按照符号 O 的定义，容易证明它有如下运算规则：

（1）$O(f)+O(g)=O(\max(f,g))$；

（2）$O(f)+O(g)=O(f+g)$；

（3）$O(f)O(g)=O(fg)$；

（4）若 $g(n)=O(f(n))$，则 $O(f)+O(g)=O(f)$；

（5）$O(Cf(n))=O(f(n))$，其中 C 是一个正的常数；

（6）$f=O(f)$。

规则（1）的证明：设 $F(n)=O(f)$。根据符号 O 的定义，存在正常数 C_1 和自然数 n_1，使得对所有的 $n\geqslant n_1$，有 $F(n)\leqslant C_1f(n)$。类似地，设 $G(n)=O(g)$，则存在正常数 C_2 和自然数 n_2，使得对所有的 $n\geqslant n_2$ 有 $G(n)\leqslant C_2g(n)$。

令 $C_3=\max\{C_1,C_2\}$，$n_3=\max\{n_1,n_2\}$，$h(n)=\max\{f,g\}$，则对所有的 $n\geqslant n_3$，有
$$F(n)\leqslant C_1f(n)\leqslant C_1h(n)\leqslant C_3h(n)$$

类似地有
$$G(n)\leqslant C_2f(n)\leqslant C_2h(n)\leqslant C_3h(n)$$

因而
$$\begin{aligned}O(f)+O(g)&=F(n)+G(n)\\&\leqslant C_3h(n)+C_3h(n)\\&=2C_3h(n)\\&=O(h)\\&=O(\max(f,g))\end{aligned}$$

其余规则的证明类似，留给读者作为练习。

根据符号 O 的定义，用它评估算法的复杂性，得到的只是当规模充分大时的一个上界。这个上界的阶越低，评估就越精确，结果就越有价值。

与渐近复杂性有关的另一记号是 Ω，其定义如下：若存在正常数 C 和自然数 n_0，使得当 $n\geqslant n_0$ 时有 $f(n)\geqslant Cg(n)$，则称函数 $f(n)$ 当 n 充分大时下有界，且 $g(n)$ 是它的一个下界，记为 $f(n)=\Omega(g(n))$。这时我们还说 $f(n)$ 的阶不低于 $g(n)$ 的阶。

用 Ω 评估算法的复杂性，得到的只是该复杂性的一个下界。这个下界的阶越高，评估就越精确，结果就越有价值。这里的 Ω 只是对问题的一个算法而言的。如果它是对一个问题的所有算法或某类算法而言的，即对于一个问题和任意给定的充分大的规模 n，下界在该问题的所有算法或某类算法的复杂性中取，那么它将更有意义。这时得到的相应下界，称为问题的下界或某类算法的下界。它常常与符号 O 配合，以证明某问题的一个特定算法是该问题的最优算法，或该问题的某算法类中的最优算法。

现在来看符号 θ 的定义。定义 $f(n)=\theta(g(n))$ 当且仅当 $f(n)=O(g(n))$ 且 $f(n)=\Omega(g(n))$。这时认为 $f(n)$ 与 $g(n)$ 同阶。

最后，若对于任意给定的 $\varepsilon > 0$，都存在正整数 n_0，使得当 $n \geq n_0$ 时有 $f(n)/g(n) < \varepsilon$，则称函数 $f(n)$ 当 n 充分大时的阶比 $g(n)$ 的低，记为 $f(n) = O(g(n))$。

例如，$4n \log n + 7 = O(3n^2 + 4n \log n + 7)$。

1.2 算法的表达与数据表示

1.2.1 问题求解

用计算机解决一个稍复杂的实际问题，一般都要进行如下步骤。

（1）将实际问题数学化，即把实际问题抽象为一个带有一般性的数学问题。这一步要引入一些数学概念，精确地阐述数学问题，弄清问题的已知条件和所要求的结果，以及在已知条件和所要求的结果之间存在着的隐式或显式的联系。

（2）对于确定的数学问题，设计求解的方法，即算法设计。这一步要建立问题的求解模型，即确定问题的数据模型并在此模型上定义一组运算，然后借助于对这组运算的执行和控制，从已知数据出发导出所要求的结果，形成算法并用自然语言来表述。这种语言不是程序设计语言，不能被计算机接受。

（3）用计算机上的一种程序设计语言来表达已设计好的算法。即将非形式化的自然语言表达的算法转变为用一种程序设计语言表达的算法。这一步称为程序设计或程序编制。

（4）在计算机上编辑、调试和测试编制好的程序，直到输出所要求的结果。

在上述问题求解的过程中，求解问题的算法及其实现是核心内容。本章着重考虑第（2）步，而且把注意力集中在算法表达的抽象机制上，目的是引入抽象数据类型的重要概念，同时为大型程序设计提供一种自顶向下逐步求精的模块化方法，即运用抽象数据类型来描述程序的方法。

1.2.2 表达算法的抽象机制

算法是一个运算序列。它的所有运算定义在一类特定的数据模型上，并以解决一类特定问题为目标。算法的程序表达归根结底是算法要素的程序表达，因为一旦算法的每一项要素都已经用程序清楚地表达，整个算法的程序表达也就不成问题了。

算法实现有如下三要素：

（1）作为运算序列中各种运算的对象和结果的数据；

（2）运算序列中的各种运算；

（3）运算序列中的控制转移。

这三要素依序分别简称为数据、运算和控制。

由于算法层出不穷，千变万化，其运算的对象数据和得到的结果数据名目繁多。最简单最基本的有布尔值数据、字符数据、整数和实数数据等；稍复杂的有向量、矩阵、记录等数据；更复杂的有集合、树和图，还有声音、图形、图像等数据。

同样，运算种类也五花八门。最基本最初等的有赋值运算、算术运算、逻辑运算和关系运算等；稍复杂的有算术表达式、逻辑表达式等；更复杂的有函数值计算、向量运算、矩阵运算、集合运算，以及表、栈、队列、树和图上的运算等；此外，还有以上列举的运算的复合和嵌套。

控制转移相对单纯。在串行计算中，它只有顺序、分支、循环、递归和无条件转移等几种。

最早的程序设计语言是机器语言，即具体的计算机上的一个指令集。当时，在计算机上运行的所有算法都必须直接用机器语言来表达，计算机才能接受。算法的运算序列（包括运算对象和运算结果）都必须转换为指令序列，其中的每一条指令都以编码（指令码和地址码）的形式出现。这与用高级程序设计语言表达的算法相差甚远。对于没受过程序设计专门训练的人来说，程序可读性极差。

用机器语言表达算法的数据、运算和控制十分繁杂，因为机器语言所提供的指令太初等、太原始。机器语言只能表达算术运算、按位逻辑运算和数的大小比较运算等。稍复杂的运算都必须分解为最初等的运算，才能用相应的指令替代它。机器语言能直接表达的数据只有最原始的位、字节和字三种。算法中即使是最简单的数据，如布尔值、字符、整数、实数，也必须映射到位、字节和字中，还要给它们分配存储单元。对于算法中有结构的数据的表达，则要麻烦得多。机器语言所提供的控制转移指令也只有无条件转移、条件转移、进入子程序和从子程序返回等最基本的几种。用它们构造循环、形成分支、调用函数都要事先做许多准备，还需要许多经验和技巧。

直接用机器语言表达算法有许多缺点，如下所述。

（1）大量繁杂的细节牵制着程序员，使他们不可能有更多的时间和精力去从事创造性的劳动，执行对他们来说更为重要的任务，如确保程序的正确性、高效性。

（2）程序员既要把握程序设计的全局又要深入每一个局部直到实现的细节，即使智力超群的程序员也常常会顾此失彼，屡出差错，因而所编制的程序可靠性差，且开发周期长。

（3）由于用机器语言进行程序设计的思维和表达方式与人们的习惯大相径庭，只有经过较长时间职业训练的程序员才能胜任，使得程序设计曲高和寡。

（4）机器语言的书面形式全是"密码"，可读性差，不便于交流与合作。

（5）机器语言高度依赖于具体的计算机，可移植性和可重用性差。

克服上述缺点的办法是对程序设计语言进行抽象，让它尽可能接近算法语言。为此，人们首先注意到的是可读性和可移植性，因为它们较容易通过抽象得到改善。

汇编语言实现了对机器语言的抽象，它将机器语言的每一条指令符号化：以记忆符替代指令码，以符号地址替代地址码，使含义显现在符号上而不再隐藏在编码中。另一方面，汇编语言摆脱了具体计算机的限制，可在具有不同指令集的计算机上运行，只要该计算机配备了汇编语言的一个汇编程序。这无疑是机器语言朝算法语言靠拢迈出的重要一步。但它离算法语言还太远，程序员还不能从分解算法的数据、运算和控制，直至细化到汇编可直接表达的指令等繁杂的事务中解脱出来。

高级程序设计语言的出现使算法的程序表达产生了一次飞跃。算法最终要表达为具体计算机上的机器语言才能在该计算机上运行，得到所需要的结果。但汇编语言的实践启发人们，表达成机器语言不必一步到位，可以分两步走，即先表达成一种中间语言，然后转换成机器语言。汇编语言作为一种中间语言，并没有获得很大成功，原因是它离算法语言还太远。这便促使人们去设计一种尽量接受算法语言的规范语言，即高级程序设计语言，让程序员可以方便地表达算法，然后借助于规范的高级语言到规范的机器语言的"翻译"，最终将算法表达为机器语言。而且，由于高级语言和机器语言都具有规范性，这里的"翻译"完全可以机械化地由计算机来完成，就像汇编语言翻译成机器语言一样，只要计算机配备一个编译程序即可。上述两步，前一步由程序员去完成，后一步由编译程序去完成。在规定好它们各自该做什么之后，这两步是完全独立的。前一步要做的只是用高级语言正确地表达给定的算法，产生一个高级语言程序；后一步要做的只是将第一步得到的高级语言程序翻译成机器语言程序。至于程序员如何用高级语言表达算法，编译程序如何将高级语言表达的算法翻译成机器语言表达的算法，二者毫不相干。

处理从算法语言最终表达成机器语言这一复杂过程的上述思想方法就是一种抽象。汇编语言和高级语言的出现都是这种抽象的范例。与汇编语言相比，高级语言的巨大成功在于它在数据、运算和控制三方面的表达中引入了许多使之十分接近算法语言的概念和工具，大大提高了抽象表达算法的能力。

在运算方面，高级语言除允许原封不动地运用算法语言的算术运算、逻辑运算、关系运算、算术表达式和逻辑表达式外，还引入了强有力的函数等工具，并让用户自定义。这一工具的重要性不仅在于它精简了重复的程序文本段，还在于它反映出程序的二级抽象。在函数调用级，人们只关心它能做什么，不必关心它如何做。只是到定义函数时，人们才给出如何做的细节。用过高级语言的读者都知道，一旦函数的名称、参数和功能被规定清楚，在程序中调用它们便与在程序的头部说明它们完全分开。可以修改一个函数甚至更换函数体而不影响调用该函数。如果把函数名看成运算名，把参数看成运算的对象或运算的结果，那么，函数调用和初等运算的引用就完全一样。利用函数及函数的复合或嵌套可以很自然地表达算法语言中任何复杂的运算。

在数据表示方面，高级语言引入了数据类型的概念，即把所有的数据加以分类。每一个数据（包括表达式）或每一个数据变量都属于其中确定的一类。这一类数据称为一个数据类型。数据类型是数据或数据变量类属的说明，它指示该数据或数据变量可能取的值的全体。对于无结构的数据，高级语言除提供标准的基本数据类型外，还提供用户可自定义的枚举类型、子界类型和指针类型等。这些类型的使用方式都符合人们在算法语言中的使用习惯。对于有结构的数据，高级语言提供了数组、记录、集合和文件等标准的结构数据类型。其中，数组是科学计算中的向量、矩阵的抽象；记录是商业和管理中的记录的抽象；集合是数学中小集合的势集的抽象；文件是外存储数据（如磁盘中的数据等）的抽象。人们可以利用所提供的基本数据类型，按数组、记录、集合和文件的构造规则构造有结构的数据。此外，还允许用户利用标准的结构数据类型，通过复合或嵌套构造更复杂、更高层的结构数据。这使得高级语言中的数据类型呈明显的分层。高级语言中数据类型的分层是没有穷尽的，因而用它们可以表达算法语言中任何复杂层次的数据。

在控制方面，高级语言通常提供表达算法控制转移的如下方式：

（1）默认的顺序控制；

（2）条件（分支）控制；

（3）选择（情况）控制；

（4）循环控制；

（5）函数调用，包括递归函数调用；

（6）无条件转移。

以上算法控制转移表达方式不仅满足了算法语言中所有控制表达的要求，而且不再像机器语言或汇编语言那样原始、烦琐、隐晦，而是如上面所看到的，与自然语言的表达相差无几。

高级程序设计语言是对机器语言的进一步抽象，它带来的好处主要是：

（1）高级语言更接近算法语言，易学易用，一般工程技术人员只需要几周时间的培训就可以从事简单的程序开发工作；

（2）高级语言为程序员提供了结构化程序设计的环境和工具，使得设计出来的程序可读性好，可维护性强，可靠性高；

（3）高级语言不依赖于机器语言，与具体的计算机硬件关系不大，因而写出来的程序可移植性好，重用率高；

（4）由于把繁杂的事务交给了编译程序去做，所以自动化程度高，开发周期短，且程序员得以解脱，可以集中时间和精力去从事更为重要的创造性劳动，提高程序的质量。

1.3 抽象数据类型

1.3.1 抽象数据类型的基本概念

与机器语言和汇编语言相比，高级语言的出现大大简化了程序设计。但算法从非形式的自然语言表达转换为形式化的高级语言表达，仍然是一个复杂的过程，要做很多繁杂的事情，因而仍然需要进一步抽象。

设计一个明确的数学问题的算法，总是先选用该问题的一个数据模型；接着，弄清所选用的数据模型在已知条件下的初始状态和要求的结果状态，以及这两个状态之间的隐含关系；然后探索从已知初始状态到结果状态所必需的运算步骤；最后把这些步骤记录下来，就是求解该问题的算法。

按照自顶向下逐步求精的原则，在探索运算步骤时，首先应该考虑算法顶层的运算步骤，再考虑底层的运算步骤。

顶层的运算步骤是指定义在数据模型级上的运算步骤，或称宏观步骤。它们组成算法的主干部分。这部分算法通常用非形式的自然语言表达。其中涉及的数据是数据模型中的一个变量，暂时不关心它的数据结构；涉及的运算以数据模型中的数据变量作为运算对象，或作为运算结果，或二者兼而有之，简称为定义在数据模型上的运算。由于暂时不关心变量的数据结构，所以这些运算都带有抽象性质，不含运算的细节。

底层的运算步骤是指顶层抽象运算的具体实现。它们依赖于数据模型的结构及其具体表示。因此，底层的运算步骤包括两部分：一是数据模型的具体表示；二是定义在该数据模型上的运算的具体实现。可以把它们理解为微观运算。于是，底层运算是顶层运算的细化，底层运算为顶层运算服务。为了将顶层算法与底层算法隔开，使二者在设计时不会互相牵制、互相影响，必须对二者的接口进行一次抽象。让底层只通过这个接口为顶层服务，顶层也只通过这个接口调用底层的运算。这个接口就是抽象数据类型，其英文术语是 Abstract Data Types，简记为ADT。

抽象数据类型是算法设计和程序设计中的重要概念。严格地说，它是算法的一个数据模型连同定义在该模型上并作为该算法构件的一组运算。这个概念明确地把数据模型与该模型上的运算紧密地联系起来。数据模型上的运算依赖于数据模型的具体表示，因为数据模型上的运算以数据模型中的数据变量作为运算对象，或运算结果，或二者兼而有之。另一方面，有了数据模型的具体表示，以及数据模型上运算的具体实现，运算的效率随之确定。如何选择数据模型的具体表示，使该模型上的各种运算的效率都尽可能高？对于不同的运算组，为使该运算组中所有运算的效率都尽可能高，其相应的数据模型的具体表示是不同的。在这个意义下，数据模型的具体表示又反过来依赖于数据模型上定义的那些运算。特别是当不同运算的效率互相制约时，还必须事先将所有的运算按使用频度排序，让所选择的数据模型的具体表示先保证使用频度较高的运算有较高的效率。数据模型与定义在该模型上的运算之间存在着的这种密不可分的联系是抽象数据类型的概念产生的背景和依据。

抽象数据类型的概念并不是全新的概念。它实际上是基本数据类型概念的引申和发展。用过高级语言进行算法设计和程序设计的人都知道，基本数据类型已隐含着数据模型和定义在该模型上的运算的统一。事实上基本数据类型中的逻辑类型就是逻辑值数据模型与三种逻辑运算（或、与、非）的统一体；整数类型就是整数值数据模型与四种算术运算（加、减、乘、除）的统一体；实型和字符型等也类同。每一种基本数据类型都连带着一组基本运算。只是由于这些基本数据类型中的数据模型的具体表示、基本运算和具体实现都很规范，都可以通过系统内置而隐蔽起来，使人们看不到它们的封装，而在算法与程序设计中直接使用基本数据类型名和相关的运算名，不究其内部细节，所以没有意识到抽象数据类型的概念已经孕育在基本数据类型的概念之中。

回到定义算法的顶层和底层的接口，即定义抽象数据类型。根据抽象数据类型的概念，对抽象数据类型进行定义就是约定抽象数据类型的名字，同时约定在该类型上定义的一组运算的各个运算的名字，明确各个运算分别有多少个参数，这些参数的含义和顺序，以及运算的功能。一旦定义清楚，在算法的顶层就可以像引用基本数据类型那样，十分简便地引用抽象数据类型；同时算法的底层就有了设计的依据和目标。顶层和底层都与抽象数据类型的定义打交道。顶层运算与底层运算没有直接的联系。因此只要严格按照定义办，顶层算法的设计和底层算法的设计就可以互相独立，互不影响，实现对它们的隔离，达到抽象的目的。

在定义了抽象数据类型之后，算法底层的设计任务如下：

（1）对于每一个抽象数据类型，赋予其具体的构造数据类型，或者说，对于每一个抽象数据类型名，赋予其具体的数据结构；

（2）对于每一个抽象类型上所定义的每一个运算名，赋予其具体的运算内容，或者说，赋予其具体的函数。

因此底层算法的设计就是数据结构的设计和函数的设计。用高级语言表达，就是构造数据类型的定义和函数的说明。

由于实际问题千奇百怪，数据模型千姿百态，问题求解的算法千变万化，抽象数据类型的设计和实现不可能像基本数据类型那样规范。它要求算法设计和程序设计人员因时因地自行筹划，目标是使抽象数据类型对外的整体效率尽可能高。本书在介绍各种抽象数据类型时会给出一些范例，供设计和实现时参考选用。

1.3.2　使用抽象数据类型的好处

使用抽象数据类型将给算法和程序设计带来很多好处，如下所述。

（1）算法顶层的设计与底层的实现分离，在进行顶层设计时不必考虑所用的数据和运算如何表示和实现；反之，在进行数据表示和底层运算实现时，只要定义清楚抽象数据类型，而不必考虑在什么场合引用。这样做，算法和程序设计的复杂性降低了，条理性增强了，既能提高开发程序原型的速度，又能减少开发过程中的差错，保证编出来的程序有较高的可靠性。

（2）算法设计与数据结构设计隔开，允许数据结构自由选择、从容比较、优化算法和提高程序运行的效率。

（3）数据模型和该模型上的运算统一在抽象数据类型中，反映了它们之间内在的互相依赖和互相制约的关系，便于空间和时间耗费的折中，灵活地满足用户的要求。

（4）由于顶层设计和底层实现的局部化，在设计中出现的差错也是局部的，因而容易查找，容易纠正。在设计中常常要做的增、删、改也都是局部的，因而也都很容易进行。因此，用抽象数据类型表述的程序具有较好的可维护性。

（5）编出来的程序自然地呈现模块化，而且抽象数据类型的表示和实现都可以封装起来，便于移植和重用。

（6）为自顶向下逐步求精和模块化提供一种有效的途径和工具。

（7）编出来的程序结构清晰，层次分明，便于程序正确性的证明和复杂性的分析。

1.4 数据结构、数据类型和抽象数据类型

数据结构、数据类型和抽象数据类型，这三个术语在字面上既不同又相近，反映出它们在含义上既有区别又有联系。

数据结构是在整个计算机科学与技术领域中广泛使用的术语。它用来反映数据的内部构成，即数据由哪些成分数据构成，以什么方式构成，呈什么结构。数据结构有逻辑上的数据结构和物理上的数据结构之分。逻辑上的数据结构反映成分数据之间的逻辑关系；物理上的数据结构反映成分数据在计算机内的存储安排。数据结构是数据存在的形式。

数据是按照数据结构分类的，具有相同数据结构的数据属于同一类。同一类数据的全体称为一个数据类型。在高级程序设计语言中，数据类型用来说明数据在数据分类中的归属。它是数据的一种属性。这个属性限定了该数据的变化范围。为了解题的需要，根据数据结构的种类，高级语言定义了一系列的数据类型。不同的高级语言所定义的数据类型不尽相同。简单数据类型对应于简单的数据结构；构造数据类型对应于复杂的数据结构；在复杂的数据结构里，允许成分数据本身具有复杂的数据结构，因此，构造数据类型允许复合嵌套；指针类型对应于数据结构中成分数据之间的关系，表面上属于简单数据类型，实际上都指向复杂的成分数据（即构造数据类型中的数据），因此单独分出一类。

由于数据类型是按照数据结构划分的，所以一类数据结构对应着一种数据类型。一个数据变量在高级语言中的类型说明，必须是该变量所具有的数据结构所对应的数据类型。

最常用的数据结构是数组结构和记录结构。

数组结构的特点如下。

① 成分数据的个数固定，它们之间的逻辑关系由成分数据的序号（数组的下标）来体现。这些成分数据按照序号的先后顺序排列起来。

② 每一个成分数据具有相同的结构（可以是简单结构，也可以是复杂结构），因而属于同一数据类型（相应地是简单数据类型或构造数据类型）。这种同一的数据类型称为基类型。

③ 所有成分数据被依序安排在一片连续的存储单元中。概括起来，数组结构是一个线性的、均匀的、可随机访问其成分数据的结构。由于这种结构有这些良好的特性，所以最常被人们采用。

记录结构是另一种常用的数据结构，它的特点如下。

① 与数组结构一样，成分数据的个数固定。但成分数据之间没有自然序，它们处于平等地位。每一个成分数据被称为一个域并赋予域名。不同的域有不同的域名。

② 不同的域允许有不同的结构，因而允许属于不同的数据类型。

③ 与数组结构一样，可以随机访问其成分数据，但访问的途径是靠域名。在高级语言中记录结构对应的数据类型是记录结构类型。

抽象数据类型的含义在前面已有专门叙述，它可理解为数据类型的进一步抽象，即把数据类型和数据类型上的运算绑定并封装。引入抽象数据类型的目的是把数据类型的表示和数据类型上运算的实现，与这些数据类型和运算在程序中的引用隔开，使它们相互独立。对于抽象数据类型的描述，除必须描述它的数据结构外，还必须描述定义在它上面的运算。抽象数据类型上定义的运算以该抽象数据类型的数据所应具有的数据结构为基础。

1.5 用 C 语言描述数据结构与算法

描述数据结构与算法可以有多种方式，如自然语言方式、表格方式等。在本书中，采用 C 语言来描述数据结构与算法。C 语言的优点是类型丰富，语句精练，使用灵活。用 C 语言来描述算法可使整个算法结构紧凑，可读性强。在本书中，有时为了更好地阐明算法的思路，还采用 C 语言与自然语言相结合的方式来描述算法。本节对 C 语言的若干重要特性进行简要概述和回顾。

1.5.1 变量和指针

1. 变量

变量是程序设计语言对存储单元的抽象，它具有以下属性。

变量名（name）：变量名是用于标识变量的符号。

地址（address）：变量的地址是变量所占据的存储单元的地址。变量的地址属性也称为左值。

大小（size）：变量的大小指该变量所占据的存储空间的数量（以字节数来衡量）。

类型（type）：变量的类型指变量所取的值域及对变量所能执行的运算集。

值（value）：变量的值是指变量所占据的存储单元中的内容。这些内容的意义由变量的类型决定。变量的值属性也称为右值。

生命期（lifetime）：变量的生命期是指在执行程序期间变量存在的时段。

作用域（scope）：变量的作用域是指在程序中变量被引用的语句范围。

2. 指针变量

C 语言中的指针变量是一个 type*类型的变量，其中 type 为任一已定义的数据类型。

指针变量用于存放对象的存储地址。例如：

```
int k, n,*p;
n=8;
```

```
p=&n;
k=*p;
```

其中，p 是一个指向 int 的指针。通过间接引用指针来存取指针所指向的变量。

1.5.2　函数与参数传递

1. 函数

C 语言中函数定义包括 4 个部分：函数名、形参表、返回类型和函数体。函数的使用者通过函数名来调用该函数。调用函数时，将实参传递给形参作为函数的输入，函数体中的处理程序实现该函数的功能，最后将得到的结果作为返回值输出。下面的函数 max 是一个简单函数的例子。

```
1    int max(int x,int y)
2    {
3      return x>y?x:y;
4    }
```

其中，max 是函数名；函数后圆括号中的 int x 和 int y 是形参；函数前面的 int 是返回类型；花括号内是函数体，它实现函数的具体功能。

C 语言中函数一般都有一个返回值。函数的返回值表示函数的计算结果或函数执行状态。如果所定义的函数不需要返回值，可使用 void 来表示它的返回类型。函数的返回值通过函数体中的 return 语句返回。return 语句的作用是返回一个与返回类型相同类型的值，并中止函数的执行。

2. 参数传递

在 C 语言中调用函数时传递给形参表的实参必须与形参在类型、个数和顺序上保持一致。参数传递有两种方式。一种是按值传递。在这种方式下，把实参的值传递到函数局部工作区相应的副本中。函数使用副本执行必要的计算，因此函数实际修改的是副本的值，实参的值不变。

另一种是按地址传递。在这种方式下，需将形参声明为指针类型，即在参数名前加上符号"*"。当一个实参与一个指针类型结合时，被传递的不是实参的值，而是实参的地址。函数通过地址存取被引用的实参。执行函数调用后，实参的值将发生改变。例如：

```
1    void swap(int *x, int *y)
2    {
3      int temp = *x;
4      *x = *y;
5      *y = temp;
6    }
```

其中，函数调用 swap(&x,&y) 交换变量 x 和 y 的值。

在 C 语言中数组参数的传递属特殊情形。数组作为形参可按值传递方式声明，但实际传递的是数组第一个元素的地址，因此在函数体内对于形参数组所进行的任何改变都会在实参数组中反映出来。

在函数语句 max(int x,int y) 和 swap(int *x, int *y) 的形参中都明确指定参数 x 和 y 的类型是

int。要对其他类型的数据，如 long 或 float，完成同样的运算就需要重写相应的函数。例如，对于数据类型 float 可以将函数 max 重写为

```
1   float max(float x,float y)
2   {
3      return x>y?x:y;
4   }
```

如何将函数表示成与数据类型无关的形式？一般来说有多种不同途径可以达到此目的。最简单的一种方式是用 typedef 来定义一个一般的数据类型。用这个一般的数据类型来定义函数。在对具体数据类型调用函数时，只要在 typedef 中指明数据类型即可。例如，用 typedef 来定义一个一般的数据类型 num 如下。

```
1   typedef int num;
2   num max(num x,num y)
3   {
4      return x>y?x:y;
5   }
```

如果要对数据类型 double 调用函数 max，只要在 typedef 中将 int 改成 double 形如：typedef double num。无须改变函数 max。

1.5.3   结构

1. 定义结构

C 语言的结构（Structure）为自定义数据类型提供了灵活方便的方法，可用于实现抽象数据类型的思想，将说明与实现分离。

结构由结构名和结构的数据成员组成。说明结构的标准形式如下。

```
struct 结构名
{
    数据成员列表;
};
```

2. 指向结构的指针

指向结构的指针值是相应的结构变量所占据的内存空间的首地址。

例如，若已经定义了一个结构 st，则语句 struct st *p; 定义一个指向结构 st 的指针。

3. 用 typedef 定义新数据类型

关键字 typedef 常与结构一起用于定义新数据类型。

下面是用 typedef 和结构定义矩形数据类型 Rectangle 的例子。

```
1   typedef struct recnode
2   {
3     int x,y,h,w;/* (x,y)是矩形左下角点的坐标；h 是矩形的高；w 是矩形的宽。*/
4   }Recnode;
```

4. 访问结构变量的数据成员

对于结构类型的变量，用圆点运算符（.）访问结构变量的数据成员。定义为指向结构的指针类型的变量用箭头运算符（->）访问结构变量的数据成员。例如：

```
1   Recnode rr;
2   Rectangle R;
3   R=&rr;
4   rr.x=1; rr.y=1; rr.h=12; rr.w=13;
5   printf("x=%d  y=%d \n",R->x,R->y);
6   printf("h=%d  w=%d \n",rr.h,rr.w);
```

其中，rr 是一个结构类型的变量，R 是一个指向结构的指针类型的变量。

5. 新数据类型变量初始化

使用自定义数据类型变量前通常需要初始化操作。下面的函数用于说明一个 Rectangle 型变量并对其初始化。

```
1   Rectangle RecInit()
2   {
3       Rectangle R=(Rectangle)malloc(sizeof *R);
4       R->x=0; R->y=0; R->h=0; R->w=0;
5       return R;
6   }
```

1.5.4 动态存储分配

1. 动态存储分配函数 malloc()和 free()

C 语言的标准函数 malloc()和 free()可用于动态存储分配。例如：

```
1    char *str;
2    /* 为字符串分配内存 */
3    if ((str=(char *)malloc(10))==0){
4        printf("内存不足 \n");
5        exit(1); /* 退出 */
6    }
7    strcpy(str, "Hello");
8    /* 显示字符串 */
9    printf("字符串 %s\n", str);
10   /* 释放内存 */
11   free(str);
```

2. 动态数组

为了在运行时创建一个大小可动态变化的一维浮点数组 x，可先将 x 声明为一个 float 类型的指针。然后用函数 malloc()为数组动态地分配存储空间。例如，语句 float *x = malloc(n*sizeof (float)) 创建一个大小为 n 的一维浮点数组，然后可用 $x[0],x[1],\cdots,x[n-1]$ 访问每个数组元素。

3. 二维数组

C 语言提供了多种声明二维数组的机制。在许多情况下，当形参是一个二维数组时，必须指定第二维的大小。例如，$a[\ ][10]$ 是一个合法的形参，$a[\ ][\ ]$ 则不是。为了克服这种限制，可以使用动态分配的二维数组。例如，下面的函数创建一个 int 类型的动态工作数组，这个数组有 r 行和 c 列。

```
1    int **malloc2d(int r,int c)
2    {
3        int **t=(int **)malloc(r*sizeof(int*));
4        for(int i=0;i<r;i++)t[i]=(int *)malloc(c*sizeof(int));
5        return t;
6    }
```

其他类型的二维动态数组可用类似方法创建。在程序中动态分配的数组必须在退出程序之前用 free 来释放动态分配的空间，否则容易造成内存泄漏。

1.6　递归

1.6.1　递归的基本概念

直接或间接地调用自身的算法称为递归算法。用函数自身给出定义的函数称为递归函数。在数据结构与算法设计中，递归技术是十分有用的。使用递归技术往往使函数的定义和算法的描述简捷，易于理解。有些数据结构，如二叉树等，由于其本身固有的递归特性，特别适合用递归的形式来描述。另外，还有一些问题，虽然其本身并没有明显的递归结构，但用递归技术来求解可使算法简捷易懂，易于分析。

下面用实例说明递归的概念及其应用范围。

1. 阶乘函数

阶乘函数可递归地定义为

$$n! = \begin{cases} 1, & n = 0 \\ n(n-1)!, & n > 0 \end{cases}$$

阶乘函数的自变量 n 的定义域是非负整数。递归式的第一式给出了这个函数的初始值，是非递归定义的。每个递归函数都必须有非递归定义的初始值，否则，递归函数就无法计算。递归式的第二式是用较小自变量的函数值来表达较大自变量的函数值的方式来定义 $n!$。定义式的左右两边都引用了阶乘记号，是递归定义式，可递归地计算如下。

```
1    int factorial(int n)
2    {
3        if (n==0) return 1;
4        return n*factorial(n-1);
5    }
```

2. Fibonacci 数列

无穷数列 1,1,2,3,5,8,13,21,34,55…称为 Fibonacci 数列。它可以递归地定义为

$$F(n) = \begin{cases} 1, & n = 0 \\ 1, & n = 1 \\ F(n-1) + F(n-2), & n > 1 \end{cases}$$

这是一个递归关系式，它说明当 $n > 1$ 时，这个数列的第 n 项的值是它前面两项之和。它用两个较小的自变量的函数值来定义较大自变量的函数值，所以需要两个初始值 $F(0)$ 和 $F(1)$。

第 n 个 Fibonacci 数可递归地计算如下。

```
1    int fibonacci(int n)
2    {
3        if (n<=1) return 1;
4        return fibonacci(n-1)+fibonacci(n-2);
5    }
```

上述两例中的函数也可用如下非递归方式定义：

$$n! = 1 \times 2 \times 3 \times \cdots \times (n-1) \times n$$

$$F(n) = \frac{1}{\sqrt{5}} \left(\left(\frac{1+\sqrt{5}}{2} \right)^{n+1} - \left(\frac{1-\sqrt{5}}{2} \right)^{n+1} \right)$$

在实现递归算法时，用递归调用函数通常比较耗时，且占用较多空间。例如，用上面描述的递归算法 fibonacci 来计算 Fibonacci 数列就需要耗费指数级 $O(F(n))$ 时间和系统堆栈空间。这是由于在递归调用时重复计算了许多子问题，浪费了计算资源。解决这一问题的有效方法是采用动态规划算法。其基本思想是将计算过的子问题的解保存在一个数组中。在需要子问题的解时，只要从数组中取出，而不必重新计算。这样每个子问题只要解 1 次就可以了，从而节省了计算时间和空间。以计算 Fibonacci 数列为例，用数组 f 来存储子问题的解，相应的动态规划算法如下。

```
1    int fibonacci(int n)
2    {
3        f[0]=f[1]=1;
4        for(int i=2;i<=n;i++)f[i]=f[i-1]+f[i-2];
5        return f[n];
6    }
```

这个算法只需要 $O(n)$ 计算时间和空间。注意，算法实际上只要保留前 2 个子问题的解就足够了。用数组滚动技术可以将算法的空间需求进一步减少到 $O(1)$。

```
1    int fibonacci(int n)
2    {
3        f[0]=f[1]=1;
4        while(--n)f[n&1]=f[0]+f[1];
5        return f[1];
6    }
```

3. 排列问题

设 $R = \{r_1, r_2, \cdots, r_n\}$ 是要进行排列的 n 个元素，$R_i = R - \{r_i\}$。R 中元素的全排列记为

perm(R)。(r_i)perm(R)表示在全排列 perm(R)的每一个排列前加上前缀 r_i 得到的排列。R 的全排列可归纳定义如下：

当 $n=1$ 时，perm(R) $=$ (r)，其中 r 是集合 R 中唯一的元素；

当 $n>1$ 时，perm(R)由(r_1)perm(R_1),(r_2)perm(R_2),$\cdots$,(r_n)perm(R_n)构成。

依此递归定义，可设计产生全排列的递归算法如下。

```
1    void perm(int list[], int k, int m)
2    {/* 产生list[k:m]的所有排列 */
3      if(k==m){/* 已排定 */
4        for (int i=0;i<=m;i++) printf ("%d ",list[i]);
5        printf ("\n");
6      }
7      else /* 递归产生排列 */
8        for(int i=k;i<=m;i++){
9          swap(&list[k],&list[i]);
10         perm(list,k+1,m);
11         swap(&list[k],&list[i]);
12       }
13   }
```

算法 perm(list,k,m)递归地产生所有前缀是 list[0:k-1]，后缀是 list[k:m]的全排列的所有排列，调用算法 perm(list,0,n-1)则产生 list[0:n-1]的全排列。

在一般情况下，$k<m$。算法将 list[k:m]中每一个元素分别与 list[k]中元素交换。然后递归地计算 list[k+1:m]的全排列，并将计算结果作为 list[0:k]的后缀。算法中的函数 swap 用于交换两个表元素值。

1.6.2 间接递归

前面介绍的递归函数都是直接调用其自身，这类递归函数称为直接递归函数。间接递归函数通过调用别的函数间接地调用其自身。

例如，计算正弦和余弦函数的递归式为

$$\sin 2\theta = 2\sin\theta\cos\theta$$
$$\cos 2\theta = 1 - 2\sin^2\theta$$

当 x 充分小时，可以用泰勒展开式计算

$$\sin x = x - \frac{1}{6}x^3$$
$$\cos x = 1 - \frac{1}{2}x^2$$

由此可以设计计算 $\sin x$ 和 $\cos x$ 的间接递归函数如下。

```
1    double s(double x)
2    {
3      if (-0.005<x && x<0.005) return x-x*x*x/6;
4      return 2*s(x/2)*c(x/2);
5    }
6
```

```
 7    double c(double x)
 8    {
 9        if (-0.005<x && x<0.005) return 1.0-x*x/2;
10        return 1.0-2*s(x/2)*s(x/2);
11    }
```

本 章 小 结

本章介绍了算法的基本概念、表达算法的抽象机制，以及算法的计算复杂性概念和分析方法。简要阐述了数据类型、数据结构和抽象数据类型的基本概念，以及这 3 个重要概念的区别和内在联系。概述了 C 语言的若干重要特性和采用 C 语言与自然语言相结合的方式描述算法的方法。最后介绍了递归的概念，以及递归在数据结构和算法设计中的应用。本章内容是后续各章叙述算法和描述数据结构的基础和准备。

习 题 1

1.1　试列举在 C 语言编程环境中下列基本数据类型变量能表示的最大数和最小数。

（1）int；（2）long int；（3）short int；（4）float；（5）double。

1.2　什么是抽象数据类型？试述抽象数据类型与数据结构的区别和联系。

1.3　试用 C 语言的结构类型定义表示复数的抽象数据类型。

（1）在复数内部用浮点数定义其实部和虚部。

（2）设计实现复数的 +，−，*，/ 等运算的函数。

1.4　求下列函数尽可能简单的渐近表达式：

$$3n^2+10n\ ;\ \frac{1}{10}n^2+2^n\ ;\ 21+\frac{1}{n}\ ;\ \log n^3\ ;\ 10\log 3^n\ 。$$

1.5　试述 $O(1)$ 和 $O(2)$ 的区别。

1.6　说明下列各表达式当 n 在什么范围内取值时效率最高。

$$4n^2\ ,\ \log n\ ,\ 3^n\ ,\ 20n\ ,\ 2\ ,\ n^{2/3}\ 。$$

1.7　按照渐近阶从低到高的顺序排列以下表达式：$4n^2$，$\log n$，3^n，$20n$，2，$n^{2/3}$。又 $n!$ 应该排在哪一位？

1.8　（1）假设某算法在输入规模为 n 时的计算时间为 $T(n)=3\times 2^n$。在某台计算机上实现并完成该算法的时间为 t 秒。现有另一台计算机，其运行速度为第一台的 64 倍，那么在这台新机器上用同一算法在 t 秒内能解输入规模为多大的问题？

（2）若上述算法的计算时间改进为 $T(n)=n^2$，其余条件不变，则在新机器上用 t 秒时间能解输入规模为多大的问题？

（3）若上述算法的计算时间进一步改进为 $T(n)=8$，其余条件不变，则在新机器上用 t 秒时间能解输入规模为多大的问题？

1.9　硬件厂商 XYZ 公司宣称他们最新研制的微处理器运行速度为其竞争对手 ABC 公司同类产品的 100 倍。对于计算复杂性分别为 n, n^2, n^3 和 $n!$ 的各算法，如果用 ABC 公司的计算机在 1 小时内能解输入规模为 n 的问题，那么用 XYZ 公司的计算机在 1 小时内能解输入规模为多大的问题？

1.10 对于下列各组函数 $f(n)$ 和 $g(n)$，确定 $f(n) = O(g(n))$，$f(n) = \Omega(g(n))$ 还是 $f(n) = \theta(g(n))$？并简述理由。

（1）$f(n) = \log n^2$；$g(n) = \log n + 5$

（2）$f(n) = \log n^2$；$g(n) = \sqrt{n}$

（3）$f(n) = n$；$g(n) = \log^2 n$

（4）$f(n) = n\log n + n$；$g(n) = \log n$

（5）$f(n) = 10$；$g(n) = \log 10$

（6）$f(n) = \log^2 n$；$g(n) = \log n$

（7）$f(n) = 2^n$；$g(n) = 100n^2$

（8）$f(n) = 2^n$；$g(n) = 3^n$

1.11 证明：若一个算法在平均情况下的时间复杂性为 $\theta(f(n))$，则该算法在最坏情况下所需的计算时间为 $\Omega(f(n))$。

1.12 证明：可以在 $O(\log n)$ 时间内计算 $n!$ 和 $F(n)$ 的值。

算法实验题 1

算法实验题 1.1 哥德巴赫猜想问题。

★ 问题描述：哥德巴赫猜想：任何大偶数均可表示为 2 个素数之和。

★ 实验任务：验证哥德巴赫猜想。计算给定的大偶数可以表示为多少对素数之和。例如，大偶数 10 可以表示为 2 对素数 3，7 或 5，5 之和。

★ 数据输入：由文件 input.txt 给出输入数据。每行有 1 个大偶数，文件以数字 0 结尾。

★ 结果输出：将计算出的相应的素数分解数输出到文件 output.txt 中。

输入文件示例	输出文件示例
input.txt	output.txt
4	1
6	1
8	1
10	2

算法实验题 1.2 连续整数和问题。

★ 问题描述：大部分的正整数可以表示为 2 个以上连续整数之和。如 $6 = 1+2+3$，$9=5+4=2+3+4$。

★ 实验任务：连续整数和问题要求计算给定的正整数可以表示为多少个 2 个以上连续整数之和。

★ 数据输入：由文件 input.txt 给出输入数据。第 1 行有 1 个正整数。

★ 结果输出：将计算出的相应的连续整数分解数输出到文件 output.txt 中。

输入文件示例	输出文件示例
input.txt	output.txt
9	2

算法实验题 1.3　随机决策森林问题。

★ 问题描述：在机器学习算法中，随机决策森林是一个包含多个互相独立决策树的分类器，并且其输出的类别是由个别决策树输出的类别的众数而定的。假定有 n 棵互相独立的决策树，它们都能预测抛一枚硬币的结果是正面朝上还是反面朝上，并且预测准确率都是 81%。考虑如下的随机森林集成算法：如果这 n 棵独立的决策树中有超过半数是预测正面，则算法预测正面，否则算法预测反面。如此可以计算出当 $n=3$ 时，随机森林集成算法预测正确的概率是 90.54%。相比于单一决策树模型，随机森林集成算法显著地提高了预测准确率。事实上，只要 $n\geqslant3$，随机森林集成算法的预测准确率都高于 90%。

在随机决策森林问题中，给定单棵独立的决策树预测的准确率 p 和随机森林集成算法希望达到的预测准确率 q，计算至少需要多少棵互相独立的决策树组成随机决策森林才能使随机森林集成算法的预测准确率高于 q。

★ 实验任务：对于给定单棵独立的决策树预测的准确率 p 和随机森林集成算法希望达到的预测准确率 q，设计一个算法来计算至少需要多少棵互相独立的决策树组成随机决策森林才能使随机森林集成算法的预测准确率高于 q。

★ 数据输入：由文件 input.txt 给出输入数据。有 k 组测试数据（$1\leqslant k\leqslant10$），每行给出一组测试数据。每组测试数据由 2 个实数 p 和 q 组成。其中，p 是单棵独立的决策树预测的准确率，q 是随机森林集成算法希望达到的预测准确率。

★ 结果输出：将计算结果输出到文件 output.txt 中。依次输出各组测试数据至少需要的决策树棵数。每行输出一个数。若不存在满足要求的随机决策森林则输出-1。

输入文件示例	输出文件示例
input.txt	output.txt
0.81 0.90	3
0.60 0.90	41
0.40 0.40	1
0.90 0.80	1
0.49 0.50	−1

算法实验题 1.4　与 1 共舞数字问题。

★ 问题描述：若将正整数用二进制数来表示，则可以将它看成由 0 和 1 组成的字符串。在一个长度为 n 的 0-1 字符串中，若每个 0 的左侧必有 1 个 1 与其相邻，则称它所表示的数字为与 1 共舞数字。

例如，当 $n=1$ 时，长度为 1 的 0-1 字符串有：0 和 1。只有 1 是与 1 共舞数字。当 $n=3$ 时，长度为 3 的 0-1 字符串有：000，001，010，011，100，101，110 和 111。其中，101，110 和 111 是与 1 共舞数字。

★ 实验任务：对于给定正整数 n，计算长度为 n 的 0-1 字符串中有多少个与 1 共舞数字。

★ 数据输入：由文件 input.txt 给出输入数据。有 k 组测试数据（$1\leqslant k\leqslant10\ 000$），每行给出一个正整数 n。

★ 结果输出：将计算结果输出到文件 output.txt 中。依次输出各组给定正整数 n 的与 1 共舞数字个数 mod 10^9。

输入文件示例	输出文件示例
input.txt	output.txt
1	1
3	3

第 2 章　表

学习要点
- 理解表的概念
- 熟悉定义在表上的基本运算
- 掌握实现的一般步骤
- 掌握用数组实现表的步骤和方法
- 掌握用指针实现表的步骤和方法
- 掌握用间接寻址技术实现表的步骤和方法
- 掌握用游标实现表的步骤和方法
- 掌握单循环链表的实现方法和步骤
- 掌握双链表的实现方法和步骤
- 熟悉表的搜索游标的概念和实现方法

2.1　表的基本概念

表，或称线性表，是一种非常灵便的结构，可以根据需要改变表的长度，也可以在表中任何位置对元素（Element）进行访问、插入或删除等操作。另外，还可以将多个表连接成一个表，或把一个表拆分成多个表。表结构在信息检索、程序设计语言的编译等许多方面有广泛应用。

就数学模型而言，表是由 n 个同一类型的元素 $a(1),a(2),\cdots,a(n)$ 组成的有限序列。其中，元素的个数 n 定义为表的长度。当 $n=0$ 时称为空表。当 $n\geq1$ 时，称元素 $a(k)$ 位于该表的第 k 个位置，或称 $a(k)$ 是表中第 k 个元素，$k=1,2,\cdots,n$。根据各元素在表中的不同位置可以定义它们在表中的前后次序。称元素 $a(k)$ 在元素 $a(k+1)$ 之前，或 $a(k)$ 是 $a(k+1)$ 的前驱，$k=1,2,\cdots,n-1$。同时，也称元素 $a(k+1)$ 在元素 $a(k)$ 之后，或 $a(k+1)$ 是 $a(k)$ 的后继。

从表的定义可以看出它的逻辑特征：非空的表有且仅有一个开始元素 $a(1)$，该元素没有前驱，而有一个后继 $a(2)$；有且仅有一个结束元素 $a(n)$，结束元素没有后继，而有一个前驱 $a(n-1)$；其余的元素 $a(k)(2\leq k\leq n-1)$ 都有一个前驱和一个后继。表元素之间的逻辑关系就是上述的邻接关系。由于这种关系是线性的，所以表是一种线性结构，有时也称为线性表。

在上述数学模型上，还要定义一组关于表的运算，才能使这一数学模型成为一个抽象数据类型 List。下面给出一组典型的表运算。其数学模型是由类型为 ListItem 的元素组成的一个表。用 x 表示表中的一个元素，k 表示元素在表中的位置，其类型为 position。在表的不同实现方式下，position 可能是不同的类型，如整型或指针型等。为了便于叙述，非形式地将 position 看成整数，并假设 k 所代表的位置上的元素是 $a(k)$。要注意的是，在具体实现表及其运算时，应区分 k 和 k 所表示的位置，以及该位置上的元素的具体含义。

（1）ListEmpty(L)：测试表 L 是否为空。

（2）ListLength(L)：表 L 的长度。

（3）ListLocate(x,L)：元素 x 在表 L 中的位置。若 x 在表中重复出现多次，则返回最前面的 x 的位置。

（4）ListRetrieve(k,L)：返回表 L 的位置 k 处的元素。表中没有位置 k 时，该运算无定义。

（5）ListInsert(k,x,L)：在表 L 的位置 k 之后插入元素 x，并将原来占据该位置的元素及其后面的元素都向后推移一个位置。

例如，设表 L 为 $a(1),a(2),\cdots,a(n)$，那么在执行 ListInsert(k,x,L)后，表 L 变为 $a(1),a(2),\cdots,a(k)$, $x,a(k+1),\cdots,a(n)$。若表中没有位置 k，则该运算无定义。

（6）ListDelete(k,L)：从表 L 中删除位置 k 处的元素，并返回被删除的元素。

例如，当表 L 为 $a(1),a(2),\cdots,a(n)$时，执行 ListDelete(k,L)后，表 L 变为 $a(1),a(2),\cdots,a(k-1)$, $a(k+1),\cdots,a(n)$。返回的元素为 $a(k)$。当表中没有位置 k 时，该运算无定义。

（7）PrintList(L)：将表 L 中所有元素按位置的先后次序打印输出。

在表的数学模型上定义了上述运算后，就定义了抽象数据类型 List。当然，也并非任何时候都需要同时执行以上运算，有些问题只需要一部分运算，因此也可以用一部分上述运算来定义适合特殊目的的抽象数据类型。上述表的运算是一些最基本的运算，实际问题中涉及的关于表的更复杂的运算，通常可以用这些基本运算的组合来实现。

2.2 用数组实现表

将一个表存储到计算机中，可以采用许多种方法，其中既简单又自然的是顺序存储方法，即将表中的元素逐个存放于数组的一些连续的存储单元中。在这种表示方式下，容易实现对表的遍历。要在表的尾部插入一个新元素也很容易。但是要在表的中间位置插入一个新元素，就必须先将其后面的所有元素都后移一个单元，才能腾出新元素所需的位置。执行删除运算的情形也是类似的。若被删除的元素不是表中最后一个元素，则必须将后面的所有元素前移，以填补删除造成的空缺。

用数组实现表时，为了适应表元素类型的变化，将表类型 List 定义为一个结构。在该结构中，用 ListItem 表示用户指定的表元素类型。

```
1    typedef int ListItem; /* 表元素类型 int */
2    typedef ListItem* addr; /* 表元素指针类型 */
3    #define eq(A,B) (A==B) /* 元素相等 */
4
5    void ItemShow(ListItem x)
6    {/* 输出表元素 */
7        printf("%d \n", x);
8    }
```

这里用户指定的表元素类型是 int。类似地可以将表元素类型定义为 double 或其他已经定义过的数据类型。

表类型 List 的数据成员为 n、maxsize 和元素数组 table。用 n 记录表长，当表为空时，n 的值为 0。maxsize 表示数组上界。table 是记录表中元素的数组。表中第 k 个元素($1 \le k \le n$)存储在数组的第 k-1 个单元中，如图 2-1 所示。

Table[0]	[1]		[k-1]		[n-1]		[maxsize-1]
第 1 个元素	第 2 个元素	…	第 k 个元素	…	最后一个元素	…	

图 2-1　用数组实现表

在这种情况下，位置变量的类型是整型，整数 k 表示数组的第 k-1 个单元，即表中第 k 个元素的位置。

```
1   typedef struct alist *List;/* 单链表指针类型 */
2   typedef struct alist{
3       int n, /* 表长 */
4           curr;/* 当前位置 */
5       int maxsize;/* 数组上界 */
6       ListItem *table;/* 记录表中元素的数组 */
7   }Alist;
```

在定义了一个实现抽象数据类型的结构后，需要定义实现该抽象数据类型上各运算的接口。在 C 语言中，可以将这些运算的声明放在一个头文件中，而将运算的具体实现分离出来。抽象数据类型的使用者可以不必关心运算的具体实现方法。

抽象数据类型 List 的 7 个基本运算和结构初始化运算的接口如下。

```
1   List ListInit(int size); /* 表结构初始化 */
2   int ListEmpty(List L); /* 测试表 L 是否为空 */
3   int ListLength(List L); /* 表 L 的长度 */
4   ListItem ListRetrieve(int k,List L); /* 返回表 L 的位置 k 处的元素 */
5   int ListLocate(ListItem x,List L); /* 元素 x 在表 L 中的位置 */
6   void ListInsert(int k,ListItem x,List L); /* 在表 L 的位置 k 之后插入元素 x */
7   ListItem ListDelete(int k,List L); /* 从表 L 中删除位置 k 处的元素 */
8   void PrintList(List L); /* 按位置次序输出表 L 中元素 */
```

抽象数据类型 List 的上述接口是一个通用接口，它适用于抽象数据类型表的各种不同方式的具体实现。下面讨论用数组实现表时上述接口的具体实现方法。

表结构初始化函数 ListInit(size) 分配大小为 size 的空间给表数组 table，并返回初始化为空的表。

```
1   List ListInit(int size)
2   {
3       List L=(List)malloc(sizeof *L);
4       L->table=(ListItem *)malloc(size*sizeof(ListItem));
5       L->maxsize=size;
6       L->n=0;
7       return L;
8   }
```

由于表结构中已记录了当前表的大小，所以算法 ListEmpty(L)和 ListLength(L)均只需 $O(1)$ 计算时间。

```
1   int ListEmpty(List L)
2   {
3       return L->n==0;
4   }
```

```
5
6    int ListLength(List L)
7    {
8        return L->n;
9    }
```

表运算 ListLocate(x,L)和 ListRetrieve(k,L)也很容易实现。

```
1    int ListLocate(ListItem x,List L)
2    {
3        for(int i=0;i<L->n;i++)
4            if(L->table[i]==x)  return ++i;
5        return 0;
6    }
```

ListLocate(x,L)返回元素 x 在表中的位置，当元素 x 不在表中时返回 0。该算法在第 3～4 行数组 table 中从前向后通过比较来查找给定元素的位置，其基本运算是比较两个元素。若在表中位置 i 找到给定元素，则需要进行 i 次比较，否则需要进行 n 次比较，n 为表的长度。因此在最坏情况下算法 ListLocate(x,L)需要 $O(n)$ 计算时间。

```
1    ListItem ListRetrieve(int k,List L)
2    {
3        if(k<1 || k>L->n)  return 0;
4        return L->table[k-1];
5    }
```

ListRetrieve(k,L) 在第 4 行返回表位置 k 处的元素。表中没有位置 k 时则退出。算法 ListRetrieve(k,L)显然只需 $O(1)$ 计算时间。

以下主要讨论表元素的插入和删除运算的实现。

表元素插入运算 ListInsert(k, x, L)：

```
1    void ListInsert(int k,ListItem x,List L)
2    {
3        if(k<0 || k>L->n)return;
4        for(int i=L->n-1;i>=k;i--) L->table[i+1]=L->table[i];
5        L->table[k]=x;
6        L->n++;
7    }
```

算法 ListInsert(k, x, L)在第 4 行将表 L 位于 $k+1,k+2,\cdots,n$ 处的元素分别移到位置 $k+2,k+3,\cdots,n+1$ 处，然后在第 5 行将新元素 x 插入位置 $k+1$ 处。注意算法中元素后移的方向，必须从表中最后一个位置开始后移，直至将位置 $k+1$ 处的元素后移。若新元素的插入位置不合法或表已满，则给出错误信息。

现在来分析算法的时间复杂性。这里问题的规模是表的长度 n。显然该算法的主要时间花费在 for 循环的元素后移上，该语句的执行次数为 $n-k$。由此可看出，所需移动元素位置的次数不仅依赖于表的长度，还与插入的位置 k 有关。当 $k=n$ 时，由于循环变量的终值大于初值，元素后移语句将不执行，无须移动数组元素；若 $k=0$，则元素后移语句将循环执行 n 次，需移动表中所有元素。即该算法在最好情况下需要 $O(1)$ 时间，在最坏情况下需要 $O(n)$ 时间。由于插入可能在表中任何位置上进行，所以有必要分析算法的平均性能。设在长度为 n 的表中进行插入运算所需的元素移动次数的平均值为 $E_{IN}(n)$。由于在表中第 k 个位置上插入元素 x 需要移动数组元素 $n-k$ 次，所以

$$E_{IN}(n) = \sum_{k=0}^{n} p_k(n-k)$$

式中，p_k 表示在表中第 k 个位置上插入元素的概率。不失一般性，假设在表中任何合法位置 $(0 \leqslant k \leqslant n)$ 上插入元素的机会是均等的，则

$$p_0 = p_1 = \cdots = p_n = \frac{1}{n+1}$$

因此，在等概率插入的情况下，有

$$E_{IN}(n) = \sum_{k=0}^{n} p_k(n-k) = \sum_{k=0}^{n} \frac{n-k}{n+1} = \frac{n}{2}$$

即用数组实现表时，在表中进行插入运算，平均要移动表中一半的元素，因而算法所需的平均时间仍为 $O(n)$。

表元素删除运算 ListDelete (k, L)：

```
1   ListItem ListDelete(int k,List L)
2   {
3       if(k<1 || k>L->n)return 0;
4       ListItem x=L->table[k-1];
5       for(int i=k;i<L->n;i++) L->table[i-1]=L->table[i];
6       L->n--;
7       return x;
8   }
```

算法 ListDelete(k, L) 在第 5 行通过将表 L 位于 $k+1,k+2,\cdots,n$ 处的元素移到位置 $k,k+1,\cdots,n-1$ 来删除原来位置 k 处的元素。

该算法的时间分析与插入算法类似，元素的移动次数也是由表长 n 和位置 k 决定的。若 $k=n$，则由于循环变量的初值大于终值，前移语句将不执行，无须移动数组元素；若 $k=1$，则前移语句将循环执行 $n-1$ 次，需要移动表中除删除元素外的所有元素。因此，该算法在最好情况下需要 $O(1)$ 时间，而在最坏情况下需要 $O(n)$ 时间。

删除运算的平均性能分析与插入运算类似。设在长度为 n 的表中删除一个元素所需的平均移动次数为 $E_{DE}(n)$。由于删除表中第 k 个位置上的元素需要移动数组元素 $n-k$ 次，所以

$$E_{DE}(n) = \sum_{k=1}^{n} q_k(n-k)$$

式中，q_k 表示删除表中第 k 个位置上元素的概率。在等概率删除的情况下

$$q_1 = q_2 = \cdots = q_n = \frac{1}{n}$$

由此可知

$$E_{DE}(n) = \sum_{k=1}^{n} q_k(n-k) = \sum_{k=1}^{n} \frac{n-k}{n} = \frac{n-1}{2}$$

即用数组实现表时，在表中进行删除运算，平均要移动表中约一半的元素，因而删除运算所需

的平均时间为 $O(n)$。

PrintList(L)运算：

```
1   void PrintList(List L)
2   {
3       for(int i=0;i<L->n;i++)ItemShow(L->table[i]);
4   }
```

算法 PrintList(L)将表中每个元素用表元素输出函数 ItemShow 输出，显然需要 $O(n)$时间。

由于表数组 table 是动态分配的，在使用结束后应适时释放动态分配的数组空间。

```
1   void ListFree(List L)
2   {
3       free(L->table);
4       free(L);
5   }
```

2.3 用指针实现表

用数组实现表时，利用数组单元在物理位置上的邻接关系来表示表元素之间的逻辑关系，这一特点使得用数组实现表有如下优缺点。

优点是：

（1）无须为表示表元素之间的逻辑关系增加额外的存储空间。

（2）可以方便地随机存取表中任一位置的元素。

缺点是：

（1）插入和删除运算不方便，除表尾位置外，在表的其他位置上进行插入或删除操作都必须移动大量元素，效率较低。

（2）由于数组要求占用连续的存储空间，因此在分配数组空间时，只能预先估计表的大小再进行存储分配。当表长变化较大时，难以确定数组的合适大小。

实现表的另一种方法是用指针将存储表元素的那些单元依次串联在一起。这种方法避免了在数组中用连续的单元存储元素的缺点，因而在执行插入或删除运算时，不再需要移动元素来腾出空间或填补空缺。然而为此付出的代价是，需要在每个单元中设置指针来表示表中元素之间的逻辑关系，因而增加了额外的存储空间开销。为了将存储表元素的所有单元用指针串联起来，而让每个单元包含一个元素和一个指针，其中指针指向表中下一个元素所在的单元。例如，如果表是 $a(1),a(2),\cdots,a(n)$，那么含有元素 $a(k)$的那个单元中的指针应指向含有元素 $a(k+1)$的单元（$k=1,2,\cdots,n-1$）。含有 $a(n)$的那个单元中的指针是空指针。上述这种用指针来表示表的结构通常称为单链接表，简称为单链表或链表。单链表的逻辑结构如图 2-2 所示。

图 2-2 单链表的逻辑结构

单链表的结点结构说明如下。

```
1   typedef struct node *link;/* 表结点指针类型 */
2   typedef struct node{/* 表结点类型 */
3       ListItem element;/* 表元素 */
4       link next;/* 指向下一结点的指针 */
5   } Node;
6
7   link NewNode()
8   {
9       return (link)malloc(sizeof(Node));
10  }
```

其中，ListItem 表示用户指定的元素类型。其数据成员 element 存储表中元素；next 是指向表中下一个元素的指针。函数 NewNode()用于产生一个新结点。据此可定义用指针实现表的结构 List 如下。

```
1   typedef struct llist *List;/* 单链表指针类型 */
2   typedef struct llist{/* 单链表类型 */
3       link first,/* 链表表首指针 */
4            curr,/* 链表当前结点指针 */
5            last;/* 链表表尾指针 */
6   }Llist;
```

表结构 List 的数据成员 first 是指向表中第 1 个元素的指针。当表为空表时 first 指针是空指针。

函数 ListInit()创建一个空表。

```
1   List ListInit()
2   {
3       List L=(List)malloc(sizeof *L);
4       L->first=0;
5       return L;
6   }
```

函数 ListEmpty(L)测试当前表 L 是否为空，只要看表首指针 first 是否为空指针。

```
1   int ListEmpty(List L)
2   {
3       return L->first==0;
4   }
```

函数 ListLength(L)在第 5~8 行通过对表 L 进行线性扫描计算表的长度。

```
1   int ListLength(List L)
2   {
3       int len=0;
4       link p=L->first;
5       while(p){
6           len++;
7           p=p->next;
```

```
8        }
9        return len;
10  }
```

算法 ListLength(L)显然需要 O(n)计算时间。事实上，如果像用数组实现表那样，将当前表长用一个数据成员 n 记录，就可在 O(1)时间内实现 ListLength(L)运算。

函数 ListRetrieve(k,L) 在第 6～9 行从表首开始逐个元素向后线性扫描，直至找到表 L 中第 k 个元素。

```
1    ListItem ListRetrieve(int k,List L)
2    {
3        if(k<1)return 0;
4        link p=L->first;
5        int i=1;
6        while(i<k && p){
7           p=p->next;
8           i++;
9          }
10       return p->element;
11  }
```

算法 ListRetrieve(k,L)显然需要 O(k)计算时间。

算法 ListLocate(x,L)用与 ListRetrieve(k,L)类似的方法在第 5～8 行从表首开始逐个元素向后线性扫描，直至找到表 L 中元素 x。在最坏情况下，算法 ListLocate(x,L)需要 O(n)计算时间。

```
1    int ListLocate(ListItem x,List L)
2    {
3        int i=1;
4        link p=L->first;
5        while(p && p->element!=x){
6           p=p->next;
7           i++;
8        }
9        return p?i:0;
10  }
```

在单链表 L 中位置 k 处插入 1 个元素 x 的算法 ListInsert(k,x,L)可实现如下：首先在第 5 行扫描链表找到插入位置 k 处的结点 p，然后在第 6～7 行建立 1 个存储待插入元素 x 的新结点 y，再在第 8～9 行将结点 y 插入到结点 p 之后，如图 2-3 所示。

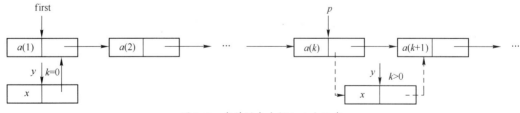

图 2-3　在单链表中插入 1 个元素

```
1    void ListInsert(int k,ListItem x,List L)
2    {
```

```
3      if(k<0)return;
4      link p=L->first;
5      for(int i=1;i<k && p;i++)  p=p->next;
6      link y=NewNode();
7      y->element=x;
8      if(k){ y->next=p->next;p->next=y; }
9      else{ y->next=L->first;L->first=y; }
10  }
```

算法 ListInsert(k,x,L)的主要计算时间用于寻找正确的插入位置，因此其所需计算时间为 $O(k)$。

算法 ListDelete(k,L)处理以下 3 种情况：① $k<1$ 或链表为空；②删除的是表首元素，即 $k=1$；③删除非表首元素，即 $k>1$。

遇情况①，则表中不存在第 k 个元素，给出越界信息；遇情况②，则直接修改表首指针 first，删除表首元素；遇情况③，则先找到表中第 $k-1$ 个元素所在结点 q，然后修改结点 q 的指针域，删除第 k 个元素所在的结点 p，如图 2-4 所示。

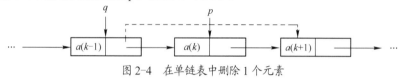

图 2-4   在单链表中删除 1 个元素

```
1    ListItem ListDelete(int k,List L)
2    {
3        if(k<1 || !L->first)  return 0;
4        link p=L->first;
5        if(k==1)  L->first=p->next;
6        else{
7            link q=L->first;
8            for(int i=1;i<k-1 && q;i++)  q=q->next;
9            p=q->next;
10           q->next=p->next;
11       }
12       ListItem x=p->element;
13       free(p);
14       return x;
15   }
```

算法 ListDelete(k,L)的主要计算时间用于在第 5～11 行寻找待删除元素所在结点，因此其所需计算时间为 $O(k)$。

算法 ListInsert(k,x,L)和算法 ListDelete(k,L)都对表首元素进行特殊处理。事实上，可以为每一个表设置一个空表首单元或哨兵单元 header，其中的指针指向开始元素 $a(1)$所在的单元，但表首单元 header 中不含任何元素，这样就可以简化在表首进行插入与删除操作等边界情况的处理。

输出表 L 中所有元素的算法 PrintList(L)实现如下。

```
1    void PrintList(List L)
2    {
3        for(link p=L->first;p;p=p->next)  ItemShow(p->element);
4    }
```

2.4 用间接寻址方法实现表

用数组实现表的方法是，利用数组单元在物理位置上的邻接关系来表示表中元素之间的逻辑关系。这一特点使得用数组来实现表时，可以方便地随机存取表中任一位置的元素，且无须为表示表中元素之间的逻辑关系增加额外的存储空间开销。

用指针实现表则是将表中元素用指针依次串联在一起。表的这种实现方法在修改表中元素间的逻辑关系时，只要修改相应指针而不需要实际移动表中元素。

间接寻址方法是将数组和指针结合起来实现表的一种方法，它将数组中原来存储元素的地方改为存储指向元素的指针。图 2-5 所示为用间接寻址方法实现表的示意图。

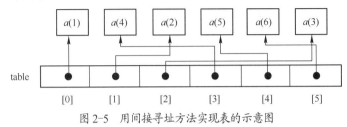

图 2-5　用间接寻址方法实现表的示意图

用间接寻址方法实现表的结构说明如下。

```
1    typedef struct indlist *List;/* 表指针类型 */
2    typedef struct indlist{/* 表结构类型 */
3        int n,/* 表长 */
4         curr;/* 当前位置 */
5        int maxsize;/* 数组上界 */
6        addr *table;/* 存储表元素指针的数组 */
7    }Indlist;
```

其中，addr 是表元素指针类型，已经在 ListItem 中定义。n 为表长，maxsize 是指针数组的最大长度，table 是指向表中元素的指针数组。

NewNode 产生一个新结点如下。

```
1    addr NewNode()
2    {
3        return (addr)malloc(sizeof(addr));
4    }
```

函数 ListInit(size)创建一个最大长度为 size 的空表。

```
1    List ListInit(int size)
2    {
3        List L=(List)malloc(sizeof *L);
4        L->n=0;
5        L->maxsize=size;
6        L->table=(addr *)malloc(size*sizeof(addr));
7        return L;
8    }
```

简单的表运算 ListEmpty(L)和 ListLength(L)显然均只需 $O(1)$计算时间。

```
1   int ListEmpty(List L)
2   {
3      return L->n==0;
4   }
5
6   int ListLength(List L)
7   {
8      return L->n;
9   }
```

表运算 ListRetrieve(k,L)和 ListLocate(x,L)也很容易实现。

```
1   ListItem ListRetrieve(int k,List L)
2   {
3      if(k<1 || k>L->n)return 0;
4      return *L->table[k-1];
5   }
```

ListRetrieve(k,L) 返回表 L 的位置 k 处的元素。表 L 中没有位置 k 时，给出错误信息。算法 ListRetrieve(k,L)显然只需 $O(1)$计算时间。

```
1   int ListLocate(ListItem x,List L)
2   {
3      for(int i=0;i<L->n;i++)
4        if(*L->table[i]==x)  return ++i;
5      return 0;
6   }
```

ListLocate(x,L)返回元素 x 在表 L 中的位置，当元素 x 不在表 L 中时返回 0。该算法在第 3～4 行通过在数组 table 中从前向后比较来查找给定元素的位置，其基本运算是比较两个元素。若在表中位置 i 找到给定元素，则需要进行 i 次比较；否则需要进行 n 次比较，n 为表的长度。因此在最坏情况下算法 ListLocate(x,L)需要 $O(n)$时间。

以下主要讨论表元素的插入和删除运算的实现。

表元素插入运算 ListInsert(k, x, L)实现如下。

```
1   void ListInsert(int k,ListItem x,List L)
2   {
3      if(k<0 || k>L->n)return;
4      for(int i=L->n-1;i>=k;i--)  L->table[i+1]=L->table[i];
5      L->table[k]=NewNode();
6      *L->table[k]=x;
7      L->n++;
8   }
```

与用数组实现表的情形类似，算法 ListInsert(k,x,L) 在第 4 行将位于 $k+1,k+2,\cdots,n$ 处的元素指针分别移到位置 $k+2,k+3\cdots,n+1$ 处，然后将指向新元素 x 的指针插入位置 $k+1$ 处。与用数组实现表的不同之处是，这里不实际移动元素，而只移动指向元素的指针。虽然该算法所需的计算时间仍为 $O(k)$，但在每个元素占用的存储空间较大时，该算法比用数组实现表的插入算法快得多。

表元素删除运算 ListDeletet(k, L)可实现如下。

```
1    ListItem ListDelete(int k,List L)
2    {
3       if(k<1 || k>L->n)  return 0;
4       addr p=L->table[k-1];
5       ListItem x=*p;
6       for(int i=k;i<L->n;i++) L->table[i-1]=L->table[i];
7       L->n--;
8       free(p);
9       return x;
10   }
```

算法 ListDeletet(k, L) 在第 6 行通过将位于 $k+1,k+2,\cdots,n$ 处的元素指针移到位置 $k,k+1,\cdots,n-1$ 来删除原来位置 k 处的元素。该算法的时间分析与插入算法类似，元素指针的移动次数也是 $O(k)$。同样与用数组实现表的不同之处是，这里不实际移动元素，而只移动指向元素的指针。虽然该算法所需的计算时间仍为 $O(k)$，但在每个元素占用的存储空间较大时，该算法比用数组实现删除表元素的算法快得多。

输出表中所有元素的函数 PrintList(L)实现如下。

```
1    void PrintList(List L)
2    {
3       for (int i=0;i<L->n;i++)  ItemShow(*L->table[i]);
4    }
```

2.5   用游标实现表

游标是数组中指示数组单元地址的下标值，属于整数类型。本节讨论用数组和指针相结合，并用游标来模拟指针的方法来实现表。在这种表示法下，数组单元类型 Snode 定义为

```
1    typedef struct snode *link;/* 结点指针类型 */
2    typedef struct snode {
3       ListItem element;/* 表中元素 */
4       int next;/* 模拟指针的游标 */
5    } Snode;
```

其中，element 域存储表中元素；next 是用于模拟指针的游标，它指示表中下一个元素在数组中的存储地址（数组下标）。用游标模拟指针可方便地实现单链表中的各种运算。虽然是用数组来存储表中的元素，但在做插入和删除运算时，不需要移动表中元素，只要修改游标，从而保持了用指针实现表的优点。因此，有时将这种用游标实现的表称为静态链表。

为了实现游标对指针的模拟，必须先设计模拟内存管理的结点空间分配与释放运算、模拟 C 语言的函数 malloc 和 free。为此定义模拟空间结构类型 Space 如下。

```
1    typedef struct space *Space;/* 模拟空间指针类型 */
2    typedef struct space{/* 模拟空间结构 */
3       int num,/* 可用数组空间大小 */
4          first;/* 可用数组单元下标 */
5       link node;/* 可用空间数组 */
6    } Simul;
```

其中，数据成员 num 表示可用数组空间大小；node[0:num]是供分配的可用数组，初始时所有单元均可分配；first 是当前可用数组空间中的第 1 个可用数组单元下标。对于 Space 类型结构 s 中的可用空间，用函数 SpaceAllocate(s)每次从当前可用数组空间中分配一个数组单元。函数 SpaceDeallocate(i,s)则每次将一个不用的数组单元 i 放回 s 的当前可用数组空间中，供下次分配使用。

函数 SpaceInit(max)创建一个可用数组空间最大长度为 max 的模拟空间结构。

```
1    Space SpaceInit(int max)
2    {
3        Space s=(Space)malloc(sizeof *s);
4        s->num=max;
5        s->node=(link)malloc(max*(sizeof *s->node));
6        for(int i=0;i<max-1;i++)s->node[i].next=i+1;
7        s->node[max-1].next=-1;
8        s->first=0 ;
9        return s;
10   }
```

从 s 的当前可用数组空间中分配一个数组单元的函数 SpaceAllocate(s)实现如下。

```
1    int SpaceAllocate(Space s)
2    {
3        int i=s->first;
4        s->first=s->node[i].next;
5        return i;
6    }
```

释放 s 的数组单元 i 的函数 SpaceDeallocate(i, s)实现如下。

```
1    void SpaceDeallocate(int i,Space s)
2    {
3        s->node[i].next=s->first;
4        s->first=i;
5    }
```

容易看出上述 3 个函数所需的计算时间分别为 $O(num)$，$O(1)$和 $O(1)$。采用下面的双可用空间表方法可省去构造函数所需的计算时间 $O(num)$。该方法用两个可用空间表来表示当前可用数组空间。其中，第 1 个可用空间表中含有所有未用过的可用数组单元；第 2 个可用空间表中含有所有至少被用过 1 次且已被释放的可用数组单元。SpaceDeallocate 释放的所有单元均链入第 2 个可用空间表中备用。SpaceAllocate 在分配 1 个可用数组单元时，总是先从第 2 个可用空间表中获取可用数组单元。仅当第 2 个可用空间表为空时才从第 1 个可用空间表中获取可用数组单元。

在双可用空间表类中用 first1 指向第 1 个可用空间表的表首可用数组单元，用 first2 指向第 2 个可用空间表的表首可用数组单元。

```
1    typedef struct dspace *Space;/* 双模拟空间指针类型 */
2    typedef struct dspace{/* 双模拟空间结构类型 */
3        int num,/* 可用数组空间大小 */
```

```
4       first1, /* 第 1 个可用空间表的表首可用数组单元下标 */
5       first2;/* 第 2 个可用空间表的表首可用数组单元下标 */
6       link node;/* 可用空间数组 */
7   }Dspace;
```

在这种表示法下，创建初始可用数组空间的函数得以简化如下。

```
1   Space SpaceInit(int max)
2   {
3       Space s=(Space)malloc(sizeof *s);
4       s->num=max;
5       s->node=(link)malloc(max*(sizeof *s->node));
6       s->first1=0;
7       s->first2=-1;
8       return s;
9   }
```

从当前可用数组空间中分配一个数组单元的函数 SpaceAllocate(s) 相应修改如下。

```
1   int SpaceAllocate(Space s)
2   {
3       if(s->first2==-1)return s->first1++;
4       int i=s->first2;
5       s->first2=s->node[i].next;
6       return i;
7   }
```

释放数组单元 i 的函数 SpaceDeallocate(i, s) 也进行相应修改如下。

```
1   void SpaceDeallocate(int i,Space s)
2   {
3       s->node[i].next=s->first2;
4       s->first2=i;
5   }
```

在上述讨论的基础上，用游标实现的表结构 List 说明如下。

```
1   typedef struct slist *List;/* 游标表指针类型 */
2   typedef struct slist{/* 游标表结构 */
3       int first,/* 表首结点游标 */
4       Space s;
5   }Slist;
```

List 的数据成员 first 是表首结点游标；s 表示可用数组空间。图 2-6 所示为用游标实现表的示意图。其中，表 A 含有 3 个元素，表 B 含有 2 个元素。

函数 ListInit(size) 申请大小为 size 的模拟空间，并置表首结点游标 first 为-1，创建一个空表。

```
1   List ListInit(int size)
2   {
3       List L=(List)malloc(sizeof *L);
4       L->s=SpaceInit(size);
```

```
5      L->first=-1;
6      return L;
7    }
```

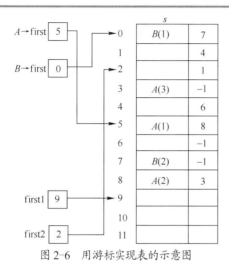

图 2-6 用游标实现表的示意图

函数 ListLength(L)在第 4~7 行通过对表 L 进行线性扫描来计算表的长度。

```
1    int ListLength(List L)
2    {
3      int i=L->first,len=0;
4      while(i!=-1){
5        len++;
6        i=L->s->node[i].next;
7      }
8      return len;
9    }
```

与单链表的情形类似，函数 ListRetrieve(k,L) 在第 5~9 行从表首开始逐个元素向后进行线性扫描，直至找到表中第 k 个元素。它需要 O(k)计算时间。

```
1    ListItem ListRetrieve(int k,List L)
2    {
3      int p,i=1;
4      if(k<1)  return 0;
5      p=L->first;
6      while(i<k && p!=-1){
7        p=L->s->node[p].next;
8        i++;
9      }
10     return L->s->node[p].element;
11   }
```

函数 ListLocate(x,L)用与 ListRetrieve(k,L)类似的方法在第 4~8 行从表首开始逐个元素向后进行线性扫描，直至找到表 L 中元素 x。在最坏情况下，它需要 O(n)计算时间。

```
1    int ListLocate(ListItem x,List L)
```

```
2    {
3        int p,i=1;
4        p=L->first;
5        while(p!=-1 && L->s->node[p].element!=x) {
6            p=L->s->node[p].next;
7            i++;
8        }
9        return ((p >= 0) ? i : 0);
10   }
```

要在当前表的第 k 个元素之后插入一个新元素 x，应先找到插入位置，即当前表的第 k 个元素所处的位置；然后在第 8～15 行从可用数组空间中为新元素分配一个存储单元，并将由此产生的新元素插入表的第 k 个元素之后。

```
1    void ListInsert(int k,ListItem x,List L)
2    {
3        if(k<0)return;
4        int p=L->first;
5        for(int i=1;i<k && p!=-1;i++)  p=L->s->node[p].next;
6        int y=SpaceAllocate(L->s);
7        L->s->node[y].element=x;
8        if(k){
9            L->s->node[y].next=L->s->node[p].next;
10           L->s->node[p].next=y;
11       }
12       else{
13           L->s->node[y].next=L->first;
14           L->first=y;
15       }
16   }
```

由于上述结构未使用表首哨兵单元，所以必须单独处理在表的第一个位置插入的情形。算法 ListInsert(k,x,L) 的主要计算时间用于寻找正确的插入位置，因此其所需计算时间为 $O(k)$。

要删除当前表的第 k 个元素，同样应先找到当前表的第 k 个元素所处的位置；然后将存储该元素的那个单元摘除，并把该单元释放到可用数组空间中备用。

```
1    ListItem ListDelete(int k,List L)
2    {
3        if(k<1 || L->first==-1)  return 0;
4        int p=L->first;
5        if(k==1)  L->first=L->s->node[p].next;
6        else{
7            int q=p;
8            for(int i=1;i<k-1 && q!=-1;i++)  q=L->s->node[q].next;
9            p=L->s->node[q].next;
10           L->s->node[q].next=L->s->node[p].next;
11       }
12       ListItem x=L->s->node[p].element;
13       SpaceDeallocate(p,L->s);
```

```
14      return x;
15  }
```

与单链表情形类似，算法 ListDelete(k,L)的主要计算时间用于寻找待删除元素所在单元，因此其所需计算时间为 $O(k)$。

输出表中所有元素的函数 PrintList(L)实现如下。

```
1   void PrintList(List L)
2   {
3       for(int p=L->first;p!=-1;p=L->s->node[p].next)
4           ItemShow(L->s->node[p].element);
5   }
```

2.6　循环链表

在用指针实现表时，表中最后一个元素所在单元的指针为空指针，如果将这个空指针改为指向表首单元的指针，就使整个链表形成一个环。这种首尾相接的链表就称为循环链表。在循环链表中，从任意一个单元出发都可以找到表中其他单元。图 2-7 所示为一个单链的循环链表，简称单循环链表。

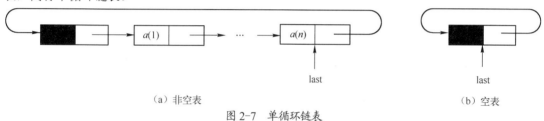

（a）非空表　　　　　　　　　　　　　　　　　　　（b）空表

图 2-7　单循环链表

在单循环链表上实现表的各种运算的算法与单链表的情形类似，不同之处仅在于循环终止条件不是 p 或 p->next 为空，而是指向表首单元。在单链表中用指向表首单元的指针表示一个表，这样就可以在 $O(1)$时间内找到表中的第 1 个元素。然而要找到表中最后 1 个元素就要花 $O(n)$时间遍历整个链表。在单循环链表中，也可以用指向表首单元的指针表示一个表。但是，如果用指向表尾的指针表示一个表，就可以在 $O(1)$时间内找到表中最后 1 个元素。同时通过表尾单元中指向表首单元的指针，也可以在 $O(1)$时间内找到表中第 1 个元素。在许多情况下，用这种表示方法可以简化一些关于表的运算。

上述单循环链表的结构说明如下。

```
1   typedef struct clist *List;/* 单循环链表指针类型 */
2   typedef struct clist{/* 单循环链表结构 */
3       int n;/* 表长 */
4       link last,/* 链表表尾指针 */
5   }Clist;
```

函数 ListInit()创建一个空表。

```
1   List ListInit()
2   {
3       List L=(List)malloc(sizeof *L);
```

```
4      link y=NewNode();
5      y->next=y;
6      L->last=y;
7      L->n=0;
8      return L;
9    }
```

由于存储了表的长度，函数 ListEmpty(*L*)和 ListLength(*L*)变得十分容易实现。

函数 ListRetrieve(*k*,*L*)仍需在第 5～9 行从表中第 1 个元素开始逐个向后扫描，直至找到第 *k* 个元素。

```
1    ListItem ListRetrieve(int k,List L)
2    {
3      int i=1;
4      if(k<1 || k>L->n)  return 0;
5      link p=L->last->next->next;
6      while(i<k){
7        p=p->next;
8        i++;
9      }
10     return p->element;
11   }
```

显然，算法 ListRetrieve(*k*,*L*)需要 $O(k)$ 计算时间。

函数 ListLocate(*x*,*L*)与 ListRetrieve(*k*,*L*)类似，在第 4～9 行从表中第 1 个元素开始逐个向后线性扫描，直至找到元素 *x*。在最坏情况下，算法 ListLocate(*x*,*L*)需要 $O(n)$ 计算时间。

```
1    int ListLocate(ListItem x,List L)
2    {
3      int i=1;
4      link p=L->last->next->next;
5      L->last->next->element=x;
6      while(p->element!=x){
7        p=p->next;
8        i++;
9      }
10     return((p==L->last->next)?0:i);
11   }
```

在循环链表中插入一个新元素的算法与单链表的情形类似。表首哨兵单元的采用，简化了算法对表首插入的边界情形的处理。

```
1    void ListInsert(int k,ListItem x,List L)
2    {
3      if(k<0 || k>L->n)  return;
4      link p=L->last->next;
5      for(int i=1;i<=k;i++)  p=p->next;
6      link y=NewNode();
7      y->element=x;
8      y->next=p->next;
```

```
9        p->next=y;
10       if(k==L->n)  L->last=y;
11       L->n++;
12   }
```

与单链表情形类似，算法 ListInsertrt(k,x,L)的主要计算时间用于在第 4～5 行寻找正确的插入位置，因此所需计算时间为 $O(k)$。

在循环链表中删除第 k 个元素的算法也与单链表的情形类似。同样，表首哨兵单元的采用，简化了算法对删除表中第 1 个元素的边界情形的处理。

```
1    ListItem ListDelete(int k,List L)
2    {
3        if(k<1 || k>L->n)  return 0;
4        link q=L->last->next;
5        for(int i=0;i<k-1;i++)  q=q->next;
6        link p=q->next;
7        q->next=p->next;
8        if(k==L->n)  L->last=q;
9        ListItem x=p->element;
10       free(p);
11       L->n--;
12       return x;
13   }
```

情形类似，算法 ListDelete(k,L)的主要计算时间用于在第 4～5 行寻找待删除元素所在结点，因此所需计算时间为 $O(k)$。

输出表中所有元素的函数 PrintList(L)实现如下。

```
1    void PrintList(List L)
2    {
3        for (link p=L->last->next->next;p!=L->last->next;p=p->next)
4            ItemShow(p->element);
5    }
```

2.7 双链表

在单循环链表中，虽然从表的任一结点出发，都可以找到其前驱结点，但需要 $O(n)$ 时间。如果希望快速确定表中任一元素的前驱和后继元素所在的结点，可以在链表的每个结点中设置两个指针，一个指向后继结点，另一个指向前驱结点，形成图 2-8 所示的双向链表，简称为双链表。

leftEnd   rightEnd

图 2-8 双链表

双链表的结点类型定义如下。

```
1   typedef struct node *link;/* 双链表结点指针类型 */
2   typedef struct node {/* 双链表结点类型 */
3       ListItem element;/* 表中元素 */
4       link left,/* 链表左结点指针 */
5             right;/* 链表右结点指针 */
6   } Node;
```

其数据成员 element 存储表中元素；left 是指向前一（左）结点的指针；right 是指向后一（右）结点的指针。

用双链表实现表的结构类型定义如下。

```
1   typedef struct dlist *List;/* 双链表指针类型 */
2   typedef struct dlist{/* 双链表结构 */
3       int n;/* 表长 */
4       link leftEnd,/* 链表表首指针 */
5             rightEnd;/* 链表表尾指针 */
6   }Dlist;
```

其中，数据成员 n 存储表的长度；leftEnd 是指向表首的指针；rightEnd 是指向表尾的指针。

和单循环链表类似，双链表也可以有循环表。用一个表首哨兵结点 header 将双链表首尾相接，即将表首哨兵结点中的 left 指针指向表尾，并将表尾结点的 right 指针指向表首哨兵结点，构成如图 2-9 所示的双向循环链表。

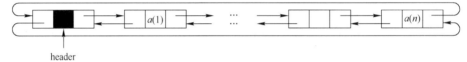

header

图 2-9　双向循环链表

用双向循环链表实现表的结构类型定义如下。

```
1   typedef struct dlist *List;/* 循环双链表指针类型 */
2   typedef struct dlist{/* 循环双链表结构 */
3       int n;/* 表长 */
4       link header,/* 链表表首指针 */
5             curr;/* 链表当前结点指针 */
6   }Dlist;
```

其中，header 是指向表首哨兵结点的指针。

函数 ListInit() 创建一个仅由表首哨兵结点组成的空双向循环链表。

```
1   List ListInit()
2   {
3       List L=(List)malloc(sizeof *L);
4       link y=NewNode();
5       y->left=y;
6       y->right=y;
7       L->header=y;
8       L->n=0;
9       return L;
10  }
```

函数 ListRetrieve(k,L) 在第 5～6 行从表 L 中第 1 个元素开始逐个向后扫描，直至找到第 k 个元素。

```
1    ListItem ListRetrieve(int k,List L)
2    {
3      if(k<1 || k>L->n)  return 0;/* 越界 */
4      if(k==L->n)  return L->header->left->element;
5      link p=L->header->right;
6      for(int i=1;i<k;i++)  p=p->right;
7      return p->element;
8    }
```

与单链表的情形一样，算法 ListRetrieve(k,L)需要 $O(k)$ 计算时间。当要找的元素是表尾元素时，由双向循环链表的特点，在第 4 行只要 $O(1)$ 时间就可以找到。

函数ListLocate(x,L)与ListRetrieve(k,L)类似，在第 4～9 行从表中第1个元素开始逐个向后进行线性扫描，直至找到元素 x。在最坏情况下，算法 ListLocate(x,L)需要 $O(n)$ 计算时间。

```
1    int ListLocate(ListItem x,List L)
2    {
3      int i=1;
4      link p=L->header->right;
5      L->header->element=x;
6      while(p->element!=x){
7        p=p->right;
8        i++;
9      }
10     return((p==L->header)?0:i);
11   }
```

在双链表中进行插入或删除运算时，要修改向前和向后两个方向的指针。

在双向循环链表的第 k 个元素之后插入一个新元素 x 的算法可实现如下。

```
1    void ListInsert(int k,ListItem x,List L)
2    {
3      if(k<0 || k>L->n)  return;/* 越界 */
4      link p=L->header;
5      if(k==L->n)  p=L->header->left;
6      else for(int i=1;i<=k;i++) p=p->right;
7      link y=NewNode();
8      y->element=x;
9      y->left=p;
10     y->right=p->right;
11     p->right->left=y;
12     p->right=y;
13     L->n++;
14   }
```

上述算法对链表指针的修改情况如图 2-10 所示。与单链表情形类似，算法 ListInsert(k,x,L) 的主要计算时间用于在第 6 行中寻找正确的插入位置，因此其所需计算时间为 $O(k)$。当要在表尾插入元素时，由双向循环链表的特点，在第 5 行只要 $O(1)$ 时间就可以找到正确的插入位置。

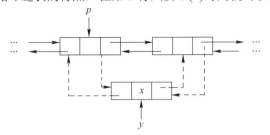

图 2-10　在双向循环链表中插入一个元素

删除双向循环链表中第 k 个元素的算法可实现如下。

```
1    ListItem ListDelete(int k,List L)
2    {
3        if(k<1 || k>L->n)  return 0;/* 越界 */
4        link p=L->header;
5        if(k==L->n) p=L->header->left;
6        else for(int i=1;i<=k;i++)  p=p->right;
7        p->left->right=p->right;
8        p->right->left=p->left;
9        ListItem x=p->element;
10       free(p);
11       L->n--;
12       return x;
13   }
```

上述算法对链表指针的修改情况如图 2-11 所示。算法 ListDelete(k,L)的主要计算时间用于在第 6 行中寻找待删除元素所在结点，因此其所需计算时间为 $O(k)$。

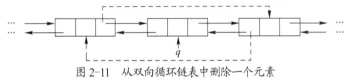

图 2-11　从双向循环链表中删除一个元素

与单链表中的删除算法类似，上述算法是在已知要删除元素在链表 L 中的位置 k 时，将该位置所指的结点删去。若要从一个表 L 中删除一个元素 x，但不知道它在表中的位置，应先用定位函数 ListLocate(x,L)找出要删除元素的位置，然后用 ListDelete(k,L)删除这个元素。当要删除表尾元素时，由双向循环链表的特点，在第 5 行只要 $O(1)$ 时间就可以找到要删除元素的位置。

可以用游标来模拟指针，实现用游标表示的双向链表和循环链表。

输出双向循环链表中所有元素的函数 PrintList(L)实现如下。

```
1    void PrintList(List L)
2    {
3        for(link p=L->header->right;p!=L->header;p=p->right)
4            ItemShow(p->element);
5    }
```

2.8 表的搜索游标

在对表进行各种操作时，常需要对表进行顺序扫描。为了使这种顺序扫描具有通用性，可以将与之相关的运算定义为抽象数据类型表的基本运算，常用的有如下几种。

（1）IterInit(*L*)：初始化搜索游标。

（2）IterNext(*L*)：当前搜索游标的下一个位置。若当前搜索游标在表尾，则下一个位置为表首。

（3）CurrItem(*L*)：当前搜索游标处的表元素。

（4）InsertCurr(*x,L*)：在当前搜索游标处插入元素 *x*。

（5）DeleteCurr(*L*)：删除当前搜索游标处的元素。

下面讨论对于不同的表结构实现搜索游标的方法。

2.8.1 用数组实现表的搜索游标

在用数组实现的表结构中增加一个数据成员 curr，用于记录当前搜索游标的值。

```
1   typedef struct alist *List;/* 单链表指针类型 */
2   typedef struct alist{
3       int n, /* 表长 */
4           curr;/* 当前位置 */
5       int maxsize;/* 数组上界 */
6       ListItem *table;/* 存储表元素的数组 */
7   }Alist;
```

函数 IterInit(*L*)将表 *L* 的搜索游标初始化为表首元素的位置。

```
1   void IterInit(List L)
2   {
3     L->curr=0;
4   }
```

函数 IterNext(*L*)将搜索游标从当前位置移向下一个位置。

```
1   void IterNext(List L)
2   {
3     L->curr=(L->curr+1)%L->n;
4   }
```

函数 CurrItem(*L*)返回表 *L* 的当前搜索游标处的元素。

```
1   ListItem *CurrItem(List L)
2   {
3     return &L->table[L->curr];
4   }
```

函数 InsertCurr(*x,L*)在表 *L* 的当前搜索游标处插入元素 *x*。

```
1   void InsertCurr(ListItem x,List L)
2   {
```

```
3       ListInsert(L->curr,x,L);
4    }
```

函数 DeleteCurr(L)删除并返回表 L 的当前搜索游标处的元素。

```
1    ListItem DeleteCurr(List L)
2    {
3       ListItem x=ListDelete(L->curr+1,L);
4       L->curr=L->curr%L->n;
5       return x;
6    }
```

2.8.2 单循环链表的搜索游标

在单循环链表结构中增加一个数据成员 curr，用于记录当前搜索游标指针。

```
1    typedef struct clist *List;/* 单循环链表指针类型 */
2    typedef struct clist{/* 单循环链表结构 */
3       int n;/* 表长 */
4       link last,/* 链表表尾指针 */
5            curr;/* 链表当前结点指针 */
6    }Clist;
```

函数 IterInit(L)将表 L 的搜索游标初始化为指向表首哨兵结点的指针。

```
1    void IterInit(List L)
2    {
3       L->curr=L->last->next;
4    }
```

函数 IterNext(L)将搜索游标指针下移。

```
1    void IterNext(List L)
2    {
3       L->curr=L->curr->next;
4       if (L->curr==L->last) L->curr=L->curr->next;
5    }
```

函数 CurrItem(L)返回表 L 的当前将搜索游标处的元素。

```
1    ListItem *CurrItem(List L)
2    {
3       if(L->n==0)return 0;
4       else return &L->curr->next->element;
5    }
```

函数 InsertCurr(x,L)在表 L 的当前搜索游标处插入元素 x。由于 curr 指针已指向当前结点的前一结点，所以直接在 curr 指针处插入新结点即可，而不必调用 ListInsert(k,x,L)。

```
1    void InsertCurr(ListItem x,List L)
2    {
3       link y=NewNode();
4       y->element=x;
```

```
5      y->next=L->curr->next;
6      L->curr->next=y;
7      if (L->curr==L->last) L->last=y;
8      L->n++;
9    }
```

函数 DeleteCurr(*L*)删除并返回表 *L* 的当前搜索游标处的元素。与函数 InsertCurr(*x*,*L*)相同，由于 curr 指针已指向当前结点的前一结点，所以可直接修改指针删除当前结点，而不必调用 ListDelete(*k*,*L*)。

```
1    ListItem DeleteCurr(List L)
2    {
3      link q=L->curr;
4      link p=q->next;
5      q->next=p->next;
6      if(p==L->last){L->last=q;L->curr=L->curr->next;}
7      ListItem x=p->element;
8      free(p);
9      L->n--;
10     return x;
11   }
```

对于本章介绍的其他几种实现表的方法，可以用类似的方法增加搜索游标功能。

2.9 应用举例

例2.1 Josephus 排列问题。

Josephus 排列问题定义如下：假设 *n* 个竞赛者排成一个环状。给定一个正整数 *m*≤*n*，从指定的第一个人开始，沿环计数，每遇到第 *m* 个人就让其出列，且计数继续进行下去。这个过程一直进行到所有的人都出列为止，最后出列者为优胜者。每个人出列的次序定义了整数 1,2,…,*n* 的一个排列，这个排列称为一个(*n*,*m*)Josephus 排列。

例如，(7,3)Josephus 排列为 3,6,2,7,5,1,4。

用本章介绍的表可以设计一个求(*n*,*m*)Josephus 排列的算法。

```
1    void Josephus(int n,int m)
2    {
3      List l=ListInit();/* 创建一个空表 */
4      for(int i=1;i<=n;i++) ListInsert(i-1,i,l);/* 表中第 i 个元素为 i */
5      IterInit(l);/* 初始化搜索游标 */
6      for(int i=1;i<n;i++){
7        for(int j=1;j<m;j++)IterNext(l);/* 搜索游标下移 */
8        ListItem x=DeleteCurr(l);/* 删除第 m 个元素 */
9        printf("删除竞赛者 %d \n", x);/* 输出被删除元素 */
10     }
11     printf("竞赛者 %d  胜出 \n", *CurrItem(l));
12   }
```

注意，上述算法中重要的一点是搜索游标的下一个位置 IterNext(*l*)是循环定义的，即当搜索游标在表尾时，下一个位置又回到表首。这使得表 *l* 在逻辑上构成一个循环链表。

有时在解一个具体问题时可以充分利用问题的特点，采用简捷的数据结构设计出高效的算法。例如，对于上面讨论的 Josephus 排列问题，表 *l* 中第 *i* 个元素为 *i*，可见表 *l* 是一个非常特殊的表。利用问题的这个特点，结合用游标实现表的方法，可以设计更简捷的算法如下。

```
1   void Josephus(int n,int m)
2   {
3     int * next=(int *)malloc(n*sizeof(int));
4     for(int i=0;i<n-1;i++)next[i]=i+1; /* 第 i 个元素的下一元素为 i+1 */
5     int k=n-1;next[k]=0; /* k 为搜索游标 */
6     for(int i=1;i<n;i++){
7       for(int j=1;j<m;j++)k=next[k]; /* 循环计数 */
8       printf("删除竞赛者 %d \n",next[k]+1);/* 输出第 m 个元素 */
9       next[k]=next[next[k]];/* 删除第 m 个元素 */
10    }
11    printf("竞赛者 %d 胜出 \n", next[k]+1);
12  }
```

上述算法利用问题的特殊性，用数组下标表示表中元素，使得数据结构更加紧凑。

例2.2 最大子段和问题。

给定 *n* 个整数组成的数组 *s*[1..*n*]，以及一个正整数 *m*。最大子段和问题要求数组 *s* 中长度不超过 *m* 的子数组，使得该子数组中元素之和最大。例如，当 *n*=6，*m*=3 且 *s*={1,−3,5,2,−2,8}时，子数组{2,−2,8}中元素之和最大。

设数组 *s* 的前缀和为 $f[i] = \sum_{j=1}^{i} s[i]$，$1 \leq i \leq n$。若 *s*[*x*..*y*]是最大和子数组，则最大和 sum[*y*]就是 $f[y] - f[x-1]$。由此可知，$\mathrm{sum}[y] = f[y] - \min_{y-m \leq j \leq y} \{f[j]\}$。对每个 $1 \leq y \leq n$，按照此式计算 sum[*y*]，可得最大子段和为 $\max_{1 \leq y \leq n} \mathrm{sum}[y]$。容易看出，这个计算式的关键之处是对每个 *y*，计算出使 $\min_{y-m \leq j \leq y} \{f[j]\}$ 达到最小的下标 *k*，即 $f[k] = \min_{y-m \leq j \leq y} \{f[j]\}$。若对每个 *y* 都用 $O(m)$时间来计算 $\min_{y-m \leq j \leq y} \{f[j]\}$，则算法需要 $O(nm)$计算时间。效率更高的方法是将候选的前缀和下标保存在一个表中，从左到右扫描前缀和，并依次从表中取出候选的前缀和进行比较。

```
1   long long maxsum()
2   {
3     long long msum=s[1];
4     L=ListInit();
5     for(int i=1;i<=n;i++){
6       s[i]+=s[i-1];/* 前缀和 */
7       while(!ListEmpty(L) && s[ListRetrieve(1,L)]>s[i])
8           ListDelete(1,L);
9       ListInsert(0,i,L);
10      int len=ListLength(L);/* 表长 */
11      while(!ListEmpty(L) && i-m>ListRetrieve(len,L))
12          ListDelete(len--,L);
```

```
13          msum=max(msum,s[i]-s[ListRetrieve(len,L)]);
14      }
15      return msum;
16  }
```

在上述算法 maxsum 中，用一个由双向循环链表 L 来保存候选的前缀和下标。链表 L 中保存的候选下标所相应的前缀和是按照从队首到队尾的方向递减的。由双向循环链表的特点，对表首和表尾元素的查看、插入和删除运算都只要 $O(1)$ 时间。算法在第 6 行计算前缀和，计算后 $s[i]$ 的值就是前述的前缀和 $f[i]$。在第 7～8 行，当前缀和 $f[i]$ 的值小于链表 L 的队首元素 j 相应的前缀和 $f[j]$ 时，j 肯定不是候选者，因而可以从表中移出。只有当表空或 $f[i]$ 的值不小于链表 L 的队首元素 j 相应的前缀和 $f[j]$ 时，才在第 9 行将下标 i 加入表首。在第 11～12 行，当链表 L 的表尾元素 j 与当前下标 i 的距离超过 m 时，j 也肯定不是候选者，因而可以从表中移出。在第 13 行计算子段和。循环结束后就找到了最大子段和。由于每个下标最多进出表 1 次，每次运算都只要 $O(1)$ 时间，所以算法中涉及表 L 的运算耗时 $O(n)$。算法 for 循环体内其他运算显然只要 $O(1)$ 时间。因此，算法总耗时为 $O(n)$。

本 章 小 结

本章介绍了表的基本概念及其逻辑特征。简要阐述了实现抽象数据类型的一般步骤，按照抽象数据类型设计和实现的一般性原则，详细介绍了实践中常用的实现表的方法，如用数组实现表的方法、用指针实现表的方法、用间接寻址技术实现表的方法、用游标实现表的方法，以及单循环链表和双链表的实现方法和步骤。基于实现表的各种方法，讨论了搜索游标的概念和实现方法，进一步扩充了表的功能。最后以 Josephus 排列问题与最大子段和问题为例讨论了表的应用方法。本章介绍的概念和方法在后续各章中还会反复用到。

习 题 2

2.1 用数组实现表的一个缺点是需要预先估计表的大小。克服这个缺点的一个方法是在初始化时先将数组大小 maxsize 置为 1，然后在插入一个元素时，如果表已满，就重新分配一个大小为 2×maxsize 的数组，将表中元素复制到新数组中，并删除老数组。类似地，在删除一个元素后，如果表的大小已降至(1/4)maxsize，就重新分配一个大小为(1/2)maxsize 的新数组，将表中元素复制到新数组中，并删除老数组。

（1）用上述思想重新设计用数组实现表的结构。

（2）设 $p_1, p_2, \cdots, p_n$ 是从空表开始的 n 个表运算组成的序列。如果用原数组实现表的方法执行此运算序列需要 $F(n)$ 计算时间，试证明用本题实现表的方法执行此运算序列最多需要 $C \times F(n)$ 计算时间，其中 C 是一个常数。

2.2 解决习题 2.1 中提出的数组空间分配问题的另一种方法是，预先为数组分配一个较大的空间，让多个表共享这一数组空间。采用这种方法在设计算法时就应考虑多个表在同一数组空间中协调共存的问题。试用上述思想重新设计用数组实现表的一个结构。

2.3 设表的 Reverse 运算将表中元素的次序反转。扩充用数组实现表的结构 List，增加函数 Reverse(L)将表 L 中元素的次序反转，并要求就地实现 Reverse 运算。

2.4　扩充用数组实现的表 List 的功能，增加一个函数 Half(L)，该函数删去当前表 L 中相隔的元素，使表的大小减半。例如，设当前表 L 的表元素数组为 table[]=[1,2,3,4,5]，则执行 Half(L) 后 table []=[1,3,5]。设计实现 Half(L)的算法并分析其计算时间复杂性。

2.5　许多实际应用需要反复在一个表中前后移动，为此，需要对表的搜索游标增加如下一些运算。

（1）IterSet(k,L)：设置表 L 的搜索游标为第 k 个元素位置。

（2）FirstItem(L)：返回表 L 中第 1 个元素的位置。

（3）LastItem(L)：返回表 L 中最后 1 个元素的位置。

（4）IterPrevious(L)：将搜索游标前移一个位置。

试用数组实现表的方法实现上述扩充的搜索游标功能。

2.6　设 A 和 B 均为用数组实现的 List 类型的表，试设计一个函数 Alternate(A,B)，从表 A 中第 1 个元素开始，交替地用表 A 和表 B 中元素组成一个新表。例如，设表 A 为 a(1)，a(2),…,a(n)；表 B 为 b(1),b(2),…,b(m)，则执行 Alternate(A,B)运算得到的新表为 a(1),b(1),a(2)，b(2),…。

2.7　设 A 和 B 均为用数组实现的 List 类型的表，且 A 和 B 中元素是按非增序排列的。试设计一个函数 Merge(A,B)，将有序表 A 和 B 合并为一个新的有序表，并分析算法的计算复杂性。

2.8　试设计用数组实现的表 List 的函数 Split(A,B,L)，根据表 L 创建两个新表 A 和 B，其中表 A 包含表 L 中奇数位置上的所有元素，表 B 包含其余元素。

2.9　在用数组实现表时，若将表中第 k 个元素存储于 table[k]中，则有些表的运算会更简单一些。试用此方式重写结构 List 及实现基本抽象数据类型功能的函数。

2.10　扩充用指针实现的表 List，增加函数 From(L)和 To(L)。其中，From(L)将一个用数组实现的表 L 变换为用指针实现的表；To(L)将一个用指针实现的表变换为用数组实现的表。

2.11　对用指针实现的表重做习题 2.3。

2.12　对用指针实现的表重做习题 2.6。

2.13　对用指针实现的表重做习题 2.7。要求实现时不改变表 A 和 B 中元素占用的空间位置。

2.14　对用指针实现的表重做习题 2.8。

2.15　为用间接寻址方法实现的表增加搜索游标功能。

2.16　为用游标实现的表增加搜索游标功能。

2.17　二进位的 xor（异或）运算 ⊕ 定义为

$$i \oplus j = \begin{cases} 0, & i = j \\ 1, & i \neq j \end{cases}$$

二进位串的 xor（异或）运算 ⊕ 定义为按位 xor 运算。

例如，设 $a = 10110$，$b = 01100$，则 $a \oplus b = 11010$。

xor 运算 ⊕ 具有以下性质：

$$a \oplus (a \oplus b) = (a \oplus a) \oplus b = b$$
$$(a \oplus b) \oplus b = a \oplus (b \oplus b) = a$$

由此性质可设计用游标模拟指针实现双链表的结构如下。

用数组 *S* 存储表中元素。每个数组单元有两个域 element 和 link。element 域用于存储元素，link 域用于存储游标。link 域中游标的含义如下。

设 x，y 和 z 是表中 3 个相继元素，y 是 x 的后继且 z 是 y 的后继。它们分别存储于 $S[i]$.element，$S[j]$.element 和 $S[k]$.element 中，则 $S[j]$.link 中存储的游标值是 $i \oplus k$。当 $S[j]$ 是表首元素时 $i=0$；当 $S[j]$ 是表尾元素时 $k=0$。

（1）试设计用上述方法实现的双链表。

（2）设计一个从表首到表尾遍历上述双链表各结点，并依次输出表中元素的算法。

（3）设计一个从表尾到表首遍历上述双链表各结点，并依次输出表中元素的算法。

2.18　对单循环链表重做习题 2.3。

2.19　对单循环链表重做习题 2.6。

2.20　对单循环链表重做习题 2.7。

2.21　对单循环链表重做习题 2.8。

2.22　设 p 是指向单循环链表 L 中某一结点的指针。试设计一个在 $O(1)$ 时间内删除 p 所指结点中元素的算法。

提示：由于不知道 p 的前驱结点指针，所以难以在 $O(1)$ 时间内删除 p 所指结点。但可在 $O(1)$ 时间内确定 p 的后继结点 q，用 q 的 table 域内容替换 p 的 table 域内容，然后删除结点 q 即可。

2.23　对双链表重做习题 2.3。

2.24　对双链表重做习题 2.6。

2.25　对双链表重做习题 2.7。

2.26　对双链表重做习题 2.8。

算法实验题 2

算法实验题 2.1　向量分类问题。

★ 问题描述：给定 m 个 n 维向量 $a_1, a_2, \cdots, a_m$，向量分类问题要求将相同的向量划分为同一类。试用表设计解向量分类问题的有效算法。

★ 实验任务：给定 m 个 n 维向量，计算这 m 个 n 维向量可分为多少个类。

★ 数据输入：由文件 input.txt 给出输入数据。第 1 行有 2 个正整数 m 和 n，分别表示给定的向量个数和每个向量的维数。接下来的 m 行中，每行有 n 个整数，表示相应的 n 维向量。

★ 结果输出：将计算出的向量的等价类数输出到文件 output.txt 中。

输入文件示例	输出文件示例
input.txt	output.txt
6 4	3
3　5　7　9	
4　3　7　5	
3　5　7　9	
2　1　4　6	
3　5　7　9	
2　1　4　6	

算法实验题 2.2 最长极差段问题。

★ 问题描述：给定 n 个整数组成的数组 $a[1..n]$，以及 2 个正整数 m,k。最长极差段问题要求数组 a 中满足如下约束的最长子数组。约束条件是：对于子数组 $a[i..j]$，设其元素最大值和最小值分别为 x 和 y，则 $m{\leq}x{-}y{\leq}k$。例如，当 $n=5,m=0,k=2$ 且 $a=\{1,2,3,4,2\}$ 时，子数组 $\{2,3,4,2\}$ 是满足约束的最长子数组。

★ 实验任务：对于给定的 n 个整数组成的数组 $a[1..n]$，以及 2 个正整数 m,k，计算 a 的最长极差段的长度。

★ 数据输入：由文件 input.txt 给出输入数据。有多个测试项。每个测试项的第 1 行有 3 个整数 n,m 和 k，$0<n,m,k<150\,000$，分别表示数组 $a[1..n]$ 的元素个数和子数组极差的下界和上界。测试项的第 2 行给出数组 $a[1..n]$ 的 n 个元素。

★ 结果输出：将计算出的每个测试项的最长极差段的长度输出到 output.txt。每个测试项输出 1 行。

输入文件示例	输出文件示例
input.txt	output.txt
5 0 0	5
1 1 1 1 1	4
5 0 2	
1 2 3 4 2	

算法实验题 2.3 条形图轮廓问题。

★ 问题描述：在 x 轴上水平放置着 n 个条形图，条形图的轮廓是消去这 n 个条形图的隐藏线后得到的图形，如图 2-12 所示。

每个条形图由三元组 (L_i,H_i,R_i) 表示。其中，L_i 和 R_i 分别为条形图左右竖线的 x 坐标值，H_i 为条形图的高度。例如，图 2-12（a）中的 8 个条形图可表示为：(1,11,5)，(2,6,7)，(3,13,9)，(12,7,16)，(14,3,25)，(19,18,22)，(23,13,29)，(24,4,28)。条形图的轮廓可用轮廓向量 $(v_1,v_2,\cdots,v_m)$ 表示。当 i 为奇数时，v_i 表示条形图轮廓中一条竖线的 x 坐标值；当 i 为偶数时，v_i 表示条形图轮廓中一条横线的高度。例如，图 2-12（b）中的条形图轮廓向量为(1, 11, 3, 13, 9, 0, 12, 7, 16, 3, 19, 18, 22, 3, 23, 13, 29, 0)。

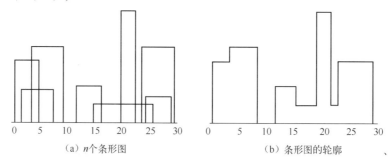

（a）n 个条形图　　　　　　　　（b）条形图的轮廓

图 2-12　条形图及其轮廓

★ 实验任务：对于给定的 n 个条形图，计算其条形图轮廓。

★ 数据输入：由文件 input.txt 给出输入数据。每行有 3 个整数 (L_i,H_i,R_i)，L_i 和 R_i 分别为条形图左右竖线的 x 坐标值，H_i 为条形图的高度。

★ 结果输出：将计算出的条形图轮廓向量输出到文件 output.txt 中。

输入文件示例   输出文件示例

input.txt   output.txt

1 11 5   1 11 3 13 9 0 12 7 16 3 19 18 22 3 23 13 29 0 ·

2 6 7

3 13 9

12 7 16

14 3 25

19 18 22

23 13 29

24 4 28

算法实验题 2.4 序列分割问题。

★ 问题描述：给定 n 个整数组成的数组 $a[1..n]$，以及一个正整数 m。序列分割问题要求将数组 a 分割成若干段，使得每段中元素之和不超过 m，且各段中最大值之和达到最小。例如，当 $n=8$，$m=17$ 且 $a=\{2,2,2,8,1,8,2,1\}$ 时，可以将 a 分割成 3 段 $\{2,2,2\}$，$\{8,1,8\}$，$\{2,1\}$，各段中最大值之和为 12。

★ 实验任务：对于给定的 n 个整数组成的数组 $a[1..n]$，以及子数组元素之和的上界 m，计算最优分割相应的各段中最大值之和。

★ 数据输入：由文件 input.txt 给出输入数据。有多个测试项。每个测试项的第 1 行有 2 个整数 n 和 m，$0<n,m<150\,000$，分别表示数组 $a[1..n]$ 的元素个数和子数组元素之和的上界。测试项的第 2 行给出数组 $a[1..n]$ 的 n 个元素。

★ 结果输出：将计算出的每个测试项的最优分割相应的各段中最大值之和输出到 output.txt 中。每个测试项输出 1 行。若测试项不存在最优分割，则输出-1。

输入文件示例   输出文件示例

input.txt   output.txt

8 17   12

2 2 2 8 1 8 2 1   12

8 17

2 2 2 8 1 8 2 1

第3章 栈

学习要点

- 理解栈是满足 LIFO 存取规则的表
- 熟悉定义在栈上的基本运算
- 掌握用数组实现栈的步骤和方法
- 掌握用指针实现栈的步骤和方法
- 理解用栈解决实际问题的方法

3.1 栈的基本概念

栈是一种特殊的表，这种表只在表首进行插入和删除操作。因此，表首对于栈来说具有特殊的意义，称为栈顶。相应地，表尾称为栈底。不含任何元素的栈称为空栈。

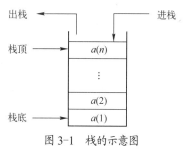

图 3-1 栈的示意图

假设一个栈 S 中的元素为 $a(n),a(n-1),\cdots,a(1)$，则称 $a(1)$ 为栈底元素，$a(n)$ 为栈顶元素。栈中元素按 $a(1),a(2),\cdots,a(n)$ 的次序进栈。在任何时候，出栈的元素都是栈顶元素。换句话说，栈的修改是按后进先出的原则进行的，如图 3-1 所示。因此，栈又称为后进先出（Last In First Out）表，简称为 LIFO 表。栈的这个特点可以用一叠摞在一起的盘子形象地比喻。要从这一叠盘子中取出或放入一个盘子，只有在这一叠盘子的顶部操作才最方便。

栈也是一个抽象数据类型。常用的栈运算如下。

（1）StackEmpty(S)：测试栈 S 是否为空。

（2）StackFull(S)：测试栈 S 是否已满。

（3）StackTop(S)：返回栈 S 的栈顶元素。

（4）Push(x, S)：在栈 S 的栈顶插入元素 x，简称为将元素 x 入栈。

（5）Pop(S)：删除并返回栈 S 的栈顶元素，简称为抛栈。

栈的应用非常广泛，只要问题满足 LIFO 原则，就可以使用栈。下面来看一个应用栈的简单例子。

在对用高级语言编写的程序进行编译时会遇到表达式或字符串的括号匹配问题，如 C 程序中左、右花括号"{"和"}"的匹配问题。表达式（字符串）的括号匹配问题要求确定给定表达式（字符串）中左、右括号的匹配情况。例如，表达式(x*(x+y)−z)在位置 1 和 4 处有左括号，在位置 8 和 11 处有右括号；位置 1 处的左括号与位置 11 处的右括号相匹配；位置 4 处的左括号与位置 8 处的右括号相匹配。而在表达式((x+y)*z)中，位置 8 处的右括号没有可匹配的左括号，位置 9 处的左括号没有可匹配的右括号。

对于给定的表达式 expr，从左到右逐个字符进行扫描可发现，每个右括号与最近遇到的尚未匹配的左括号相匹配，由此容易想到下面的算法：在从左到右逐个字符对给定的表达式 expr 进行扫描的过程中，将所遇到的左括号存入一个栈中。每当扫描到一个右括号时，如果栈非空，就将其与栈顶的左括号相匹配，并从栈顶删除该左括号；若栈已空，则所遇到的右括号不匹配。在完成对表达式的扫描后，若栈仍非空，则留在栈中的左括号均不匹配。

基于上述思想的表达式括号匹配算法描述如下。

```
1   void Parenthsis(char expr[])
2   {
3       Stack ss=StackInit();
4       int n=strlen(expr);
5       for(int i=1;i<=n;i++){
6           if(expr[i-1]=='(')Push(i,ss);
7           else if(expr[i-1]==')'){
8               if(StackEmpty(ss))printf("位置%d 处的右括号不匹配\n",i);
9               else printf("%d %d\n",Pop(ss),i);
10          }
11      }
12      while(!StackEmpty(ss))printf("位置%d 处的左括号不匹配\n",Pop(ss));
13  }
```

在算法 Parenthesis 中，栈 ss 是一个整数栈，用于存放未匹配左括号在字符串 expr 中的位置。n 是字符串 expr 的长度。由算法的扫描过程可知，算法 Parenthesis 的计算时间复杂性为 $O(n)$。

3.2 用数组实现栈

栈是一个特殊的表，可以用数组来实现栈。考虑到栈运算的特殊性，用一个数组 data 存储栈元素时，栈底固定在数组的底部，即 data[0]为最早入栈的元素，并让栈向数组上方（下标增大的方向）扩展。

用数组实现的栈结构 Stack 定义如下。

```
1   typedef struct astack *Stack;/* 栈指针类型 */
2   typedef struct astack{/* 栈结构 */
3       int top,/* 栈顶 */
4           maxtop;/* 栈空间上界 */
5       StackItem *data;/* 存储栈元素的数组 */
6   }Astack;
```

在上述栈结构 Stack 的定义中，栈元素存储在数组 data 中，用 top 指向当前栈顶位置，栈顶元素存储在 data[top]中，栈的容量为 maxtop。

栈元素的类型由 StackItem 定义。此处将栈元素的类型定义为 int，可以根据具体应用选择不同元素类型。

```
1   #define eq(A,B) (A==B)
2
3   typedef int StackItem;/* 栈元素类型 int */
4   typedef StackItem* addr;/* 栈元素指针类型 */
```

```
5
6    void StackShow(StackItem x)
7    {/* 输出栈元素 */
```

函数 StackInit(size)创建一个容量为 size 的空栈。

```
1    Stack StackInit(int size)
2    {
3        Stack S=(Stack)malloc(sizeof *S);
4        S->data=(StackItem *)malloc(size*sizeof(StackItem));
5        S->maxtop=size;
6        S->top=-1;
7        return S;
8    }
```

当 top = -1 时当前栈为空栈。

```
1    int StackEmpty(Stack S)
2    {
3        return S->top < 0;
4    }
```

当 top = maxtop 时当前栈满。

```
1    int StackFull(Stack S)
2    {
3        return S->top>=S->maxtop;
4    }
```

栈顶元素存储在 data[top]中。

```
1    StackItem StackTop(Stack S)
2    {/* 前提: 栈非空 */
3        if(StackEmpty(S))  return 0;
4        return S->data[S->top];
5    }
```

新栈顶元素 x 应存储在 data[top+1]中。

```
1    void Push(StackItem x, Stack S)
2    {/* 前提: 栈未满 */
3        if(StackFull(S))  return;
4        S->data[++S->top]=x;
5    }
```

删除栈顶元素后，新栈顶元素在 data[top-1]中。

```
1    StackItem Pop(Stack S)
2    {/* 前提: 栈非空 */
3        if(StackEmpty(S))  return 0;
4        return S->data[S->top--];
5    }
```

由于数组 data 是动态分配的，在使用结束时应由 StackFree 释放分配给 data 的空间，以免产生内存泄漏。

```
1   void StackFree(Stack S)
2   {
3       free(S->data);
4       free(S);
5   }
```

在一些算法中使用栈时，常需要同时使用多个栈。为了使每个栈在算法运行过程中不会溢出，通常要为每个栈预置一个较大的栈空间。但做到这一点并不容易，因为各个栈在算法运行过程中实际所用的最大空间很难估计。另一方面，各个栈的实际大小在算法运行过程中不断变化，经常会发生其中一个栈满，而另一个栈空的情形。如果能让多个栈共享空间，将提高空间的利用率，并减少发生栈上溢的可能性。

假设让程序中的两个栈共享一个数组 data[0:n]。利用栈底位置不变的特性，可以将两个栈的栈底分别设在数组 data 的两端，然后各自向数组 data 的中间伸展，如图 3-2 所示。这两个栈的栈顶初值分别为 0 和 n，当两个栈的栈顶相遇时才可能发生上溢。由于两个栈之间可以互补余缺，每个栈实际可用的最大空间往往大于 $n/2$。

图 3-2　共享同一数组空间的两个栈

3.3　用指针实现栈

在算法中要用到多个栈时，最好用链表作为栈的存储结构，即用指针来实现栈。用这种方式实现的栈也称为链栈，如图 3-3 所示。

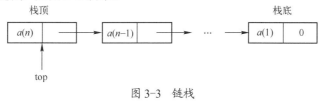

图 3-3　链栈

链栈的结点类型定义如下。

```
1   typedef struct snode *slink;/* 栈结点指针类型 */
2   typedef struct snode{/* 栈结构 */
3       StackItem element;/* 栈元素 */
4       slink next;/* 下一结点指针 */
5   }StackNode;
6
7   slink NewStackNode()
8   {
9       return (slink)malloc(sizeof(StackNode));
10  }
```

其数据成员 element 存储栈元素，next 是指向下一个结点的指针，函数 NewStackNode()创建一个新结点。

用指针实现的链栈 Stack 定义如下。

```
1   typedef struct lstack *Stack;/* 栈指针类型 */
2   typedef struct lstack{/* 栈结构 */
3       slink top;/* 栈顶指针 */
4   }Lstack;
```

其中，top 是指向栈顶结点的指针。

函数 StackInit()将 top 置为空指针，创建一个空栈。

```
1   Stack StackInit()
2   {
3       Stack S=(Stack)malloc(sizeof *S);
4       S->top=0;
5       return S;
6   }
```

函数 StackEmpty(S)简单地检测指向栈顶的指针 top 是否为空指针。

```
1   int StackEmpty(Stack S)
2   {
3       return S->top==0;
4   }
```

函数 StackTop(S)返回栈 S 的栈顶结点中的元素。

```
1   StackItem StackTop(Stack S)
2   {/* 前提: 栈非空 */
3       if(StackEmpty(S))  return 0;
4       return S->top->element;
5   }
```

函数 Push(x,S)先为元素 x 创建一个新结点，然后修改 S 的栈顶结点指针 top 使新结点成为新栈顶结点。

```
1   void Push(StackItem x, Stack S)
2   {
3       slink p=NewStackNode();
4       p->element=x;
5       p->next=S->top;
6       S->top=p;
7   }
```

函数 Pop(S)先将 S 的栈顶元素存于 x 中，然后修改栈顶指针使其指向栈顶元素的下一个元素，从而删除栈顶元素，最后返回 x。

```
1   StackItem Pop(Stack S)
2   {/* 前提: 栈非空 */
3       if(StackEmpty(S))  return 0;
4       StackItem x=S->top->element;
```

```
5      slink p=S->top;
6      S->top=p->next;
7      free(p);
8      return x;
9    }
```

3.4 应用举例

例3.1 等价类划分问题。

集合上的等价关系"≡"是一个自反、对称、传递的关系。也就是说，如果"≡"是集合 S 上的等价关系，那么对于 S 中的任意元素 x，y，z（它们可能相同），下述性质成立：

（1）$x \equiv x$（自反性）；

（2）若 $x \equiv y$，则 $y \equiv x$（对称性）；

（3）若 $x \equiv y$，$y \equiv z$，则 $x \equiv z$（传递性）。

等于关系"="是一种特殊的等价关系。对于集合 S 中任意元素 x，y，z，有：

（1）$x = x$；

（2）若 $x = y$，则 $y = x$；

（3）若 $x = y$，$y = z$，则 $x = z$。

除等于关系外，还有许多等价关系。一般地，若将集合划分成若干个互不相交的子集，再定义 S 上的关系"≡"如下：$x \equiv y$ 的充要条件是 x 与 y 属于同一子集，则"≡"是等价关系。等于关系就是每个子集只含一个元素的特殊情况。反之，如果集合 S 上已经定义了一个等价关系，那么 S 可以被划分成互不相交的子集 $S(1),S(2),\cdots$。每个 $S(i)$ 都由 S 中互相等价的元素所组成，即 $x \equiv y$ 的充要条件是 x 和 y 在集合 S 的同一子集中。每个 $S(i)$ 称为集合 S 的一个等价类。

例如，整数集合上的模 n 同余关系是一个等价关系。事实上，$x-x=0$ 是 n 的倍数（自反性）；如果 $x-y=a*n$，那么 $y-x=(-a)*n$（对称性）；如果 $x-y=a*n$，$y-z=b*n$，那么 $x-z=(a+b)*n$（传递性）。此时整数集合被划分为 n 个等价类。

等价类划分问题的提法为：给定集合 S 及一系列形如"x 等价于 y"的等价性条件，要求给出 S 的符合所列等价性条件的等价类划分。

例如，给定集合 $S = \{1,2,\cdots,7\}$ 及等价性条件：$1 \equiv 2$，$5 \equiv 6$，$3 \equiv 4$，$1 \equiv 4$，对集合 S 作等价类划分如下。首先将 S 的每一个元素看成一个等价类，然后顺序地处理所给的等价性条件。每处理一个等价性条件，得到相应等价类列表如下：

$1 \equiv 2$ 　 $\{1,2\}$ $\{3\}$ $\{4\}$ $\{5\}$ $\{6\}$ $\{7\}$；

$5 \equiv 6$ 　 $\{1,2\}$ $\{3\}$ $\{4\}$ $\{5,6\}$ $\{7\}$；

$3 \equiv 4$ 　 $\{1,2\}$ $\{3,4\}$ $\{5,6\}$ $\{7\}$；

$1 \equiv 4$ 　 $\{1,2,3,4\}$ $\{5,6\}$ $\{7\}$。

最终得到集合 S 的等价类划分：$\{1,2,3,4\}$ $\{5,6\}$ $\{7\}$。

在许多情况下，可以用整数来表示集合中的元素。如果集合 S 中共有 n 个元素，可将集合 S 表示为 $\{1,2,\cdots,n\}$。等价性条件表示为 $i \equiv j$，$1 \leqslant i$，$j \leqslant n$。利用栈，可按下述方式解集合 S 的等价类划分问题。

首先，为集合 S 中的每个元素 i 建立一个链表 $L[i]$，$1 \leqslant i \leqslant n$。顺序地处理所给的等价性条件，使 $L[i]$ 中包含所有由等价性条件显式给出的与 i 等价的元素，然后对链表进行处理，找出所有隐含的等价关系。

```
1    void equiv()
2    {
3        int a,b,n,r,*q,*out;
4        Stack stack=StackInit();
5        scanf("%d",&n);/* 输入集合中元素个数 */
6        scanf("%d",&r);/* 输入等价性条件数 */
7        /* 为集合中每个元素建立一个链表 */
8        List *L=(List *)malloc((n+1)*sizeof(*L));
9        for(int i=1;i<=n;i++)L[i]=ListInit();
10       /* 顺序处理所给等价性条件 */
11       for(int i=1;i<=r;i++){
12           scanf("%d%d",&a,&b);/* 输入等价性条件 */
13           ListInsert(0,b,L[a]);
14           ListInsert(0,a,L[b]);
15       }
16       /* 对链表进行处理，找出所有隐含的等价关系 */
17       out=(int *)malloc((n+1)*sizeof(int));
18       for(int i=1;i<=n;i++)out[i]=0;
19       /* 输出等价类 */
20       for(int i=1;i<=n;i++)
21           if(!out[i]){/* 新等价类 */
22               printf("等价类: %d ",i);
23               out[i]=1;
24               Push(i,stack);
25               /* 从栈中取等价类中元素 */
26               while(!StackEmpty(stack)) {
27                   int j=Pop(stack);
28                   /* L[j] 中元素属于同一等价类 */
29                   IterInit(L[j]);  /* 搜索游标 */
30                   q=CurrItem(L[j]);
31                   b=ListLength(L[j]);
32                   for(a=1;a<=b;a++){
33                       if(!out[*q]) {  /* q 属于同一等价类 */
34                           StackShow(*q);
35                           out[*q]=1;
36                           Push(*q,stack);
37                       }
38                       IterNext(L[j]);
39                       q=CurrItem(L[j]);
40                   }
41               }
42               printf("\n");
43           }/* endif */
44   }
```

算法在对链表进行处理时用一个数组 out 记录等价类成员的输出状态。当 $out[i]=1$ 时表示元

素 i 已输出。栈 stack 用于收集并输出同一等价类中的所有元素。栈 stack 为空时表示当前等价类中所有元素均已输出，此时应转入下一等价类。为了找下一等价类中的第一个元素，算法继续扫描数组 out 直至找到集合中尚未输出的元素。如果找到集合中的一个尚未输出的元素，就将该元素存入栈 stack，同时转入下一轮循环。如果没找到集合中的尚未输出的元素，就表明集合中所有元素均已输出，算法终止。

上述算法所需的计算时间显然为 $O(n+r)$，其中 n 是集合中的元素个数，r 是等价性条件数。

例 3.2 直方图最大面积矩形问题。

n 个非负整数 $h[1],h[2],\cdots,h[n]$ 给出直方图中 n 个直条的高度。每个直条的宽度均为 1。直方图最大面积矩形问题要找出包含在这个直方图中边平行于坐标轴的最大面积矩形。例如，当给出的 $h = [6,2,5,4,5,1,6]$ 时，最大面积矩形的面积是 12，如图 3-4 所示。

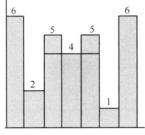

设最大面积矩形为 s，则易知与其相交的直条中高度最小的直条整个包含在 s 中。而对直方图中的每个高度为 $h[i]$ 的直条 i 都有一个包含该直条的最大矩形，设其面积为 $a[i]$。显而易见，s 的面积是 $\max\limits_{1\leqslant i\leqslant n} a[i]$。因此，关键问题是对每个高度为 $h[i]$ 的直条 i，计算包含该直条的最大矩形面积 $a[i]$。要计算 $a[i]$，就要计算直条 i 的左侧距 i 最近的高度小于 $h[i]$ 的直条位置 $l(i)$，和直条 i 的右侧距 i 最近的高度小于 $h[i]$ 的直条位置 $r(i)$。由 $l(i)$ 和 $r(i)$ 的值可得，$a[i]=h[i]\times(r(i)-l(i)-1)$。为此目的，可以用一个栈 stk 来存储直条 i 的位置 $l(i)$。从左到右依次考查直条，并根据栈顶元素的值来计算 $a[i]$。相应的算法描述如下。

图 3-4　直方图最大面积矩形

```
1   int histo()
2   {
3       Stack stk=StackInit(n);
4       int i=0,mx=0;
5       while(i<n){
6           if(StackEmpty(stk)||h[StackTop(stk)]<=h[i])Push(i++,stk);
7           else{
8               int tmp=StackTop(stk);
9               Pop(stk);
10              int a=h[tmp]*(StackEmpty(stk)?i:i-StackTop(stk)-1);
11              if(mx<a)mx=a;
12          }
13      }
14      /* 计算栈中剩余的非减序列的 a[i] */
15      while(!StackEmpty(stk)){
16          int tmp=StackTop(stk);
17          Pop(stk);
18          int a=h[tmp]*(StackEmpty(stk)?i:i-StackTop(stk)-1);
19          if(mx<a)mx=a;
20      }
21      return mx;
22  }
```

算法第 5~13 行的 while 循环依次考查直条 i。当 $h[i]$ 小于当前栈顶元素 tmp 时，i 就是 $r(tmp)$，当前栈顶元素 tmp 在栈中下一个元素就是 $l(tmp)$。此时在第 9 行删除栈顶元素 tmp，并在第 10 行计算出 $a[tmp]$，然后在第 11 行与当前最大值 mx 比较。当 $h[i]$ 不小于当前栈顶元素时，将 i 置入栈顶。在第 5~13 行的 while 循环结束后，若栈 stk 非空，则依次取出栈顶元素 tmp，此时仍有 $r(tmp)=i$，可以计算出 $a[tmp]$。由于每个直条入栈 1 次，所以算法所需的计算时间是 $O(n)$。

本 章 小 结

本章介绍了栈的基本概念及其逻辑特征。按照抽象数据类型设计和实现的一般性原则，详细介绍了实践中常用的用数组实现栈的方法和用指针实现栈的方法。最后以集合的等价类划分问题和直方图最大面积矩形问题为例讨论了栈的应用方法。本章介绍的栈在后续章节中还会反复用到。

习 题 3

3.1 扩充抽象数据类型栈的定义，增加如下栈运算。

（1）StackSize (S)：确定栈 S 中元素个数。

（2）StackIn (S)：输入栈 S。

（3）StackOut (S)：输出栈 S。

用数组实现扩充后的栈。

3.2 扩充栈的定义，增加如下栈运算。

（1）StackSplit(S1, S2)：将栈 $S1$ 分为大小相同的两个栈 $S1$ 和 $S2$。栈 $S2$ 中含原栈 $S1$ 中上半部分元素，其余元素留在栈 $S1$ 中。

（2）StackCombine(S1, S2)：将栈 $S2$ 中元素合并于栈 $S1$ 顶部，且保持原栈中元素次序。$S2$ 成为空栈。

用数组实现上述扩充后的栈。

3.3 用指针实现栈的方法重做习题 3.1。

3.4 用指针实现栈的方法重做习题 3.2。

3.5 举两个应用栈的例子。

3.6 设有编号为 1,2,3,4 的 4 辆列车，顺序进入一个栈式结构的站台。试写出这 4 辆列车开出车站的所有可能的顺序。

3.7 试证明，借助于栈，由输入序列 $1,2,\cdots,n$ 得到的输出序列为 $p(1),p(2),\cdots,p(n)$（它是输入序列的一个排列），则在输出序列中不可能出现这样的情形，即存在 $i<j<k$ 使 $p(j)<p(k)<p(i)$。

3.8 用数组实现栈的一个缺点是需要预先估计栈的大小 maxtop。克服这个缺点的一个方法是在初始化时先将 maxtop 置为 0，然后在插入一个元素时，如果栈已满，就重新分配一个大小为 2*maxtop+1 的数组，将栈中元素复制到新数组中，并删除老数组。类似地，在删除栈顶元素后，如果栈的大小已降至 maxtop/4，就重新分配一个大小为 maxtop/2 的新数组，将栈中元素复制到新数组中，并删除老数组。

（1）用上述思想重新设计用数组实现栈的结构。

（2）设 $p_1, p_2, \cdots, p_n$ 是从空栈开始的 n 个由 Push 和 Pop 运算组成的栈运算序列。如果用数组实现栈的方法执行此运算序列需要 $F(n)$ 计算时间，试证明用本题实现栈的方法执行此运算序列最多需要 $C \times F(n)$ 计算时间，其中 C 是一个常数。

3.9　当两个栈共享一个数组 stack[0:n]时，试设计在第 k 个栈中加入元素 x 的算法 Push(k,x,S)，以及删除并返回第 k 个栈的栈顶元素的算法 Pop(k,S)。

3.10　图 3-4 所示的数据结构是在一个数组中保存 3 个栈的方法。

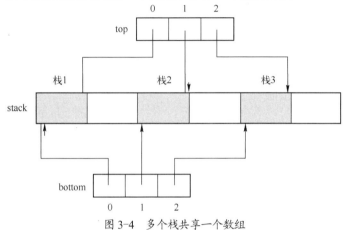

图 3-4　多个栈共享一个数组

类似地可将 k 个栈存于一个数组之中。在这种情况下，如果第 i 个栈的入栈运算 Push(i,x,S)使 Top(i)=Bottom(i-1)，那么必须首先移动所有的栈，使它们两两之间留有适当的空隙。例如，可以使所有栈的上方留有相等的空隙，或者使各栈上方的空隙与栈的当前长度成正比。

（1）假设已有函数 Reorg 能在两个栈发生冲突时调整各栈在数组中的位置，试重新设计用数组实现栈的结构。

（2）如果已有函数 NewTops 可以计算出所有新栈顶的位置 newtop[i]，$1 \leqslant i \leqslant k$，那么如何实现函数 Reorg。

提示：对各栈的位置进行调整时，第 i 个栈可能向上或向下移动。若第 i 个栈的新位置将与第 j($j \neq i$)个栈的老位置重合，则必须先移动第 j 个栈，然后才能移动第 i 个栈。为了调度各栈的移动次序，可以用另一个目标栈，其中的目标就是待移动栈的编号。依次考虑栈号 $1,2,\cdots,k$。当考虑第 i 个栈时，如果它能够安全移动，就将它移到新位置，再处理目标栈顶的栈号；如果第 i 个栈还不能安全移动，就将 i 推入目标栈。

（3）如何实现（2）中的目标栈？是否必须将它作为整数的表？还有更简捷的表示方法吗？

（4）如何实现函数 NewTops，使得每个栈上方留出的空隙与该栈的当前长度成正比？

3.11　试设计一个最小栈 MinStack，除用 $O(1)$时间支持所有栈运算外，还支持 $O(1)$时间 find-min()运算，即用 $O(1)$时间找出当前栈中最小元素。除存储栈中元素所需空间外只能用 $O(1)$额外空间。

算法实验题 3

算法实验题 3.1　最大全 1 子矩阵问题。

★ 问题描述：给定一个由数字 0 和 1 组成的二维矩阵，找出它的最大全 1 子矩阵。这里所说的最大是指子矩阵的面积（行数乘以列数）最大。

★ 实验任务：对于给定的由数字 0 和 1 组成的二维矩阵，计算它的最大全 1 子矩阵的面积。

例如，当给出的二维矩阵是：

0 1 1 0

1 1 1 1

1 1 1 1

1 1 0 0

它的最大全 1 子矩阵的面积是 8。

★ 数据输入：由文件 input.txt 给出输入数据。有多个测试项。每个测试项的第 1 行有 2 个正整数 n 和 m，表示由 0 和 1 组成的二维矩阵的行数和列数，$0<n,m<9000$。在接下来的 n 行中，每行有 m 个由 0 和 1 组成的数字。

★ 结果输出：将计算出的每个测试项的最大面积依次输出到文件 output.txt 中。每一行输出一个数。

输入文件示例	输出文件示例
input.txt	output.txt
4 4	8
0 1 1 0	8
1 1 1 1	
1 1 1 1	
1 1 0 0	
4 4	
0 1 1 0	
1 1 1 1	
1 1 1 1	
1 1 0 0	

算法实验题 3.2　大牌明星问题。

★ 问题描述：在一个由 n 个人参加的聚会中，可能有一个大牌明星也参加了聚会。这个大牌明星不认识任何参加聚会者，但参加聚会者都认识他。如果聚会者有大牌明星，可以通过若干 "A 认识 B 吗？" 这种形式的问题，来确定参加聚会者中的大牌明星。

★ 实验任务：假定 n 个人的编号为 $0,1,\cdots,n-1$。由矩阵 A 给出对于 "A 认识 B 吗？" 这种形式的问题的回答。$A[i][j]=0$ 表示 "i 不认识 j"，$A[i][j]=1$ 表示 "i 认识 j"。设计一个算法，用最少的询问找出大牌明星。

★ 数据输入：由文件 input.txt 给出输入数据。第 1 行是参加聚会的人数 n，$0<n<8000$。从第 2 行起的 n 行中，每行有 n 个数字 0 或 1。

★ 结果输出：将找到的大牌明星的编号输出到文件 output.txt 中。若参加聚会者中没有大牌明星，则输出 -1。

输入文件示例	输出文件示例
input.txt	output.txt
4	2
0 0 1 0	
0 0 1 0	
0 0 0 0	
0 0 1 0	

算法实验题 3.3　反向字符串输出问题。

★ 问题描述：对于给定的由空格分隔的字符串，反向输出其中的每个字符串。

★ 实验任务：给定的由空格分隔的若干个字符串，反向输出其中的每个字符串。例如，设给定字符串是 Hello World，则反向输出的字符串是 olleH dlroW。

★ 数据输入：由文件 input.txt 给出输入数据。第 1 行是正整数 n，表示有 n 个测试项。接下来的 n 行，每行给出一个由空格分隔的字符串。

★ 结果输出：将输入数据中每个由空格分隔的字符串依次反向输出到文件 output.txt 中。

输入文件示例	输出文件示例
input.txt	output.txt
1	olleH dlroW
Hello World	

算法实验题 3.4　亲兄弟问题。

★ 问题描述：给定 n 个整数 $a_0,a_1,\cdots,a_{n-1}$ 组成的序列。序列中元素 a_i 的亲兄弟元素 a_k 定义为 a_i 的右边最靠近它且不小于它的元素，即 $k=\min\limits_{i<j<n}\{j\,|\,a_j\geqslant a_i\}$。

亲兄弟问题要求给出序列中每个元素的亲兄弟元素的位置。当元素 a_i 的亲兄弟元素为 a_k 时，称 k 为元素 a_i 的亲兄弟元素的位置。当元素 a_i 没有亲兄弟元素时，约定其亲兄弟元素的位置为 -1。

例如，当 $n=10$，整数序列为 6,1,4,3,6,2,4,7,3,5 时，相应的亲兄弟元素位置序列为 4,2,4,4,7,6,7,-1,9,-1。

★ 实验任务：对于给定的 n 个整数 $a_0,a_1,\cdots,a_{n-1}$ 组成的序列，试用栈设计一个 $O(n)$ 时间算法，计算相应的亲兄弟元素位置序列。

★ 数据输入：由文件 input.txt 提供输入数据。文件的第 1 行有 1 个正整数 n，表示给定 n 个整数。第 2 行是 $a_0,a_1,\cdots,a_{n-1}$。

★ 结果输出：程序运行结束时，将计算出的与给定序列相应的亲兄弟元素位置序列输出到文件 output.txt 中。

输入文件示例	输出文件示例
input.txt	output.txt
10	4 2 4 4 7 6 7 -1 9 -1
6 1 4 3 6 2 4 7 3 5	

第4章 队 列

学习要点
- 理解队列是满足 FIFO 存取规则的表
- 熟悉定义在队列上的基本运算
- 掌握用指针实现队列的步骤和方法
- 掌握用循环数组实现队列的步骤和方法
- 理解用队列解决实际问题的方法

4.1 队列的基本概念

队列是另一种特殊的表，这种表只在表首（也称为队首）进行删除操作，只在表尾（也称为队尾）进行插入操作。由于队列的修改是按先进先出的规则进行的，所以队列又称为先进先出（First In First Out）表，简称 FIFO 表。

假设队列为 $a(1),a(2),\cdots,a(n)$，那么 $a(1)$ 就是队首元素，$a(n)$ 为队尾元素。队列中的元素是按 $a(1),a(2),\cdots,a(n)$ 的顺序进入的，退出队列也只能按照这个次序依次退出。也就是说，只有在 $a(1)$ 离开队列之后，$a(2)$ 才能退出队列。只有在 $a(1),a(2),\cdots,a(n-1)$ 都离开队列之后，a(n)才能退出队列。图 4-1 所示为队列示意图。

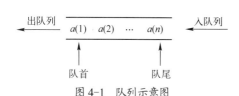

图 4-1　队列示意图

程序设计中经常会用到队列。操作系统的作业排队是应用队列的一个典型的例子。在允许多道程序同时运行的计算机系统中，如果多个作业的运行结果都需要通过某一通道输出，就要按请求输出的先后次序排队。将这些待输出的作业放入一个队列中，凡是申请输出的作业都从队尾进入队列。每当输出通道空闲，可以接受新的输出任务时，队首的作业从队列中退出，使用该输出通道进行输出操作。

队列支持的 6 个基本运算如下。

（1）QueueEmpty(Q)：测试队列 Q 是否为空。

（2）QueueFull(Q)：测试队列 Q 是否已满。

（3）QueueFirst(Q)：返回队列 Q 的队首元素。

（4）QueueLast(Q)：返回队列 Q 的队尾元素。

（5）EnterQueue(x,Q)：在队列 Q 的队尾插入元素 x。

（6）DeleteQueue(Q)：删除并返回队列 Q 的队首元素。

4.2 用指针实现队列

与栈的情形相同，任何一种实现表的方法都可以用于实现队列。用指针实现队列实际上得到一个单链表。队列结点的类型与单链表结点类型相同。

```
1   typedef struct qnode *qlink;/* 队列结点指针类型 */
2   struct qnode{/* 队列结点 */
3       QItem element;/* 队列元素 */
4       qlink next;/* 指向下一结点的指针 */
5   }Qnode;
```

其中，队列元素的类型由 QItem 定义。此处将队列元素的类型定义为 int，可以根据具体应用选择不同元素类型。

```
1   typedef int QItem;/* 队列元素类型 */
2   typedef QItem* Qaddr;/* 队列元素指针类型 */
3
4   void QItemShow(QItem x)
5   {/* 输出队列元素 */
6       printf("%d ", x);
7   }
8
9   #define eq(A,B) (A==B)
```

函数 NewQNode()产生一个新队列结点。

```
1   qlink NewQNode()
2   {
3       return (qlink)malloc(sizeof(Qnode));
4   }
```

用指针实现的队列 Queue 定义如下。

```
1   typedef struct lque *Queue;/* 队列指针类型 */
2   typedef struct lque{/* 队列结构 */
3       qlink front;/* 队首指针 */
4       qlink rear;/* 队尾指针 */
5   }Lqueue;
```

由于入队的新元素是在队尾进行插入的，所以用一个指针 rear 来指示队尾，可以使入队运算不必从头到尾检查整个表，从而提高运算的效率。另外，对于 First 和 DeQueue 运算需要使用指向队首的指针 front。图 4-2 所示的是用指针实现队列的示意图。

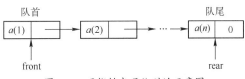

图 4-2　用指针实现队列的示意图

函数 QueueInit()通过将队首指针 front 和队尾指针 rear 置为空指针，创建一个空队列。

```
1   Queue QueueInit()
2   {
3       Queue Q=(Queue)malloc(sizeof *Q);
4       Q->front=Q->rear=0;
5       return Q;
6   }
```

下面讨论队列的基本运算。

函数 QueueEmpty(Q)简单地检测 front 是否为空指针。

```
1   int QueueEmpty(Queue Q)
2   {
3       return Q->front==0;
4   }
```

函数 QueueFirst(Q)返回队列 Q 的队首结点中的元素。

```
1   QItem QueueFirst(Queue Q)
2   {/* 前提: 队列非空 */
3       if(QueueEmpty(Q))  return 0;
4       return Q->queue[(Q->front+1)%Q->maxsize];
5   }
```

函数 QueueLast(Q)返回队列 Q 的队尾结点中的元素。

```
1   QItem QueueLast(Queue Q)
2   {/* 前提: 队列非空 */
3       if(QueueEmpty(Q))  return 0;
4       return Q->queue[Q->rear];
5   }
```

函数 EnterQueue(x, Q)先为元素 x 创建一个新结点，然后修改队列 Q 的队尾结点指针，在队尾插入新结点，使新结点成为新队尾结点。

```
1   void EnterQueue(QItem x, Queue Q)
2   {
3       qlink p=NewQNode();/* 创建一个新结点 */
4       p->element=x;
5       p->next=0;
6       /* 队尾插入新结点 */
7       if(Q->front)  Q->rear->next=p;/* 队列非空 */
8       else Q->front=p;/* 队列空 */
9       Q->rear=p;
10  }
```

函数 DeleteQueue(Q)先将队首元素存于 x 中，然后修改队列 Q 的队首结点指针使其指向队首结点的下一个结点，从而删除队首结点；最后返回 x。

```
1   QItem DeleteQueue(Queue Q)
2   {/* 前提: 队列非空 */
3       if(QueueEmpty(Q))  return 0;
4       QItem x = Q->front->element; /* 将队首元素存于 x 中 */
5       /* 删除队首结点 */
6       qlink p=Q->front;
7       Q->front=Q->front->next;
8       free(p);
9       return x;
10  }
```

以上用指针实现的队列基本运算都只要 $O(1)$ 计算时间。

4.3　用循环数组实现队列

用数组实现表的方法同样可用于实现队列，但这样做的效果并不好。尽管可以用一个游标来指示队尾，使得 EnterQueue 运算在 $O(1)$ 时间内完成，但是在执行 DeleteQueue 时，为了删除队首元素，必须将数组中其他所有元素都向前移动一个位置。这样当队列中有 n 个元素时，执行 DeleteQueue 就需要 $\Omega(n)$ 时间。

为了提高运算的效率，采用另一种观点来处理数组中各单元的位置关系。设想数组 queue[0:maxsize-1] 中的单元不是排成一行，而是围成一个圆环，即 queue[0] 接在 queue[maxsize-1] 的后面。这种意义下的数组称为循环数组，如图 4-3 所示。

用循环数组实现队列时，将队列中从队首到队尾的元素按顺时针方向存放在循环数组的一段连续的单元中。当需要将新元素入队时，可将队尾游标 rear 按顺时针方向移一位，并在这个单元中存入新元素。出队运算也很简单，只要将队首游标 front 按顺时针方向移一位即可。容易看出，用循环数组来实现队列可以在 $O(1)$ 时间内完成 EnterQueue 和 DeleteQueue 运算。执行一系列的入队与出队运算，将使整个队列在循环数组中按顺时针方向移动。

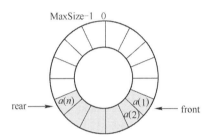

图 4-3　用循环数组实现队列

在图 4-3 中，直接用队首游标 front 指向队首元素所在的单元，用队尾游标 rear 指向队尾元素所在的单元。另外，也可以用队首游标 front 指向队首元素所在单元的前一个单元或用队尾游标 rear 指向队尾元素所在单元的下一个单元的方法来表示队列在循环数组中的位置，如图 4-4 所示。

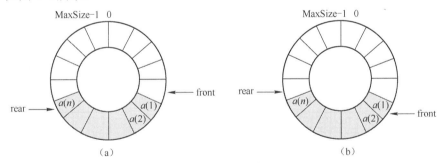

图 4-4　循环数组中的队首与队尾游标

在循环数组中，不论用哪一种方式来指示队首与队尾元素，都要解决一个细节问题，即如何表示满队列和空队列。例如，在图 4-5 中，maxsize = 6，队列中已有 3 个元素，分别用上述 3 种方法来表示队首和队尾元素，如图 4-5（a），（b）和（c）所示。

现在又有 3 个元素 $a(4),a(5),a(6)$ 相继入队，使队列呈"满"的状态，如图 4-6（a），（b）和（c）所示。

如果在图 4-5 中，3 个元素 $a(1),a(2),a(3)$ 相继出队，使队列呈"空"的状态，如图 4-7（a），（b）和（c）所示。

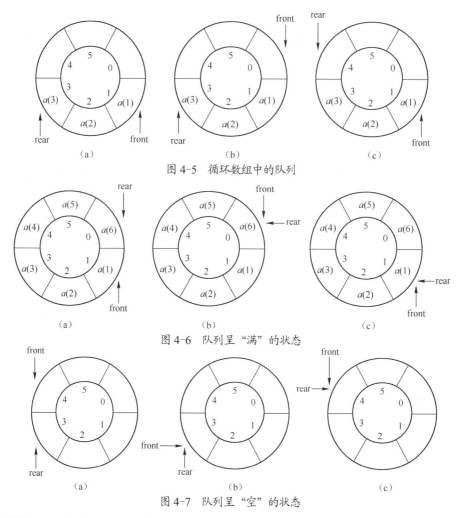

图 4-5　循环数组中的队列

图 4-6　队列呈"满"的状态

图 4-7　队列呈"空"的状态

　　比较图 4-6 和图 4-7 可以看出，不论采用哪一种方式表示队首和队尾元素的位置，都需要附加说明或约定才能区分满队列和空队列。

　　通常有两种处理方法来解决这个问题。其一是另设一个布尔量来注明队列是空还是满。其二是约定当循环数组中元素个数达到 maxsize-1 时队列为满。这样，就可以用队列满和队列空时的队首和队尾游标的不同状态来区分这两种情况。例如，在图 4-5 中，当元素 a(4) 和 a(5) 相继入队后，就使队列呈"满"的状态，如图 4-8（a），（b）和（c）所示。

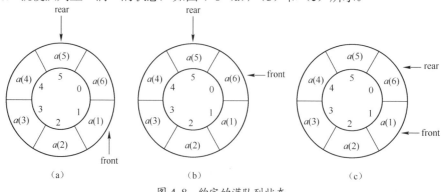

图 4-8　约定的满队列状态

为明确起见，在下面的讨论中，采用图 4-4（a）的队首与队尾游标表示方法，并用上述第二种处理方法来区分满队列和空队列。

用循环数组实现的队列 Queue 定义如下。

```
1   typedef struct aque *Queue;/* 队列指针类型 */
2   typedef struct aque{/* 队列结构 */
3       int maxsize;/* 循环数组大小 */
4       int front;/* 队首游标 */
5       int rear;/* 队尾游标 */
6       QItem *queue;/* 循环数组 */
7   }Aqueue;
```

其中，队首游标 front 和队尾游标 rear 的意义如图 4-4（a）所示。循环数组 queue 用于存放队列中的元素。

函数 QueueInit(size) 为队列分配一个容量为 size 的循环数组 queue，并将队首游标 front 和队尾游标 rear 均置为 0，创建一个空队列。

```
1   Queue QueueInit(int size)
2   {
3       Queue Q=(Queue)malloc(sizeof *Q);
4       Q->queue=(QItem *)malloc(size*sizeof(QItem));
5       Q->maxsize=size;
6       Q->front=Q->rear=0;
7       return Q;
8   }
```

下面讨论用循环数组实现的队列的基本运算。

函数 QueueEmpty(Q) 通过检测队列 Q 的队首游标 front 与队尾游标 rear 是否重合来判断队列 Q 是否为空队列。

```
1   int QueueEmpty(Queue Q)
2   {
3       return Q->front==Q->rear;
4   }
```

函数 QueueFull(Q) 通过检测在队列 Q 的队尾插入一个元素后队首游标 front 与队尾游标 rear 是否重合来判断队列 Q 是否为满队列。

```
1   int QueueFull(Queue Q)
2   {
3       return (((Q->rear+1)%Q->maxsize==Q->front)?1:0);
4   }
```

函数 QueueFirst(Q) 返回队列 Q 的队首元素。由于队首游标 front 指向队首元素的前一位置，所以队首元素在循环数组 queue 中的下标是 (front+1)%maxsize。

```
1   QItem QueueFirst(Queue Q)
2   {/* 前提: 队列非空 */
3       if(QueueEmpty(Q))  return 0;
4       return Q->queue[(Q->front+1)%Q->maxsize];
```

```
5    }
```

函数 QueueLast(Q)返回存储在队列 Q 的 queue[rear]中的队尾元素。

```
1    QItem QueueLast(Queue Q)
2    {/* 前提: 队列非空 */
3        if(QueueEmpty(Q))  return 0;
4        return Q->queue[Q->rear];
5    }
```

函数 EnterQueue(x,Q)先计算出在循环的意义下队列 Q 的队尾元素在循环数组 queue 中的下一位置(rear+1)%maxsize，然后在该位置插入元素 x。

```
1    void EnterQueue(QItem x,Queue Q)
2    {
3        if(QueueFull(Q))  return 0;
4        Q->rear=(Q->rear+1)%Q->maxsize;
5        Q->queue[Q->rear]=x;
6    }
```

函数 DeleteQueue(Q)先将队列 Q 的队首游标 front 修改为在循环的意义下队首元素在循环数组 queue 中的下一位置(front+1)%maxsize，然后返回该位置的元素，即队首元素。

```
1    QItem DeleteQueue(Queue Q)
2    {/* 前提: 队列非空 */
3        if(QueueEmpty(Q))  return 0;
4        Q->front=(Q->front+1)%Q->maxsize;
5        return Q->queue[Q->front];
6    }
```

以上用循环数组实现的队列基本运算都只要 $O(1)$ 计算时间。

4.4 应用举例

例 4.1 电路布线问题。

印制电路板将布线区域划分成 $n \times m$ 个方格阵列，如图 4-9（a）所示。精确的电路布线问题要求确定连接方格 a 的中点到方格 b 的中点的最短布线方案。在布线时，电路只能沿直线或直角布线，如图 4-9（b）所示。为了避免线路相交，已布了线的方格做了封锁标记，其他线路不允许穿过被封锁的方格。

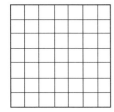　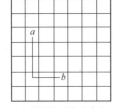

(a) 布线区域　　　(b) 沿直线或直角布线

图 4-9 印制电路板布线方格阵列

下面讨论队列在电路布线问题中的应用。解电路布线问题时，首先从起始位置 a 开始，将它作为第 1 个考查方格。与该考查方格相邻并且可达的方格成为待考查方格，加入到待考查方格队列中，并标记为 1，即从起始方格 a 到这些方格的距离为 1。然后，算法从待考查方格队列中取出队首结点，作为下一个考查方格，并将与当前考查方格相邻且未标记过的方格标记为 2，存入待考查方格队列。这个过程一直继续到算法搜索到目标方格 *b* 或待考查方格队列为空时止。

在实现上述算法时，首先定义一个表示电路板上方格位置的结构 Pos，它的两个成员 row 和 col 分别表示方格所在的行和列。

```
1  typedef struct pnode *Pos;/* 位置结点指针类型 */
2  struct pnode{/* 位置结点 */
3     int row,/* 行 */
4        col;/* 列 */
5  }Pnode;
```

此时队列元素的类型是 Pos，因此，队列元素 QItem 定义如下。

```
1  typedef Pos QItem;/* 队列元素类型 */
2  typedef QItem* Qaddr;/* 队列元素指针类型 */
3
4  Pos NewPos()
5  {
6      return (Pos)malloc(sizeof(Pnode));
7  }
8
9  void QItemShow(QItem x)
10 {
11    printf("%d  %d\n", x->row,x->col);
12 }
```

其中，函数 NewPos() 创建一个新方格位置结点。

在电路板的任何一个方格处，布线可沿右、下、左、上 4 个方向进行。沿这 4 个方向的移动分别记为移动 0、移动 1、移动 2、移动 3。在表 4-1 中，off[*i*]→row 和 off[*i*]→col（*i*=0,1,2,3）分别给出沿这 4 个方向前进一步相对于当前方格的位移。

表4-1 移动方向的相对位移

移动 *i*	方向	off[*i*]→row	off[*i*] →col
0	右	0	1
1	下	1	0
2	左	0	−1
3	上	−1	0

在实现上述算法时，用一个二维数组 *g* 表示所给的方格阵列。初始时，$g[i][j]=0$，表示该方格允许布线；而 $g[i][j]=1$ 表示该方格被封锁，不允许布线。为便于处理方格边界的情况，算法在所给方格阵列四周设置一道"围墙"，即增设标记为"1"的附加方格。算法开始时测试初始方格与目标方格是否相同。若这两个方格相同则不必计算，直接返回最短距离 0，否则算法设置方格阵列的"围墙"，初始化位移矩阵 off。算法将起始位置的距离标记为 2。由于数字 0 和 1 用于表示方格的开放或封锁状态，所以在表示距离时不用这两个数字，而将距离的值都加 2。实际距离应为标记距离减 2。算法从起始位置 *a* 开始，标记所有标记距离为 3 的方格并存入待考查方格队列，然后依次标记所有标记距离为 4,5… 的方格，直至到达目标方格 *b* 或待

考查方格队列空时。具体算法可描述如下。

```
1    int Search(Pos a,Pos b,Pos *path)
2    { /* 计算从起始位置 a 到目标位置 b 的最短布线路径
3         找到最短布线路径则返回最短路长,否则返回 0  */
4      Pos off[4];/* 相对位移 */
5      Queue Q;/* 待考查方格队列 */
6      Q=QueueInit();
7      if((a->row==b->row) && (a->col==b->col))return 0;/* a=b */
8      /* 设置方格阵列围墙 */
9      for(int i=0;i<=m+1;i++)g[0][i]=g[n+1][i]=1;/* 顶部和底部 */
10     for(int i=0;i<=n+1;i++)g[i][0]=g[i][m+1]=1;/* 左翼和右翼 */
11     /* 初始化相对位移 */
12     for(int i=0;i<4;i++)off[i]=NewPos();
13     off[0]->row=0;off[0]->col=1;/* 右 */
14     off[1]->row=1;off[1]->col=0;/* 下 */
15     off[2]->row=0;off[2]->col=-1;/* 左 */
16     off[3]->row=-1;off[3]->col=0;/* 上 */
17     int k=4;/* 相邻方格数 */
18     Pos nbr,cur=NewPos();
19     cur->row=a->row;
20     cur->col=a->col;
21     g[a->row][a->col]=2;
22     /* 标记可达方格位置 */
23     while(1){/* 标记可达相邻方格 */
24       for(int i=0;i<k;i++){
25         nbr=NewPos();
26         nbr->row=cur->row+off[i]->row;
27         nbr->col=cur->col+off[i]->col;
28         if(g[nbr->row][nbr->col]==0){
29           /* 该方格未标记 */
30           g[nbr->row][nbr->col]=g[cur->row][cur->col]+1;
31           if((nbr->row==b->row)&&(nbr->col==b->col))break; /*完成布线*/
32           EnterQueue(nbr,Q);
33         }
34       }
35       /* 是否到达目标位置 b? */
36       if((nbr->row==b->row)&&(nbr->col==b->col))break; /* 完成布线 */
37       /* 待考查方格队列是否非空 */
38       if(QueueEmpty(Q))return 0; /* 无解 */
39       cur=DeleteQueue(Q); /* 取下一个考察方格 */
40     }
41     /* 构造最短布线路径 */
42     int len=g[b->row][b->col] - 2;
43     for(int i=0;i<len;i++)path[i]=NewPos();
44     cur=b;/* 从目标位置 b 开始向起始位置回溯 */
45     for(int j=len-1;j>=0;j--){
46       path[j]=cur;
47       /* 找前驱位置 */
```

```
48      for(int i=0;i<k;i++){
49          nbr=NewPos();
50          nbr->row=cur->row+off[i]->row;
51          nbr->col=cur->col+off[i]->col;
52          if(g[nbr->row][nbr->col]==j+2)break;
53      }
54      cur=nbr;/* 向前移动 */
55  }
56  return len;
57 }
```

图 4-10 所示的是在一个 7×7 方格阵列中布线算法示例。其中，起始位置是 $a=(3,2)$，目标位置是 $b=(4,6)$，阴影方格表示被封锁的方格。当算法搜索到目标方格 b 时，将目标方格 b 标记为从起始位置 a 到 b 的最短距离。在上例中，a 到 b 的最短距离是 9。要构造出与最短距离相应的最短路径，可以从目标方格开始向起始方格方向回溯，逐步构造出最优解。每次向标记的距离比当前方格标记距离少 1 的相邻方格移动，直至到达起始方格时。在图 4-10（a）中，从目标方格 b 移到 $(5,6)$，然后移到 $(6,6)$，…，最终移到起始方格 a，得到相应的最短布线路径，如图 4-10（b）所示。

由于每个方格成为待考查方格进入待考查方格队列最多一次，因此待考查方格队列中最多只处理 $O(mn)$ 个待考查方格。考查每个方格需 $O(1)$ 时间，因此算法共耗时 $O(mn)$。构造相应的最短距离需要 $O(L)$ 时间，其中 L 是最短布线路径的长度。

 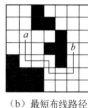

（a）标记距离　　（b）最短布线路径

图 4-10　布线算法示例

例 4.2　窗口查询问题。

给定 n 个整数组成的数组 $a[0,\cdots,n-1]$，以及一个正整数 k。a 中每个长度为 k 的子数组都称为 a 的一个窗口。窗口查询问题就是求每个长度为 k 的子数组中的最小值和最大值。

若对每个长度为 k 的子数组都用 $O(k)$ 时间找出其最小值和最大值，则总共需要 $O(nk)$ 时间。效率更高的方法是将候选最小值和最大值保存在队列中，从左到右滑动子数组窗口，并依次从队列中取出最小值和最大值。

```
1   void comp()
2   {
3       Queue maxq,minq;
4       maxq=QueueInit(n);minq=QueueInit(n);
5       for(int i=0;i<n;i++){
6           while(!QueueEmpty(maxq) && a[i]>a[QueueLast(maxq)])
7               DeleteRear(maxq);
8           if(!QueueEmpty(maxq) && i-QueueFirst(maxq)>=k)
9               DeleteQueue(maxq);
10          EnterQueue(i,maxq);
11          while(!QueueEmpty(minq) && a[i]<a[QueueLast(minq)])
12              DeleteRear(minq);
13          if(!QueueEmpty(minq) && i-QueueFirst(minq)>=k)
14              DeleteQueue(minq);
15          EnterQueue(i,minq);
```

```
16          wmax[i]=a[QueueFirst(maxq)];
17          wmin[i]=a[QueueFirst(minq)];
18      }
19      out();
20  }
```

上述算法中分别用 minq 和 maxq 来存储候选最小值和最大值的下标。队列 minq 中表示的最小值从队首到队尾依次递增；队列 maxq 中表示的最大值从队首到队尾依次递减。在第 6 行当 $a[i]$ 大于队列 maxq 的队尾元素时，该队尾元素不可能成为当前子数组中最大值，应将其从队列中删除。类似地，在第 11 行当 $a[i]$ 小于队列 minq 的队尾元素时，该队尾元素不可能成为当前子数组中最小值，应将其从队列中删除。在第 8 行当队列 maxq 的队首元素已经在当前窗口之外时，应将其从队列中删除。类似地，在第 13 行当队列 minq 的队首元素已经在当前窗口之外时，应将其从队列中删除。第 16～17 行记录当前窗口的最小值和最大值。循环结束后由 out 来输出每个子数组的最小值和最大值。容易看出，所有队列运算只需 $O(1)$ 时间（参见习题 4.13），上述算法需要的计算时间是 $O(n)$。

本 章 小 结

本章介绍了队列的基本概念及其逻辑特征，按照抽象数据类型设计和实现的一般性原则，详细介绍了实践中常用的用指针实现队列的方法和用循环数组实现队列的方法，最后以电路布线问题和窗口查询问题为例讨论了队列的应用方法。本章介绍的队列在后续各章中还会经常用到。

习 题 4

4.1　扩充队列的定义，增加如下队列运算。

（1）QueueSize(Q)：确定队列 Q 的大小。

（2）QueueIn (Q)：输入队列 Q。

（3）QueueOut (Q)：输出队列 Q。

用指针实现上述扩充后的队列。

4.2　扩充队列的定义，增加如下队列运算。

（1）QueueSplit($S1,S2$)：将队列 $S1$ 分为大小相同的两个队列 $S1$ 和 $S2$。队列 $S2$ 中含原队列 $S1$ 中第 1,3,5,… 个元素，其余元素留在队列 $S1$ 中。

（2）QueueCombine($S1,S2$)：将队列 $S2$ 中元素交错地合并于队列 $S1$ 中，且保持原队列中元素的相对次序。$S2$ 成为空队列。

用指针实现上述扩充后的队列。

4.3　扩充队列的定义，增加如下队列运算：OnQueue(x,Q)，若 x 是队列中的一个元素，则函数返回 1，否则返回 0。用指针实现上述扩充后的队列。

4.4　如何实现以任意长的字符串为元素的队列？将一个字符串入队的运算耗时如何？

4.5　实现队列的另一种链表结构使用一个指向队首结点的哨兵结点来简化出队运算。试用这种表示法实现队列的各种基本运算，并分析这种表示法的优缺点。

4.6 写出用循环数组表示的队列长度的计算公式。

4.7 用循环数组实现的队列重做习题 4.1。

4.8 用循环数组实现的队列重做习题 4.2。

4.9 用循环数组实现的队列重做习题 4.3。

4.10 如果用一个布尔量来表示循环数组中的队列是否为空队列，应当如何定义这种队列结构的类型？请在这种表示法下实现队列的基本运算。

4.11 用循环数组表示队列的另一种方法是用一个游标指示队首元素所在的单元，并用一个整数表示队列长度。

（1）如果用这种方法来实现队列，是否有必要限制队列的长度？

（2）在这种表示法下，实现队列的 6 个基本运算。

（3）与本章介绍的用循环数组表示的队列进行比较。

4.12 区分用循环数组实现的满队列和空队列的一个方法是在 Queue 结构中增加一个变量 LastOp 来记录最近一次执行的队列运算。若 LastOp 记录的最近一次执行的队列运算是 EnterQueue，则可断定当前队列一定非空；若 LastOp 记录的最近一次执行的队列运算是 DeleteQueue，则可断定当前队列一定不满。因此，当 front=rear 时，可借助 LastOp 来区分满队列和空队列。

试用上述思想修改用循环数组实现的队列。

4.13 双向队列是一种特殊的表，对这种表进行插入或删除操作都只能在表的任意一端进行。试用数组、指针和游标 3 种不同结构实现双向队列，且支持 $O(1)$ 时间插入或删除操作。

4.14 试设计一个最小队列 MinQueue，除支持所有队列运算外，还支持 $O(1)$ 时间 find-min() 运算，即用 $O(1)$ 时间找出当前队列中的最小元素。

算法实验题 4

算法实验题 4.1 组队列问题。

★问题描述：组队列是一个特殊的抽象数据类型，它支持的运算类似于队列运算，不同的是每个元素具有附加的组属性。因此入队运算 EnterQueue(x) 与通常定义的运算不同。在组队列中，EnterQueue(x) 运算将元素 x 加入当前队列中与元素 x 属于同一组的元素的尾部。若当前队列中没有与 x 属于同一组的元素，则将元素 x 加入整个队列的尾部。组队列的其他运算与通常定义的队列运算相同。

★实验任务：设计并实现组队列基本运算的算法。

★数据输入：由文件 input.txt 给出输入数据。第 1 行是正整数 n，表示有 n 组数据元素。接下来的 n 行，每行给出一组数据元素。每行的第 1 个正整数 t 表示该组数据元素个数，接下来的 t 个正整数表示该组中的 t 个元素。再接着的各行，每行给出一个队列运算。ENQUEUE x 表示将元素 x 加入组队列，DEQUEUE 表示删除队首元素。文件最后以 STOP 结尾。

★结果输出：将每个 DEQUEUE 运算删除的队首元素依次输出到文件 output.txt 中。

输入文件示例	输出文件示例
input.txt	output.txt
2	101
3 101 102 103	102

3 201 202 203	103
ENQUEUE 101	201
ENQUEUE 201	202
ENQUEUE 102	203
ENQUEUE 202	
ENQUEUE 103	
ENQUEUE 203	
DEQUEUE	
DEQUEUE	
DEQUEUE	
DEQUEUE	
DEQUEUE	
DEQUEUE	
STOP	

算法实验题 4.2 双栈队列问题。

设计用两个栈实现 1 个队列的算法，并分析队列运算的时间复杂度。

★实验任务：对于给定的队列运算序列，计算所有 QueueFirst 运算返回的结果。

★数据输入：由文件 input.txt 给出输入数据。第 1 行是正整数 n，表示有 n 个队列运算。接下来每行给出一个队列运算。其中，EnterQueue(x)运算表示为 E x；DeleteQueue(x)运算表示为 D；QueueFirst 运算表示为 F。

★结果输出：将输入数据给出的队列运算序列中 QueueFirst 运算返回的结果依次输出到文件 output.txt 中。

输入文件示例	输出文件示例
input.txt	output.txt
10	42
E 42	24
E 24	0
F	0
D	
E 0	
F	
D	
F	
F	
D	

算法实验题 4.3 环路旅行问题。

★问题描述：在一个环形公路上有 n 个加油站，依次编号为 $0,1,\cdots,n-1$。对于每个加油站 i，给出 2 个整数 $a[i]$ 和 $b[i]$，分别表示在加油站 i 所加的油可供一辆汽车行驶的公里数，以及它距下一个加油站的公里数。假设汽车的油箱足够大，找出第一个加油站 j，使得从加油站 j 出发可以到达环形公路上的 n 个加油站。

★实验任务：给定每个加油站 i 相应的 2 个整数 $a[i]$ 和 $b[i]$，$a[i]$ 表示在加油站 i 加油后可行驶的公里数，$b[i]$ 表示加油站 i 距下一个加油站的公里数。找出第一个加油站 j，使得从加油站 j 出发可以到达环形公路上的 n 个加油站。例如，设 $n=4$，相应的 $a[i]$ 和 $b[i]$ 分别为{4, 6}，{6, 5}，{7, 3}和{4, 5}，则从编号为 1 的加油站出发可以到达环形公路上的所有加油站。因此，加油站 1

就是满足要求的第一个加油站。

★数据输入：由文件 input.txt 给出输入数据。每个测试项有 n 行，$0<n<20\,000$。每行有 2 个整数分别表示 $a[i]$ 和 $b[i]$。

★结果输出：将满足要求的第一个加油站的编号输出到文件 output.txt 中。

输入文件示例	输出文件示例
input.txt	output.txt
4 6	1
6 5	
7 3	
4 5	

算法实验题 4.4 逆序表问题。

★问题描述：设 $a_1,a_2,\cdots,a_n$ 是 $\{1,2,\cdots,n\}$ 的一个排列。这个排列的逆序表 $b_1,b_2,\cdots,b_n$ 定义如下。

$b_j=\{$在排列 $a_1,a_2,\cdots,a_n$ 中，元素 j 的逆序数$\}$，$j=1,2,\cdots,n$。

例如，当 $n=8$ 时，排列 5 4 6 1 3 8 7 2 的逆序表为 3 6 3 1 0 0 1 0。

逆序表问题是：已知排列 $a_1,a_2,\cdots,a_n$ 的逆序表 $b_1,b_2,\cdots,b_n$，求原排列 $a_1,a_2,\cdots,a_n$。

设 s 是非负整数有序对组成的串 $[m_1,n_1]\cdots[m_k,n_k]$，其长度定义为 $|s|=k$。空串记为 e，其长度为 0。关于这类串的二元运算 $\oplus$ 定义如下。

$$([m,n]s)\oplus([m',n']t)=\begin{cases}[m,n](s\oplus([m'-m,n']t)), & m\leqslant m' \\ [m',n'](([m-m'-1,n]s)\oplus t), & m<m'\end{cases}$$

容易看出，二元运算 $\oplus$ 满足结合律，且计算 $s\oplus t$ 所需的计算时间为 $O(|s\oplus t|)=O(|s|+|t|)$。

进一步可以证明，给定排列 $a_1,a_2,\cdots,a_n$ 的逆序表 $b_1,b_2,\cdots,b_n$，则有：

$[b_1,1]\oplus[b_2,2]\oplus\cdots\oplus[b_n,n]=[0,a_1][0,a_2]\cdots[0,a_n]$。

据此可以设计出解逆序表问题的有效算法。

★实验任务：试用栈和队列，设计解逆序表问题的 $O(n\log n)$ 时间算法。

★数据输入：由文件 input.txt 给出输入数据。第 1 行有一个正整数 n，表示排列长度；第 2 行是给定的逆序表。

★结果输出：将计算出的原排列 $a_1,a_2,\cdots,a_n$ 输出到文件 output.txt 中。

输入文件示例	输出文件示例
input.txt	output.txt
8	5 4 6 1 3 8 7 2
3 6 3 1 0 0 1 0	

第 5 章　排序与选择算法

学习要点

- 理解排序问题的实质
- 掌握简单排序算法的基本思想与分析方法
- 掌握快速排序算法的基本思想与分析方法
- 理解随机化思想在快速排序算法中的应用
- 理解三数取中划分算法和三划分算法的改进策略
- 掌握合并排序算法的基本思想与实现方法
- 掌握计数排序算法的基本思想与分析方法
- 掌握桶排序算法的基本思想与分析方法
- 掌握基数排序算法的基本思想与分析方法
- 理解线性时间排序与基于比较排序算法的差别和适用范围
- 掌握平均情况下线性时间选择算法的基本思想与分析方法
- 掌握最坏情况下线性时间选择算法的基本思想与分析方法

5.1　简单排序算法

按照某个线性序（如数的小于关系）对一些对象进行排序是用计算机处理信息时经常要做的一项基本工作，有必要对它进行详细的讨论。在一般情况下，排序问题的输入是 n 个数 $a[0]$, $a[1],\cdots,a[n-1]$ 的一个序列，要设计一个有效的排序算法，产生输入序列的一个重排，使序列元素按从小到大的顺序排列。输入序列通常是一个有 n 个元素的数组，当然也可以用其他形式来表示输入，如链表等。在实际应用中，待排序的对象往往不是单一的数而是一个记录，其中有一个关键字域 key，它是排序的根据。在 key 的数据类型上定义了某个线性序。例如，整数、实数和字符串等都可以作为键。记录的其他数据称为卫星数据，即它们都是以 key 为中心的。在一个实际的排序算法中对关键字重排时，卫星数据也要随关键字一起移动。如果每个记录都很大，就可以对一组指向各个记录的指针进行排序，以减少数据移动量。对于排序算法来说，不论待排序对象是单个数值还是记录，它们的排序方法都一样。在排序时，待排序记录的键值可能有相同的，对于键值相同的记录，通常并不要求它们之间进行排列，只要求在最后输出时，键值小者排在键值大者之前。

对排序算法计算时间的分析可以遵循若干种不同的准则，通常以排序过程中所需要的算法步数作为度量，有时也以排序过程中所进行的键值比较次数作为度量。特别是当一次键值比较需要较长时间，如当键是较长的字符串时，常以键值比较次数作为排序算法计算时间复杂性的度量。当排序算法需要移动记录，且记录都很大时，还应该考虑记录的移动次数。究竟采用哪种度量方法比较合适？这要根据具体情况而定。

5.1.1 冒泡排序算法

最简单的排序算法是冒泡排序算法。这种算法的基本思想是，将待排序的记录看成竖着排列的"气泡"，键值较小的记录比较轻，因而要往上浮。在冒泡排序算法中，要对这个"气泡"序列处理若干遍。所谓处理一遍，就是自底向上检查一遍这个序列，并时刻注意两个相邻的记录的顺序是否正确。如果发现两个相邻记录的顺序不对，即"轻"的记录在下面，就变换它们的位置。显然，处理一遍之后，"最轻"的记录就浮到了最高位置；处理两遍之后，"次轻"的记录就浮到了次高位置。在进行第二遍处理时，由于最高位置上的记录已是"最轻"记录，所以不必检查。一般地，第 i 遍处理时，不必检查第 i 高位置以上的记录。设待排序的数组段是 $a[l]\sim a[r]$，则冒泡排序算法可实现如下。

```
1   void sort(Item a[],int l,int r)
2   { /* 冒泡排序算法 */
3     for(int i=l+1;i<=r;i++)
4       for(int j=i;j>l;j--)
5         compswap(a[j-1],a[j]);
6   }
```

上述冒泡排序算法中，待排序元素类型是 Item，算法根据 Item 类型元素的键值对数组元素 $a[l]\sim a[r]$ 进行排序。算法中用到的关于 Item 类型变量的一些常用运算，如交换两个元素 A 和 B 值的运算 swap(A,B) 等，许多排序算法中都会用到，定义如下。

```
1   typedef int Item;/* 待排序元素类型 */
2   typedef Item* addr;
3
4   #define key(A) (A)
5   #define less(A,B) (key(A) < key(B))
6   #define eq(A,B) (!less(A,B) && !less(B,A))
7   #define swap(A,B) {Item t=A;A=B;B=t;}
8   #define compswap(A,B) if(less(B,A))swap(A,B)
9
10  void ItemShow(Item x)
11  {
12    printf("%d \n", x);
13  }
```

其中，less(A,B) 比较 A 和 B 的键值，等价于 key(A)<key(B)；eq(A,B) 等价于 key(A) == key(B)；swap(A,B) 交换两个元素 A 和 B 的值；compswap(A,B) 等价于语句 if (less(B,A)) swap(A,B)，即当 key(B)<key(A) 时，交换 A 和 B 的值。

5.1.2 插入排序算法

插入排序算法的基本思想是，对数组元素 $a[l]\sim a[r]$，经过前 $i-1$ 遍处理后，$a[l],a[l+1],\cdots,a[i-1]$ 已排好序。下一遍处理就是要将 $a[i]$ 插入 $a[l],a[l+1],\cdots,a[i-1]$ 的适当位置，使得 $a[l],a[l+1],\cdots,a[i]$ 是排好序的序列。要达到这个目的，可以用顺序比较的方法，首先比较 $a[i]$ 和 $a[i-1]$，

若 $a[i-1] \leqslant a[i]$，则 $a[l], a[l+1], \cdots, a[i]$ 已排好序，第 i 遍处理就结束了；否则交换 $a[i-1]$ 与 $a[i]$ 的位置，继续比较 $a[i-1]$ 和 $a[i-2]$，直到找到某一个位置 $j(1 \leqslant j \leqslant i-1)$，使得当 $a[j] \leqslant a[j+1]$ 时为止。上述元素插入过程由算法 insert 来完成。

```
1    void insert(Item a[],int l,int i)
2    {/* 元素 a[i]插入数组 a[l:i] */
3        Item v=a[i];
4        while(i>l && less(v,a[i-1])){a[i]=a[i-1];i--;}
5        a[i]=v;
6    }
```

插入排序算法通过反复调用 insert 来完成排序任务。

```
1    void sort(Item a[],int l,int r)
2    {/* 插入排序算法 */
3        for(int i=l+1;i<=r;i++)insert(a,l,i);
4    }
```

5.1.3　选择排序算法

选择排序算法的基本思想是对待排序的元素序列 $a[l] \sim a[r]$ 进行 $r-l$ 遍处理，第 i 遍处理是将 $a[l+i-1], a[l+i], \cdots, a[r]$ 中最小者与 $a[l+i-1]$ 交换位置。这样，经过 i 遍处理之后，较小的 i 个元素的位置已经是正确的了。确定 $a[i:r]$ 中最小元素下标的算法 mini 可表述如下。

```
1    int mini(Item a[], int i, int r)
2    {/* 确定 a[i:r]中最小元素下标 */
3        int min=i;
4        for(int j=i+1;j<=r;j++)if(less(a[j],a[min]))min=j;
5        return min;
6    }
```

利用函数 mini，选择排序算法可实现如下。

```
1    void sort(Item a[], int l, int r)
2    { /* 选择排序算法 */
3        for(int i=l;i<r;i++){int j=mini(a,i,r);swap(a[i],a[j]);}
4    }
```

5.1.4　简单排序算法的复杂性

用前面介绍的 3 个算法对待排序数组元素 $a[0], a[2], \cdots, a[n-1]$ 排序都需要 $O(n^2)$ 计算时间，并且对每个算法都存在某个由 n 个元素组成的输入序列，使它们确实需要 $\Omega(n^2)$ 计算时间。

首先，考虑冒泡排序算法。由于 compswap 运算需要 $O(1)$ 计算时间，所以冒泡排序算法的循环体耗时 $O(1)$。由此可知整个算法所需的时间为

$$\sum_{i=2}^{n} \sum_{j=0}^{i-2} O(1) = O\left(\sum_{i=1}^{n-1} \sum_{j=1}^{i} 1 \right) = O(n^2)$$

最坏情况在输入元素序列完全逆序排列时发生。另一方面，即使不需要交换位置，即输入的元素序列已经排好序，算法仍需执行 $n(n-1)/2$ 次元素比较，因此算法至少需要 $\Omega(n^2)$ 计算时间。

其次，考虑插入排序算法。容易看出，对固定的 i，insert$(a,0,i)$ 在最坏情况下需要 $O(i)$ 计算时间。因此整个插入排序算法所需的时间为

$$\sum_{i=1}^{n-1} O(i) = O\left(\sum_{i=1}^{n-1} i\right) = O(n^2)$$

最坏情况在输入元素序列完全逆序排列时发生。此时对任意的 i，算法 insert 需要进行 i 次比较和交换。因此在整个插入排序算法中执行的比较和交换次数为 $\sum_{i=1}^{n-1} i = n(n-1)/2$。由此可知，在最坏情况下，插入排序算法需要 $\Omega(n^2)$ 计算时间。

最后，考虑选择排序算法。选择排序算法的第 i 遍处理是将 $a[i-1], a[i], \cdots, a[n-1]$ 中最小者与 $a[i-1]$ 交换位置。而确定 $a[i-1:n-1]$ 中最小元素下标的算法 min 需要 $O(n-i)$ 计算时间。因此整个算法需要的计算时间为

$$\sum_{i=1}^{n-1} O(n-i) = O\left(\sum_{i=1}^{n-1} (n-i)\right) = O(n^2)$$

另一方面，对于任何输入序列，选择排序算法总要执行 $n(n-1)/2$ 次元素比较，因此选择排序算法至少需要 $\Omega(n^2)$ 计算时间。

5.2 快速排序算法

前面介绍的 3 个简单排序算法在最坏情况及平均情况下都需要 $O(n^2)$ 计算时间。事实上，在判定树计算模型下，任何一个基于比较的排序算法都需要 $\Omega(n\log n)$ 计算时间。若能设计一个需要 $O(n\log n)$ 时间的排序算法，则在渐近的意义上，这个排序算法是最优的。许多排序算法都追求这个目标。

下面讨论快速排序算法，它在平均情况下需要 $O(n\log n)$ 时间。

5.2.1 算法基本思想及实现

快速排序算法是基于分治策略的排序算法。其基本思想是，对于输入的子数组 $a[l:r]$，按以下 3 个步骤进行排序。

（1）分解：以 $a[r]$ 为基准元素将 $a[l:r]$ 划分成 3 段 $a[l:i-1]$, $a[i]$ 和 $a[i+1:r]$，使得 $a[l:i-1]$ 中任何一个元素小于等于 $a[i]$，$a[i+1:r]$ 中任何一个元素大于等于 $a[i]$。下标 i 在划分过程中确定。

（2）递归求解：通过递归调用快速排序算法分别对 $a[l:i-1]$ 和 $a[i+1:r]$ 进行排序。

（3）合并：由于对 $a[l:i-1]$ 和 $a[i+1:r]$ 的排序是就地进行的，所以在 $a[l:i-1]$ 和 $a[i+1:r]$ 都已排好序后不需要执行任何计算，$a[l:r]$ 就已排好序。

基于这个思想，可实现快速排序算法如下。

```
1    void sort(Item a[],int l,int r)
2    {/* 快速排序算法 */
3        if(r<=l)return;
4        int i=partition(a,l,r);
```

```
5        sort(a,l,i-1);/* 对左半段排序 */
6        sort(a,i+1,r);/* 对右半段排序 */
7    }
```

对含有 n 个元素的数组 $a[0:n-1]$ 进行快速排序只要调用 sort$(a,0,n-1)$ 即可。

上述算法中的函数 partition，以一个确定的基准元素 $a[r]$ 对子数组 $a[l:r]$ 进行划分，它是快速排序算法的关键。

```
1    int partition(Item a[],int l,int r)
2    {/* 元素划分算法 */
3        int i=l-1,j=r;Item v=a[r];
4        /* 将大于等于 v 的元素交换到右边区域 */
5        /* 将小于等于 v 的元素交换到左边区域 */
6        for(;;){
7            while(less(a[++i],v));
8            while(less(v,a[--j]))if(j==l)break;
9            if(i>=j)break;
10           swap(a[i],a[j]);
11       }
12       swap(a[i],a[r]);
13       return i;
14   }
```

函数 partition 对 $a[l:r]$ 进行划分时，以元素 $v = a[r]$ 作为划分的基准，分别从左、右两端开始，扩展两区域 $a[l:i]$ 和 $a[j:r]$，使得 $a[l:i]$ 中元素小于或等于 v，而 $a[j:r]$ 中元素大于或等于 v。初始时，$i = l-1$ 且 $j = r$。

在第 7～10 行的 for 循环体中，下标 j 逐渐减小，i 逐渐增大，直到 $a[i] \geqslant v \geqslant a[j]$。若这两个不等式是严格的，则 $a[i]$ 不会是左边区域的元素，而 $a[j]$ 不会是右边区域的元素。此时若 $i < j$，则交换 $a[i]$ 与 $a[j]$ 的位置，扩展左右两个区域。

for 循环重复至 $i \geqslant j$ 时结束。这时 $a[l:r]$ 已被划分成 $a[l:i-1],a[i]$ 和 $a[i+1:r]$，且满足 $a[l:i-1]$ 中元素不大于 $a[i+1:r]$ 中元素。在函数 partition 结束时返回划分点 i。

事实上，函数 partition 的主要功能就是将小于 v 的元素放在原数组的左半部分；而将大于 v 的元素放在原数组的右半部分。其中，有一些细节需要注意。例如，算法中的下标 i 和 j 不会超出 $a[l:r]$ 的下标界。另外，在快速排序算法中选取 $a[r]$ 作为基准可以保证算法正常结束。

5.2.2　算法的性能

对于输入序列 $a[l:r]$，函数 partition 的计算时间显然为 $O(r-l-1)$。

对含有 n 个元素的数组 $a[0:n-1]$ 进行快速排序的运行时间与划分是否对称有关，其最坏情况发生在划分过程中产生的两个区域分别包含 $n-1$ 个元素和 1 个元素的时候。由于函数 partition 的计算时间为 $O(n)$，所以若函数 partition 的每一步都出现这种不对称划分，则其时间复杂性 $T(n)$ 满足

$$T(n) = \begin{cases} O(1), & n \leqslant 1 \\ T(n-1) + O(n), & n > 1 \end{cases}$$

解此递归方程可得 $T(n) = O(n^2)$。

在最好情况下，每次划分所取的基准都恰好为中值，即每次划分都产生两个大小为 $n/2$ 的区域，此时，函数 partition 的计算时间 $T(n)$ 满足

$$T(n) = \begin{cases} O(1), & n \leqslant 1 \\ 2T(n/2) + O(n), & n > 1 \end{cases}$$

其解为 $T(n) = O(n \log n)$。

可以证明，快速排序算法在平均情况下的时间复杂性也是 $O(n \log n)$，这在基于比较的排序算法类中算是快速的了，快速排序算法也因此而得名。

5.2.3 随机快速排序算法

快速排序算法的性能取决于划分的对称性。通过修改函数 partition，可以设计出采用随机选择策略的快速排序算法。在快速排序算法的每一步，当数组还没有被划分时，可以在 $a[l:r]$ 中随机选出一个元素作为划分基准，这样可以使划分基准的选择是随机的，从而可以期望划分是较对称的。随机化划分算法可实现如下。

```
1    int randompartition(Item a[],int l,int r)
2    {/* 随机化划分算法 */
3        int i=randomi(l,r);
4        swap(a[i],a[l]);
5        return partition(a,l,r);
6    }
```

其中，函数 randomi(l,r) 产生 l 和 r 之间的一个随机整数，且产生不同整数的概率相同。

```
1    int randomi(int l,int r)
2    {/* 随机选取划分基准 */
3        return l+(r-l)*(1.0*rand()/RAND_MAX);
4    }
```

随机化的快速排序算法通过调用函数 randompartition 产生随机划分。

```
1    void sort(Item a[],int l,int r)
2    {/* 随机快速排序算法 */
3        if(r<=l)return;
4        int i=randompartition(a,l,r);
5        sort(a,l,i-1); /* 对左半段排序 */
6        sort(a,i+1,r);/* 对右半段排序 */
7    }
```

5.2.4 非递归快速排序算法

对快速排序算法的另一个改进是模拟递归。当待排序数组 $a[l:r]$ 中有 n 个元素时，快速排序算法 quicksort 的递归调用在最坏情况下可能耗费 $O(n)$ 栈空间。若让左半段数组 $a[l:i-1]$ 和右半段数组 $a[i+1:r]$ 中元素个数较少者先排序，则在最坏情况下只耗费 $\log n$ 栈空间。事实上，设待排序数

组大小为 n 时，快速排序算法所需栈空间为 $s(n)$，若采用小者优先递归的策略，则 $s(n)$ 满足

$$s(n) \leqslant \begin{cases} 0, & n \leqslant 1 \\ s\left(\dfrac{n}{2}\right)+1, & n>1 \end{cases}$$

由此可见，$s(n) \leqslant \log n$。

用上述策略对快速排序算法的改进如下。

```
1   void sort(Item a[], int l, int r)
2   { /* 快速排序算法 */
3       if(r<=l)return;
4       int i=partition(a,l,r);
5       if(i-l>r-i){sort(a,i+1,r);sort(a,l,i-1);}
6       else{sort(a,l,i-1);sort(a,i+1,r);}
7   }
```

进一步采用模拟递归技术可以消去算法的递归调用。

```
1   #define push2(A,B,s)  Push(B,s); Push(A,s);
2   void sort(Item a[],int l,int r)
3   {/* 非递归快速排序算法 */
4       Stack s=StackInit();
5       push2(l,r,s);
6       while(!StackEmpty(s)){
7           l=Pop(s);r=Pop(s);
8           if(r<=l)continue;
9           int i=partition(a,l,r);
10          if(i-l>r-i){push2(l,i-1,s);push2(i+1,r,s);}
11          else{push2(i+1,r,s);push2(l,i-1,s);}
12      }
13  }
```

其中，push2(A, B, s) 定义为连续两次进栈运算 Push(B, s) 和 Push(A, s)。

5.2.5 三数取中划分算法

从递归算法的递归树可以看出，递归算法做了大量小规模数组递归调用。如果在递归算法中遇到小规模数组时终止递归，改用非递归算法，将有效地改进递归算法的性能。例如，在快速排序算法的开头增加以下语句：

if ($r-l$ <= M) insertion(a,l,r);

在数组规模较小时终止递归，改用非递归算法 insertion(a, l, r) 进行排序可以改进快速排序算法的性能。其中，参数 M 用于控制何时终止递归。

```
1   void insertion(Item a[],int l,int r)
2   {
3       for(int i=l+1;i<=r;i++)compswap(a[l],a[i]);
4       for(int i=l+2;i<=r;i++){
5           int j=i;Item v=a[i];
```

```
6            while(less(v,a[j-1])){a[j]=a[j-1];j--;}
7            a[j]=v;
8        }
9    }
```

实验表明 M 的值在 5～25 之间效果较好。采用这个策略可以使快速排序算法的效率提高 10% 左右。

上述思想还可以用下面的办法来实现。在快速排序算法的开头增加以下语句：

if (r−l <= M) return;

终止递归。在整个算法结束后再用 insertion(a,l,r)将已大致排好序的数组排序。

对快速排序算法的划分对称性还有可以改进的余地。三数取中划分算法的主要思想基于划分基准的选取。对于待排序数组 $a[l:r]$，算法选取 $a[l],a[r],a[(l+r)/2]$ 这 3 个数的中位数作为划分基准，从而改进划分的对称性。综合上述改进策略的三数取中快速排序算法如下。

```
1    void qsort(Item a[],int l,int r)
2    { /* 三数取中快速排序算法 */
3        if(r-l<=M)return;
4        swap(a[(l+r)/2],a[r-1]);
5        compswap(a[l],a[r-1]);
6        compswap(a[l],a[r]);
7        compswap(a[r-1],a[r]);
8        int i=partition(a,l+1,r-1);
9        qsort(a,l,i-1);
10       qsort(a,i+1,r);
11   }
12
13   void sort(Item a[],int l,int r)
14   {
15       qsort(a,l,r);
16       insertion(a,l,r);
17   }
```

三数取中快速排序算法比原快速排序算法的效率提高 20%～25%。

5.2.6 三划分快速排序算法

当待排序数组 $a[l:r]$中有大量键值相同的元素时，采用三划分快速排序算法可以明显改进算法的性能。该算法的基本思想是，在划分阶段以 $v=a[r]$ 为划分基准，将待排序数组 $a[l:r]$ 划分为左、中、右三段 $a[l:j],a[j+1:i-1],a[i:r]$。其中，左段数组 $a[l:j]$ 中元素键值小于 v，中段数组 $a[j+1:i-1]$ 中元素键值等于 v，右段数组 $a[i:r]$ 中元素键值大于 v。其后，算法对左右两段数组递归排序。在具体实现三划分快速排序算法时，先将键值与 v 相同的元素分别交换到左右两段数组的左右两端。在搜索游标 i 和 j 交叉后，再将这些元素交换到中段数组中。

实现上述思想的三划分快速排序算法描述如下。

```
1    void sort(Item a[],int l,int r)
2    {/* 三划分快速排序算法 */
```

```
3      int i=l-1,j=r,p=l-1,q=r;
4      Item v=a[r];
5      if(r<=l)return;
6      for(;;){
7          while(less(a[++i],v));
8          while(less(v,a[--j]))if(j==l)break;
9          if(i>=j)break;
10         swap(a[i],a[j]);
11         if(eq(a[i],v)){p++;swap(a[p],a[i]);}
12         if(eq(v,a[j])){q--;swap(a[q],a[j]);}
13     }
14     swap(a[i],a[r]);j=i-1;i=i+1;
15     for(int k=l;k<p;k++,j--)swap(a[k],a[j]);
16     for(int k=r-1;k>q;k--,i++)swap(a[k],a[i]);
17     sort(a,l,j);
18     sort(a,i,r);
19 }
```

三划分快速排序算法在待排序数组 *a[l:r]*中有大量键值相同的元素时效率较高。另一方面，当待排序数组 *a[l:r]*中没有大量键值相同的元素时，三划分快速排序算法也不降低原快速排序算法的效率。

5.3 合并排序算法

5.3.1 算法基本思想及实现

合并排序算法是用分治策略实现对 *n* 个元素排序的算法。其基本思想是：当 *n*=1 时终止排序，否则将待排序元素分成大小大致相同的两个子集，分别对两个子集进行排序，最终将排好序的子集合并为所求的排好序的集合。合并排序算法可递归地描述如下。

```
1   void msort(Item a[],int l,int r)
2   {/* 合并排序算法 */
3       int m=(r+l)/2;/* 取中点 */
4       if(r<=l)return;
5       msort(a,l,m);/* 对左半段排序 */
6       msort(a,m+1,r);/* 对右半段排序 */
7       mergeab(a,b,l,m,r);/* 合并到数组 b */
8       copy(b,a,l,r);/* 复制回数组 a */
9   }
```

其中，在第 7 行由算法 mergeab 把两个排好序的数组段合并到一个新的数组 *b* 中，然后在第 8 行由函数 copy 将合并后的数组段复制回数组 *a* 中。

```
1   void mergeab(Item a[],Item b[],int l,int m,int r)
2   {/* 合并 a[l:m]和 a[m+1:r] 到 b[l:r] */
3       int i=l,j=m+1,k=l;
4       /* 取两段中较小元素到数组 b 中 */
```

```
5      while((i<=m) && (j<=r))
6         if(less(a[i],a[j]))b[k++]=a[i++];
7         else b[k++]=a[j++];
8      /* 处理剩余元素 */
9      if(i>m)for(i=j;i<=r;i++)b[k++]=a[i];
10     else for(;i<=m;i++)b[k++]=a[i];
11 }
12
13 void copy(Item b[],Item a[],int l,int r)
14 {
15     for(int i=l;i<=r;i++)a[i]=b[i];
16 }
```

mergeab 和 copy 显然可在 $O(n)$ 时间内完成，因此合并排序算法对 n 个元素进行排序，在最坏情况下所需的计算时间 $T(n)$ 满足

$$T(n) = \begin{cases} O(1), & n \leqslant 1 \\ 2T\left(\dfrac{n}{2}\right) + O(n), & n > 1 \end{cases}$$

解此递归方程可知 $T(n) = O(n \log n)$。由于排序问题的计算时间下界为 $\Omega(n \log n)$，所以合并排序算法是一个渐近最优算法。

5.3.2　对基本算法的改进

虽然上述合并排序算法已是一个渐近最优算法，但仍有改进的余地。首先对于算法 mergeab 可以改进如下。

```
1  void merge(Item a[],int l,int m,int r)
2  {
3      int i,j,k;
4      for(i=m+1;i>l;i--)b[i-1]=a[i-1];
5      for(j=m;j<r;j++)b[r+m-j]=a[j+1];
6      for(k=l;k<=r;k++)
7         if(less(b[i],b[j]))a[k]=b[i++];
8         else a[k]=b[j--];
9  }
```

该算法借助于辅助数组 b 将合并后的数组仍存放在数组 a 中。先将 $a[l{:}m]$ 顺序复制到 $b[l{:}m]$ 中，$a[m+1{:}r]$ 逆序复制到 $b[m+1{:}r]$ 中，然后从 $b[l{:}r]$ 的两头开始，合并到数组 a 中。

利用此合并技术实现的合并排序算法如下。

```
1  void mergesort(Item a[],int l,int r)
2  {
3      int m=(r+l)/2;
4      if(r<=l)return;
5      mergesort(a,l,m);
6      mergesort(a,m+1,r);
7      merge(a,l,m,r);
```

```
8   }
```

上述算法形式上消除了从数组 *b* 复制回数组 *a* 的 copy 运算，但实际上并没有省去这些运算。在算法递归调用时，交替地把数组 *b* 和数组 *a* 作为辅助数组使用可以省去复制运算。另一方面，在数组规模较小时终止递归，改用非递归算法排序可以有效地提高递归算法的效率。采用上述改进措施可使算法效率提高约 40%。改进后的合并排序算法如下。

```
1   void mergesortAB(Item a[],Item b[],int l,int r)
2   {
3       int m=(l+r)/2;
4       if(r-l<=10){insertion(a,l,r);return;}
5       mergesortAB(b,a,l,m);
6       mergesortAB(b,a,m+1,r);
7       mergeab(b,a,l,m,r);
8   }
9
10  void mergesort (Item a[],int l,int r)
11  {
12      for(int i=l;i<=r;i++)b[i]=a[i];
13      mergesortAB(a,b,l,r);
14  }
```

5.3.3 自底向上合并排序算法

对于算法 mergesort，还可以从多方面对它进行改进。例如，从分治策略的机制入手，可以消除算法中的递归。事实上，算法 mergesort 的递归过程只是将待排序集合一分为二，直至待排序集合只剩下 1 个元素，然后不断合并两个排好序的数组段。按此机制，首先将数组 *a* 中相邻元素两两配对，用合并算法将它们排序，构成 *n*/2 组长度为 2 的排好序的子数组段；然后将它们排成长度为 4 的排好序的子数组段。如此继续下去，直至整个数组排好序。

按此思想，消去递归后的自底向上合并排序算法 mergesortBU 可描述如下。

```
1   void mergesortBU(Item a[],int l,int r)
2   {
3       for(int m=1;m<=r-l;m=m+m)
4         for(int i=l;i<=r-m;i+=m+m)
5           merge(a,i,i+m-1,mini(i+m+m-1,r));
6   }
```

5.3.4 自然合并排序算法

自然合并排序算法是前面讨论的自底向上合并排序算法 mergesortBU 的一个变型。在前述自底向上合并排序算法中，首先合并相邻长度为 1 的子数组段，这是因为长度为 1 的子数组段是已自然排好序的。事实上，对于初始给定的数组 *a*，通常存在多个长度大于 1 的已自然排好序的子数组段。例如，数组 *a* 中元素为{4,8,3,7,1,5,6,2}时，自然排好序的子数组段有{4,8}，{3,7}，{1,5,6}和{2}。用一次对数组 *a* 的线性扫描就足以找出所有已排好序的子数组段。然后将相邻的排好序的子数组段两两合并，构成更大的排好序的子数组段。上面的例子经一次合并后得到两个合并后的子数组段{3,4,7,8}和{1,2,5,6}。继续合并相邻排好序的子数组段，直至整个数组已排好序。上面这两个数组段再合并后就得到{1,2,3,4,5,6,7,8}。

上述思想就是自然合并排序算法的基本思想。在通常情况下，按此方式进行合并排序所需的合并次数较少。例如，对于所给的 n 元素数组已排好序的极端情况，自然合并排序算法不需要执行合并步，而算法 mergesortBU 需要执行 $\lceil \log n \rceil$ 次合并。因此，在这种情况下，自然合并排序算法需要 $O(n)$ 时间，而算法 mergesortBU 需要 $O(n \log n)$ 时间。

5.3.5 链表结构的合并排序算法

对于用链表结构表示的输入序列，合并排序算法的基本思想是类似的。此时，存放待排序元素的结点结构定义如下。

```
1    typedef struct node *link;/* 结点指针类型 */
2    typedef struct node{
3        Item element;/* 待排序元素 */
4        link next;/* 下一结点指针 */
5    } Node;
```

算法 merge(a,b)将两个有序链表 a 和 b 合并为一个新的有序链表。

```
1    link merge(link a,link b)
2    {/* 链表合并 */
3        Node head;
4        link c=&head;
5        while(a && b)
6            if(less(a->element,b->element)){c->next=a;c=a;a=a->next;}
7            else{c->next=b;c=b;b=b->next;}
8        c->next=(!a)?b:a;
9        return head.next;
10   }
```

在算法的划分阶段，需要将一个链表划分为大小相同的两个子链表，然后递归地对两个子链表排序。在算法的合并阶段，用算法 merge 将排好序的子链表合并为整个排好序的链表。

```
1    link mergesort(link c)
2    {/* 链表合并排序算法 */
3        link a,b;
4        if(!c->next)return c;
5        a=c;b=c->next;
6        while(b && b->next){c=c->next;b=b->next->next;}
7        b=c->next;c->next=0;
8        return merge(mergesort(a),mergesort(b));
9    }
```

类似于自底向上合并排序算法 mergesortBU，链表结构的自底向上合并排序算法，先将输入序列拆成单个元素的链表，并依序存放在一个队列 q 中。队列 q 中元素类型是指向表中结点的指针。

```
1    /* 单链表指针队列结点 */
2    typedef link QItem;
3    typedef QItem* Qaddr;
```

然后反复用合并算法 merge 合并队列 q 队首的两个已排序的有序子链表，并将合并后的有序子链表存入队列 q 的队尾。这个过程一直继续到队列 q 中只剩下一个有序链表时为止。最后得到的这个有序链表即为算法的输出序列。

```
1    link mergesort1(link t)
2    {
3        link u;
4        Queue q;
5        for(q=QueueInit();t;t=u){
6            u=t->next;
7            t->next=0;
8            EnterQueue(t,q);
9        }
10       t=DeleteQueue(q);
11       while(!QueueEmpty(q)){
12           EnterQueue(t,q);
13           t=merge(DeleteQueue(q),
14               DeleteQueue(q));
15       }
16       return t;
17   }
```

5.4　线性时间排序算法

上面讨论的排序算法有一个共同的特点，即用于确定排序结果的主要运算是输入元素间的比较运算。这类排序算法称为基于比较的排序算法。基于比较的排序算法的计算时间下界是 $\Omega(n\log n)$。本节讨论以数字和地址计算为主要运算的排序算法。由于这些算法已不是基于比较的排序算法，所以 $\Omega(n\log n)$ 计算时间下界对它们已不适用。事实上，它们都可以在线性时间内完成排序任务。

5.4.1　计数排序算法

计数排序算法的基本思想是：对每一个输入元素 x，确定输入序列中键值小于 x 的元素个数。一旦有了这个信息，就可以将 x 直接存放到最终的输出序列的正确位置上。例如，若输入序列中有 17 个元素的键值小于 x，则 x 就应存放在第 18 个输出位置上。当然，如果有多个元素具有相同的键值时，就不能将这些元素存放在同一个输出位置上，因此，上述方案还要适当修改。

为便于讨论，在下面的计数排序算法中，假设输入的 n 个元素存放在数组 $a[0:n-1]$ 中；输出的排序结果存放在数组 $b[0:n-1]$ 中。数组 a 和 b 中的每个元素均为 $0\sim m$ 之间的一个整数。算法中还用到一个辅助数组 $cnt[0:m]$ 用于对输入元素进行计数。

计数排序算法描述如下。

```
1   void countsort(int a[],int l,int r)
2   {/* 计数排序算法 */
3       int *b=(int *)malloc(sizeof(int)*(r+1));
4       int cnt[m]={0};
5       for(int i=1;i<=r;i++)cnt[a[i]]++;
6       /* cnt[i]中存放的是aa[1,r]中键值等于i的元素个数 */
7       for(int i=1;i<m;i++)cnt[i]+=cnt[i-1];
8       /* cnt[i]中存放的是a[1,r]中键值小于或等于i的元素个数 */
9       for(int i=r;i>=1;i--)b[--cnt[a[i]]]=a[i];
10      /* 回写a[1,r] */
11      for(int i=1;i<=r;i++)a[i]=b[i-1];
12      free(b);
13  }
```

计数排序算法在第 3~4 行对数组 cnt 初始化后，在第 5 行顺序检查每个输入元素，若某个输入元素的值为 i，则 cnt[i] 增 1。因此，在检查结束后，cnt[i] 中存放数组 a 中值等于 i 的输入元素个数，$0 \leq i \leq m$。随后，在第 7 行对每个 $i=1,2,\cdots,m$，统计值小于或等于 i 的输入元素个数。最后，在第 9 行将元素 $a[i]$ 存放到输出数组 b 中与其相应的最终位置上。若所有元素的值都不相同，则共有 $\sum$cnt[$a[i]$] 个元素的值小于或等于 $a[i]$，而小于 $a[i]$ 的元素有 $\sum$cnt[$a[i]$] 个，因此 $\sum$cnt[$a[i]$] 即为 $a[i]$ 在输出数组 b 中的正确位置。当输入元素有相同的值时，每将一个 $a[i]$ 存放到数组 b 时，$\sum c[a[i]]$ 就减 1，使下一个值等于 $a[i]$ 的元素存放在输出数组 b 中存放元素 $a[i]$ 的前一个位置。

计数排序算法的计算时间复杂性很容易分析。其中，对数组 cnt 初始化需要 $O(m)$ 时间。顺序检查每个输入元素需要 $O(n)$ 时间。对每个 $i=1,2,\cdots,m$，统计值小于或等于 i 的输入元素个数需要 $O(m)$ 时间。最后，将每个元素输出到数组 b 中需要 $O(n)$ 时间。这样，整个算法所需的计算时间为 $O(m+n)$。当 $m=O(n)$ 时，算法的计算时间复杂性为 $O(n)$。

从上面的讨论可以看出，计数排序算法没有比较元素大小，它利用元素的值来确定其正确的输出位置。因此，计数排序算法不是一个基于比较的排序算法，从而它的计算时间下界不再是 $\Omega(n\log n)$。另一方面，计数排序算法之所以能取得线性计算时间上界，是因为对元素的取值范围作了一定限制，即 $m=O(n)$。如果 $m=n^2,n^3,\cdots$，就得不到线性时间上界。

计数排序算法的另一个重要性质是，在输入和输出序列中，具有相同值元素的相对次序不变。换句话说，计数排序算法是一个稳定的排序算法。

5.4.2 桶排序算法

与计数排序类似的一个线性时间排序算法是桶排序算法。桶排序算法的基本思想是：设置若干个桶，将键值等于 i 的元素全部装入第 i 个桶中；然后，按桶的顺序将桶中元素顺序连接起来。

由于每个桶中元素键值相同，可以将第 i 个桶看成键值为 i 的元素组成的一个表。用数组 bottom 表示桶底，bottom[i] 指向第 i 个桶中第一个元素。用数组 top 表示桶顶，top[i] 指向第 i 个桶中最后一个元素。这样很容易按桶的顺序将桶中元素顺序连接在一起。

下面给出桶排序算法。该算法假定输入序列以单链表形式给出，桶排序算法返回排序后的单链表。元素键值上界为 m。

```
1   #define m 10000
2
3   link binsort(link first)
4   {/* 桶排序算法 */
5       int  b;/* 桶下标 */
6       link bottom[m+1],top[m+1];
7       link p=0;
8       for(b=0;b<=m;b++)bottom[b]=0;/* 桶初始化 */
9       for(;first;first=first->next){/* 将元素装入桶中 */
10          b=first->element;
11          if(bottom[b]){/* 桶非空 */
12            top[b]->next=first;
13            top[b]=first;}
14          else bottom[b]=top[b]=first;/* 桶空 */
15      }
16      /* 按桶的顺序将桶中元素顺序连接在一起 */
17      for(b=0;b<=m;b++)
18          if(bottom[b]){/* 桶非空 */
19              if(p)p->next=bottom[b];/* 不是第一个非空桶 */
20              else first=bottom[b];/* 第一个非空桶 */
21              p=top[b];
22          }
23      if(p)p->next=0;
24      return first;
25  }
```

桶排序算法所需的计算时间与计数排序算法所需的计算时间大致相同，它们都需要 $O(m+n)$ 计算时间。初始化空桶需要 $O(m)$ 时间。将所有输入元素装入桶中共需 $O(n)$ 时间。将桶中元素依序连接共需 $O(m)$ 时间。于是，整个桶排序算法共用 $O(m+n)$ 时间。与计数排序算法类似，若 $m=O(n)$，则桶排序算法只需要 $O(n)$ 计算时间。

5.4.3 基数排序算法

基数排序算法是一个与计数排序和桶排序算法十分类似的线性时间排序算法。其基本思想是将输入数据看成具有相同长度的正整数，长度较短的数在高位用 0 补齐；然后，从最低位开始，按照从低到高的次序，依次对上一轮排序后数据的高一位数值做一次排序，直至最高位后完成排序。下面用一个具体例子来说明基数排序算法。

假设待排序的 7 个正整数是 39，457，657，39，436，720，355。首先将长度较短的数 39 在高位用 0 补齐成 039。这样一来，待排序的 7 个正整数成为长度均为 3 的正整数 039，457，657，039，436，720，355。算法的第 1 步按照从低位到高位的次序，先对 7 个正整数个位上的数值 9，7，7，9，6，0，5 进行排序。排序后得到 0，5，6，7，7，9，9。按此序原来的 7 个数相应地排列成 720，355，436，457，657，039，039。算法的第 2 步对第 1 轮排序后的 7 个正整数十位上的数值 2，5，3，5，5，3，3 进行排序。排序后得到 2，3，3，3，5，

5，5。原数相应地排列成 720，436，039，039，355，457，657。最后，算法对百位上的数值 7，4，0，0，3，4，6 进行排序。排序后得到 0，0，3，4，4，6，7。原数相应地排列成 039，039，355，436，457，657，720。经过 3 轮排序后完成了基数排序算法。基数排序算法的排序过程示意如表 5-1 所示。

表 5-1　基数排序算法的排序过程示意

序号	输入数据	第 1 轮排序	第 2 轮排序	第 3 轮排序
1	039	720	720	039
2	457	355	436	039
3	657	436	039	355
4	039	457	039	436
5	436	657	355	457
6	720	039	457	657
7	355	039	657	720

在上面说明基数排序算法的具体例子中以正整数常用的 10 进制表示法来描述基数排序算法的基本思想。这里的进制数 10，也称为基数。这也正是基数排序算法名称的由来。事实上如果用一般的基数 R 将正整数表示成 R 进制数，基数排序算法的思想依然不变。对于一般的基数 RADIX，基数排序算法可表述如下。

```
1   void RadixSort (int a[],int l,int r)
2   {
3       int maxv=0,pow=1;
4       int *b=(int *)malloc(sizeof(int)*(r+1));
5       for(int i=l;i<=r;i++)if(a[i]>maxv)maxv=a[i];
6       /* maxv 是 a[l,r]中最大整数，用于确定 while 循环的次数 */
7       while(maxv/pow>0){
8           int cnt[RADIX]={0};/* 清空计数器 */
9           for(int i=l;i<=r;i++)cnt[a[i]/pow%RADIX]++;/* 按位计数 */
10          for(int i=1;i<RADIX;i++)cnt[i]+=cnt[i-1];/* 前缀和 */
11          /* 按位排序 */
12          for(int i=r;i>=l;i--)b[--cnt[a[i]/pow%RADIX]]=a[i];
13          for(int i=l;i<=r;i++)a[i]=b[i-1];/* 回写 a */
14          pow*=RADIX;/* 进位 */
15      }
16      free(b);
17  }
```

在算法的第 5 行计算出输入数据的最大整数 maxv，从而确定输入数据的最高位。在算法第 7~15 行的 while 循环中，算法从最低位（pow=1）开始，按照从低位到高位的次序，依次对上一轮排序后数据的高一位数值做计数排序。其中，数组 cnt 是计数器，在第 9 行对上一轮数据按高一位计数。在第 10 行计算前缀和并按位排序。在第 12 行将本轮排序结果保存在桶数组 b 中。在第 13 行将本轮排序结果回写到数组 a 中。本轮排序结束后，在第 14 行进位并转入下一轮排序。从算法 RadixSort 不难看出，算法的 while 循环体实际上是一个按位计数排序算法，可以表述如下。

```
1    void countsort(int a[],int b[],int l,int r,int p)
2    {/* 按位计数排序 */
3        int cnt[RADIX]={0};/* 清空计数器 */
4        for(int i=l;i<=r;i++)cnt[a[i]/p%RADIX]++;/*计数 */
5        /* cnt[i]中存放的是 a[l,r]中键值 p 位等于 i 的元素个数 */
6        for(int i=1;i<RADIX;i++)cnt[i]+=cnt[i-1];
7        /* cnt[i]中存放的是 a[l,r]中键值 p 位小于或等于 i 的元素个数 */
8        for(int i=r;i>=l;i--)b[--cnt[a[i]/p%RADIX]]=a[i];
9        /* 回写 a[l,r] */
10       for(int i=l;i<=r;i++)a[i]=b[i-l];
11   }
```

由此可将基数排序算法 RadixSort 改写如下。

```
1    void RadixSort(int a[],int l,int r)
2    {
3        int maxv=0,pow=1;
4        int *b=(int *)malloc(sizeof(int)*(r+1));
5        for(int i=l;i<=r;i++)if(a[i]>maxv)maxv=a[i];
6        /* maxv 是 a[l,r]中最大整数，用于确定 while 循环的次数 */
7        while(maxv/pow>0){
8            countsort(a,b,l,r,pow);/* 按位计数排序 */
9            pow*=RADIX;/* 进位 */
10       }
11       free(b);
12   }
```

从 5.4.1 的计数排序算法可知，对于输入数据 $a[0:n-1]$，按位计数排序算法 countsort 所需计算时间是 $O(n)$。若输入数据的最高位是 w，则基数排序算法 RadixSort 所需计算时间显然是 $O(wn)$。在一般情况下 w 是一个常数，从而基数排序算法 RadixSort 是一个线性时间算法。由计数排序算法的稳定性可知，基数排序算法 RadixSort 是稳定排序算法。

5.5 中位数与第 k 小元素

下面讨论与排序问题类似的元素选择问题。元素选择问题的一般提法是：给定线性序集中 n 个元素和一个整数 k，$1 \leq k \leq n$，要求找出这 n 个元素中第 k 小的元素，即如果将这 n 个元素依其线性序排列时，排在第 k 位的元素即为要找的元素。当 $k=1$ 时，就是要找最小元素；当 $k=n$ 时，就是要找最大元素；当 $k=(n+1)/2$ 时，称为找中位数。

在某些特殊情况下，很容易设计出解选择问题的线性时间算法。例如，找 n 个元素的最小元素和最大元素显然可以在 $O(n)$ 时间完成。若 $k \leq n/\log n$，则通过堆排序算法可以在 $O(n+k \log n) = O(n)$ 时间内找出第 k 小元素。当 $k \geq n-n/\log n$ 时也一样。

5.5.1 平均情况下的线性时间选择算法

一般的选择问题，特别是中位数的选择问题，似乎比找最小元素要难。但事实上，从渐近阶的意义上看,它们是一样的,一般的选择问题也可以在 $O(n)$ 时间内得到解决。下面讨论解一般的选择问题的一个算法 randomselect。该算法实际上是模仿快速排序算法设计出来的,其基本思想也是对输入数组进行递归划分。与快速排序算法不同的是,它只对划分出的子数组之一进行递归处理。

算法 randomselect 用到在随机快速排序算法中讨论过的随机划分函数 randompartition,因此,划分是随机产生的,由此导致算法 randomselect 也是一个随机化的算法。要找数组 $a[0:n-1]$ 中第 k 小元素只要调用 randomselect $(a,0,n-1,k)$ 即可。具体算法可描述如下。

```
1   Item randomselect(Item a[],int l,int r,int k)
2   {/* 随机选择算法 */
3       if(r<=l)return a[r];
4       int i=randompartition(a,l,r);
5       int j=i-l+1;
6       if(j==k)return a[i];
7       if(j>k)return randomselect(a,l,i-1,k);
8       else return randomselect(a,i+1,r,k-j);
9   }
```

算法 randomselect 在第 4 行执行 randompartition 后,数组 $a[l:r]$ 被划分成两个子数组 $a[l:i]$ 和 $a[i+1:r]$,使得 $a[l:i]$ 中每个元素都不大于 $a[i+1:r]$ 中的元素。接着算法在第 5 行计算子数组 $a[l:i]$ 中元素个数 j。若 $k \leqslant j$,则 $a[l:r]$ 中第 k 小元素落在子数组 $a[l:i]$ 中。若 $k>j$,则要找的第 k 小元素落在子数组 $a[i+1:r]$ 中。由于此时已知道子数组 $a[l:i]$ 中元素均小于要找的第 k 小元素,所以要找的 $a[l:r]$ 中第 k 小元素是 $a[i+1:r]$ 中的第 $k-j$ 小元素。

容易看出,在最坏情况下,算法 randomselect 需要 $O(n^2)$ 计算时间。如在找最小元素时,总是在最大元素处划分就是该算法的最坏情况。尽管如此,该算法的平均性能很好。

由于随机划分函数 randompartition 使用了一个随机数产生器 randomi,它能随机地产生 l 和 r 之间的一个随机整数,所以 randompartition 产生的划分基准是随机的。在这个条件下,可以证明,算法 randomselect 可以在 $O(n)$ 平均时间内找出 n 个输入元素中的第 k 小元素。

消除 randomselect 尾递归的选择算法如下。

```
1   Item randomselect(Item a[],int l,int r,int k)
2   {/* 消除尾递归选择算法 */
3       int i,j;
4       while(r>l){
5           i=randompartition(a,l,r);
6           j=i-l+1;
7           if(j==k)return a[i];
8           if(j>k)r=i-1;
9           else{l=i+1;k-=j;}
10      }
11      return((r<i)?a[l]:a[r]);
12  }
```

5.5.2 最坏情况下的线性时间选择算法

下面来讨论一个类似于 randomselect 但可以在最坏情况下用 $O(n)$ 时间就完成选择任务的算法 select。如果能在线性时间内找到一个划分基准，使得按这个基准划分出的两个子数组的长度都至少为原数组长度的 ε 倍（$0<\varepsilon<1$，是某个正常数），那么在最坏情况下用 $O(n)$ 时间就可以完成选择任务。例如，设 $\varepsilon=9/10$，算法递归调用所产生的子数组的长度至少缩短 $1/10$。因此在最坏情况下，算法所需的计算时间 $T(n)$ 满足递归式 $T(n) \leqslant T(9n/10)+O(n)$。由此可得 $T(n)=O(n)$。

可以按以下步骤来寻找一个好的划分基准。

（1）将 n 个输入元素划分成 $\lceil n/5 \rceil$ 个组，除一个组可能不是 5 个元素外，其余每组均为 5 个元素。用任意一种排序算法，将每组中的元素排好序，并取出每组的中位数，共 $\lceil n/5 \rceil$ 个。

（2）递归调用算法 select 来找出这 $\lceil n/5 \rceil$ 个元素的中位数。如果 $\lceil n/5 \rceil$ 是偶数，就找它的两个中位数中较大的一个。然后以这个元素作为划分基准。

图 5-1 所示为上述划分策略示意图，其中 n 个元素用小圆点来表示，空心小圆点为每组元素的中位数。中位数的中位数 x 在图中标出。图中所画箭头由较大元素指向较小元素。

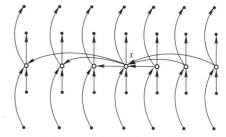

图 5-1 选择划分策略示意图

只要等于基准的元素不太多，利用这个基准来划分的两个子数组的大小就不会相差太远。为了简化问题，先设所有元素互不相同。在这种情况下，找出的基准 x 至少比 $3\lfloor (n-5)/10 \rfloor$ 个元素大，因为在每一组中有两个元素小于本组的中位数，而 $\lceil n/5 \rceil$ 个中位数中又有 $\lfloor (n-5)/10 \rfloor$ 个小于基准 x。同理，基准 x 也至少比 $3\lfloor (n-5)/10 \rfloor$ 个元素小。而当 $n \geqslant 75$ 时，$3\lfloor (n-5)/10 \rfloor \geqslant n/4$。因此按此基准划分所得的两个子数组的长度都至少缩短 $1/4$。这一点至关重要。据此，可以给出算法 select 如下：

```
1    Item select(Item a[],int l,int r,int k)
2    {
3      if(r-l<7){
4        /* 用某个简单排序算法对数组a[l:r]排序 */
5        sort(a,l,r);
6        int s=l+k-1;
7        if(s>r)s=r;
8        if(s<l)s=l;
9        return a[s];
10     }
11     /* 将a[l+5*i]至a[l+5*i+4]的第3小元素与a[l+i]交换位置 */
12     /* 找中位数的中位数，r-l-4即上面所说的n-5 */
13     for(int i=0;i<=(r-l-4)/5;i++){
14       int s=l+5*i;
15       int t=s+4;
16       sort(a,s,t);
17       swap(a[l+i], a[s+2]);
18     }
19     Item x=select(a,l,l+(r-l-4)/5,(r-l+6)/10);
```

```
20      int i=partitionv(a,l,r,x);
21      int j=i-l+1;
22      if(j==k)return a[i];
23      if(j>k)return select(a,l,i-1,k);
24      else return select(a,i+1,r,k-j);
25  }
```

其中函数 partitionv(a,l,r,x)对数组 $a[l:r]$以元素 x 为基准进行划分。

```
1   int partitionv(Item a[],int l,int r,Item x)
2   {
3       int i=l-1,j=r+1,q=r;
4       for (;;){
5           while(less(a[++i],x));
6           while(less(x,a[--j]))if(j==l)break;
7           if(i>=j)break;
8           swap(a[i],a[j]);
9           if(!less(x,a[j]))q=j;
10      }
11      if(less(x,a[i]))swap(a[i],a[q]);
12      return i;
13  }
```

为了分析算法 select 的时间复杂性，设 $n=r-l+1$，即 n 为输入数组的长度。算法的递归调用只有在 $n \geqslant 75$ 时才执行。因此，当 $n < 75$ 时，算法 select 所用的计算时间不超过一个常数 C_1。找到中位数的中位数 x 后，算法 select 以 x 为划分基准调用函数 partitionv 对数组 $a[l:r]$进行划分，这需要 $O(n)$ 时间。算法 select 的 for 循环体共执行 $n/5$ 次，每一次需要 $O(1)$ 时间。因此，执行 for 循环共需 $O(n)$ 时间。

设对 n 个元素的数组调用 select 需要 $T(n)$ 时间，那么找中位数的中位数 x 最多用了 $T(n/5)$ 的时间。由于上面已证明按照算法所选的基准 x 进行划分所得到的两个子数组分别至多有 $3n/4$ 个元素，所以无论对哪一个子数组调用 select 都最多用了 $T(3n/4)$时间。

总之，可以得到关于 $T(n)$ 的递归式：

$$T(n) \leqslant \begin{cases} C_1, & n < 75 \\ C_2 n + T\left(\dfrac{n}{5}\right) + T\left(\dfrac{3n}{4}\right), & n \geqslant 75 \end{cases}$$

解此递归式可得 $T(n) = O(n)$。

将每一组的大小定为 5，并选取 75 作为是否递归调用的分界点，这两点保证了 $T(n)$ 的递归式中两个自变量之和 $n/5+3n/4 = 19n/20 = \alpha n$，$0 < \alpha < 1$。这是使 $T(n)=O(n)$ 的关键之处。当然，除 5 和 75 外，还可以有其他选择。

在算法 select 中，假设所有元素互不相等，这是为了保证在以 x 为划分基准调用函数 partitionv 对数组 $a[l:r]$进行划分之后，所得到的两个子数组的长度都不超过原数组长度的 3/4。当元素可能相等时，应在划分之后加一个语句，将所有与基准 x 相等的元素集中在一起，如果当这样的元素的个数 $m \geqslant 1$，而且 $j \leqslant k \leqslant j+m-1$ 时，就不必再递归调用，只要返回 $a[i]$即可；否则最后一行改为调用 select($i+m+1,r,k-j-m$)。

5.6 应用举例

例5.1 带权中位数问题。

对于 n 个带有正权 $w_1, w_2, \cdots, w_n$，且 $\sum_{i=1}^{n} w_i = 1$ 的互不相同的元素 $x_1, x_2, \cdots, x_n$，其带权中位数 x_k 满足：

$$
\begin{cases}
\displaystyle\sum_{x_i < x_k} w_i \leqslant \frac{1}{2} \\[2mm]
\displaystyle\sum_{x_i > x_k} w_i \leqslant \frac{1}{2}
\end{cases}
$$

下面讨论用本章介绍的排序和选择算法解带权中位数问题。

设给定的 n 个元素存储在数组 a 中，每个元素的结构类型如下。

```
1   typedef struct node{
2       double element;/* 元素值 */
3       double weight;/* 元素权值 */
4   } Node;
5
6   typedef Node Item;/* 带权中位数结点类型 */
7   typedef Item* addr;/* 带权中位数结点指针类型 */
8
9   #define key(A) (A.element)/* 结点元素值 */
10  #define less(A,B) (key(A) < key(B))/* 按结点元素值比较 */
11  #define eq(A,B) (!less(A,B) && !less(B,A))/* 按结点元素值相等 */
12  #define swap(A,B) { Item t=A; A=B; B=t; }/* 结点交换 */
13  #define compswap(A,B) if(less(B,A)) swap(A,B)/* 比较后结点交换 */
```

其中，element 存储元素，weight 存储元素相应的权值。

将数组 $a[0{:}n-1]$ 从小到大排序，然后对排好序的序列进行一次线性扫描即可找出带权中位数。

```
1   Item wmedian (Item a[],int n)
2   {/* 带权中位数 */
3       int i=0;double c=0;
4       sort(a,0,n-1);
5       while(i<n && c+a[i].weight<0.5)c+=a[i++].weight;
6       return a[i];
7   }
```

在算法 wmedian 中，sort(a,0,n-1)是对数组 a 进行排序的 $O(n\log n)$ 时间算法。由于算法的主要计算量在于排序算法，所以算法 wmedian 所需的计算时间为 $O(n\log n)$。

利用一个线性时间选择算法 select 和分治策略，可设计一个在最坏情况下用 $O(n)$ 时间求 n 个元素的带权中位数的算法如下。

```
1   Item wmedian(Item a[],int l,int r,double s1,double s2)
2   {/* 带权中位数 */
```

```
3        int i,m;
4        double c1=0,c2;
5        if(l==r)return a[l];
6        m=select(a,l,r,(r-l+1)/2);
7        for (i=l; i < m; i++)c1+=a[i].weight;
8        c2=s1+s2-c1-a[m].weight;
9        if (c1>s1)return wmedian(a,l,m-1,s1,s2-c2-a[m].weight);
10       if (c2>s2)return wmedian(a,m+1,r,s1-c1-a[m].weight,s2);
11       return a[m];
12   }
```

函数调用 wmedian(a,0,n-1,0.5,0.5)返回数组元素 a[0:n-1]的带权中位数。

上述算法 wmedian 所需的空间显然为 $O(n)$。由于采用了分治技术，select 每次取 a[l:r]的中位数，并将 a 划分为规模大致相同的两部分 a[l:m-1]和 a[m+1:r]，使得 a[i].element$\leq$ a[m].element，$1\leq i\leq m-1$；a[m].element$\leq$a[j].element，$m+1\leq j\leq r$。算法 select 在最坏情况下所需的计算时间均为 $O(r-l)$。因此，算法 wmedian 所需计算时间 $T(n)$满足如下递归式：

$$T(n) = T\left(\frac{n}{2}\right) + O(n)$$

解此递归式可得 $T(n) = O(n)$。

例 5.2 最大递增序列问题。

给定一个 n 行 m 列的整数矩阵 a，从 a 的每一行中恰选 1 个数组成的一个严格递增序列 s 称为 a 的一个递增序列。最大递增序列问题就是要找出 a 的所有递增序列的最大和。

例如，当

$$a= \{\{1, 7, 3, 4\},$$
$$\{4, 2, 5, 1\},$$
$$\{9, 5, 1, 8\}\}$$

时，序列{4,5,9}是 a 的一个最大递增序列，其最大和为 18。

事实上，容易看出，若 a 有递增序列，则 a 的最后一列中的最大值必为 a 的最大递增序列的最后的元素。由此可知，可以采用贪心策略找出 a 的最大递增序列。

```
1    int maxs()
2    {
3        for(int i=0;i<n;i++)sort(a[i],0,m-1);
4        int i,j,sum=a[n-1][m-1],pre=a[n-1][m-1];
5        for(i=n-2;i>=0;i--){
6            for(j=m-1;j>=0;j--)
7              if(a[i][j]<pre){
8                  pre=a[i][j];
9                  sum+=pre;
10                 break;
11             }
12           /* j=-1 则找不到递增序列 */
13           if(j==-1)return 0;
14       }
15       return sum;
```

算法首先在第 3 行将矩阵 a 每行元素都从小到大排好序。在第 4 行取得 a 的最后一列中的最大值。然后在第 5~14 行依次取得最大递增序列中元素。若找不到 a 的递增序列，则在第 13 行返回 0。在最坏情况下算法需要的计算时间是 $O(nm)$。

本 章 小 结

本章讲授的主题是排序算法。在明确了排序问题的提法及其实质后，介绍了在实践中常用的简单排序算法，如冒泡排序算法、插入排序算法和选择排序算法的基本思想与分析方法。快速排序算法是一个效率高且实用性强的排序算法。本章用较大篇幅介绍了快速排序算法的基本思想及其多方面的改进，借此展示算法设计中精益求精的设计思想和策略。合并排序算法是另一个用分治和递归策略设计计算法的经典例子。本章对合并排序算法也展开了深入细致的讨论。计数排序算法和桶排序算法是两个典型的线性时间排序算法。本章通过对这两个算法的讨论阐述了线性时间排序算法的基本思想与分析方法，并进一步讨论线性时间排序算法与基于比较的排序算法的主要差别和适用范围。本章还介绍了与排序问题类似的选择问题及相应的算法。从平均情况和最坏情况两个不同侧面研究算法的基本思想与实现方法。

习 题 5

5.1 试修改冒泡排序算法，使得当输入序列已排好序时冒泡排序算法只需 $O(n)$ 时间。

5.2 试修改选择排序算法，使得当输入序列已排好序时选择排序算法只需 $O(n)$ 时间。

5.3 如何修改快速排序算法才能使其将输入元素按非增序排列？

5.4 当数组 a 的元素已排成非增序时，快速排序算法需要多少计算时间？

5.5 试证明当数组 a 的所有元素的键值都相同时，快速排序算法需要的计算时间为 $\theta(n\log n)$。

5.6 试用 while 循环消去快速排序算法中的尾递归，并比较消去尾递归前后算法的效率。

5.7 试说明如何修改快速排序算法，使它在最坏情况下的计算时间为 $O(n \log n)$。

5.8 试设计一个 $O(n)$ 时间算法，使之能产生数组 $a[0:n-1]$ 元素的一个随机排列。

5.9 在执行随机快速排序算法时，在最坏情况下调用 randomi 多少次？在最好情况下又怎样？

5.10 设子数组 $a[0:k]$ 和 $a[k+1:n-1]$ 已排好序（$0 \leq k \leq n-1$）。试设计一个把这两个子数组合并为排好序的数组 $a[0:n-1]$ 的算法。要求算法在最坏情况下所用的计算时间为 $O(n)$，且只用到 $O(1)$ 的辅助空间。

5.11 设在合并排序算法的分割步中，将数组 $a[0:n-1]$ 划分为 $\lfloor \sqrt{n} \rfloor$ 个子数组，每个子数组中有 $O(\sqrt{n})$ 个元素。然后递归地对分割后的子数组进行排序，最后将得到的 $\lfloor \sqrt{n} \rfloor$ 个排好序的子数组合并成所要求的排好序的数组 $a[0:n-1]$。设计一个实现上述策略的合并排序算法，并分析算法的计算复杂性。

5.12 设数组 $a[0:n-1]$ 中元素值为 0 或 1 或 2。设计一个对 a 排序的算法，且要求除交换数组元素外不使用如何额外空间。

5.13 设 $S_1, S_2, \cdots, S_k$ 是整数集合，其中每个集合 S_i（$1 \leq i \leq k$）中整数取值范围是 $1 \sim n$，且 $\sum_{i=1}^{k} |S_i| = n$，试设计一个算法在 $O(n)$ 时间内将 $S_1, S_2, \cdots, S_k$ 分别排序。

5.14 在由字母 a~z 所组成的一个字符串集合中，各字符长度之和为 n，怎样用 $O(n)$ 时间对这个集合中所有字符串进行排序？注意，若集合中的每个字符串都是有界的，则可以用桶排序算法，但这里可能存在非常长的字符串。

5.15 在最坏情况下的线性时间选择算法中，输入元素被划分为 5 个一组，如果将它们划分为 7 个一组，该算法在最坏情况下仍然是线性时间算法吗？划分成 3 个一组又怎样？

5.16 给定一个由 n 个互不相同的数组成的集合 S 及一个正整数 $k \leq n$，试设计一个 $O(n)$ 时间算法，找出 S 中最接近 S 的中位数的 k 个数。

5.17 试设计一个算法，用 $O(n+k)$ 时间对介于 [1:k] 的 n 个整数进行预处理，使得经过预处理后，对于任意给定的区间 [a:b]，能够在 $O(1)$ 时间内回答这 n 个整数中有多少个数落在所给的区间中。

5.18 给定单位圆中 n 个点，假设这 n 个点在单位圆中是均匀分布的。试设计一个 $O(n)$ 时间算法对这 n 个点依其到圆心的距离进行排序。

5.19 设 n 个不同的整数排好序后存于 $T[0:n-1]$ 中。若存在一个下标 i，$1 \leq i \leq n$，使得 $T(i)=i$，设计一个有效算法找到这个下标。要求算法在最坏情况下的计算时间为 $O(\log n)$。

5.20 在一个由元素组成的表中，出现次数最多的元素称为众数。试写一个寻找众数的算法，并分析其计算复杂性。

5.21 邮局位置问题定义为：已知 n 个点 $p_1, p_2, \cdots, p_n$，以及与它们相联系的权 $w_1, w_2, \cdots, w_n$，要求确定一点 p（p 不一定是 n 个输入点之一），使和式 $\sum_{i=1}^{n} w_i d(p, p_i)$ 达到最小，其中 $d(a,b)$ 表示 a 与 b 之间的距离。

（1）试论证带权中位数是一维邮局问题的最优解。此时 $d(a,b) = |a-b|$。

（2）在二维的情形如何找出最优解？

算法实验题 5

算法实验题 5.1 交换排序问题。

★ 问题描述：通过交换元素位置实现排序的算法通常称为交换排序算法。若只允许交换相邻元素的位置，则称为相邻交换排序算法，例如，冒泡排序算法就是一种相邻交换排序算法。对于给定的待排序元素序列，相邻交换排序算法最少需要交换多少次元素位置？

★ 实验任务：对于给定的待排序元素序列，计算相邻交换排序算法交换元素位置的最少次数。

★ 数据输入：由文件 input.txt 给出输入数据。第 1 行是正整数 n，表示有 n 个数据元素。接下来的 1 行是 n 个待排序的非负整数。

★ 结果输出：将计算出的最少交换次数输出到文件 output.txt 中。

输入文件示例　　　　　　输出文件示例

算法实验题5.2 DNA 排序问题。

★ 问题描述：对于给定的全序集中排序元素序列 $A = \{a_1, a_2, \cdots, a_n\}$，元素 a_i 的逆序数定义为 $\mathrm{inv}(a_i) = |\{a_k | a_i > a_k, i < k \leqslant n\}|$。序列 A 的逆序数定义为：$\mathrm{inv}(A) = \sum_{i=1}^{n} \mathrm{inv}(a_i)$。事实上，序列 A 的逆序数刻画出序列 A 中元素已排序的程度。逆序数越小，序列 A 已排序的程度就越高。当序列 A 已排好序时，其逆序数为 0。

生物信息学家在进行分子计算研究 DNA 序列时，需要将若干长度相同的 DNA 串按其逆序数从小到大排序。例如，给定 6 个长度为 10 的 DNA 串：AACATGAAGG，TTTTGGCCAA，TTTGGCCAAA，GATCAGATTT，CCCGGGGGGA，ATCGATGCAT，按其逆序数从小到大排序为：CCCGGGGGGA，AACATGAAGG，GATCAGATTT，ATCGATGCAT，TTTTGGCCAA，TTTGGCCAAA。

DNA 排序问题就是要对给定的长度相同的 DNA 串按逆序数排序。

★ 实验任务：对于给定的长度相同的 DNA 串，按其逆序数从小到大排序。

★ 数据输入：由文件 input.txt 给出输入数据。输入数据包含若干数据块。每个数据块的第 1 行有两个正整数 L 和 n，分别表示数据块中 DNA 串的长度和个数。接下来的 n 行中，每行是一个由大写英文字母 A，C，G，T 组成的长度为 L 的 DNA 串。文件最后以两个 0 结束。

★ 结果输出：将各数据块中的 DNA 串按逆序数排序输出到文件 output.txt 中。每个数据块之间用一个空行分隔。

输入文件示例　　　　输出文件示例

input.txt　　　　　　output.txt

10 6	
AACATGAAGG	CCCGGGGGGA
TTTTGGCCAA	AACATGAAGG
TTTGGCCAAA	GATCAGATTT
GATCAGATTT	ATCGATGCAT
CCCGGGGGGA	TTTTGGCCAA
ATCGATGCAT	TTTGGCCAAA
0 0	

算法实验题5.3 输油管道问题。

★ 问题描述：某石油公司计划建造一条由东向西的主输油管道。该管道要穿过一个有 n 口油井的油田。每口油井都要有一条输油管道沿最短路径（或南或北）与主管道相连。如果给定 n 口油井的位置，即它们的 x 坐标（东西向）和 y 坐标（南北向），应如何确定主管道的最优位置，即使各油井到主管道之间的输油管道长度总和最小的位置？证明可在线性时间内确定主管道的最优位置。

★ 实验任务：给定 n 口油井的位置，计算各油井到主管道之间的输油管道最小长度的总和。

★ 数据输入：由文件 input.txt 提供输入数据。文件的第 1 行是油井数 n，$1 \leqslant n \leqslant 10\ 000$。接下来 n 行是油井的位置，每行有两个整数 x 和 y，$-10\ 000 \leqslant x$，$y \leqslant 10\ 000$。

★ 结果输出：将计算结果输出到文件 output.txt 中。文件第 1 行的数是油井到主管道之间的输油管道最小长度的总和。

输入文件示例	输出文件示例
input.txt	output.txt
5 1 2 2 2 1 3 3 −2 3 3	6

算法实验题 5.4 最优服务次序问题。

★ 问题描述：设有 n 个顾客同时等待一项服务。顾客 i 需要的服务时间为 t_i，$1 \leqslant i \leqslant n$。应如何安排 n 个顾客的服务次序才能使平均等待时间达到最小？平均等待时间是 n 个顾客等待服务时间的总和除以 n。

★ 实验任务：对于给定的 n 个顾客需要的服务时间，计算最优服务次序。

★ 数据输入：由文件 input.txt 给出输入数据。第 1 行是正整数 n，表示有 n 个顾客。接下来的一行中，有 n 个正整数，表示 n 个顾客需要的服务时间。

★ 结果输出：将计算出的最小平均等待时间输出到文件 output.txt 中。

输入文件示例	输出文件示例
input.txt	output.txt
10 56 12 1 99 1000 234 33 55 99 812	532.00

算法实验题 5.5 动态中位数问题。

★ 问题描述：对于一个动态输出的数据流，动态中位数问题需要随时给出所有已经输出数据的中位数。

★ 实验任务：设计一个数据结构实现动态中位数监测。

★ 数据输入：由文件 input.txt 给出输入数据。文件有 m 行，$1 < m < 200\ 000$。每行以一个大写英文字母 O 或 M 开头。在大写英文字母 O 之后有 1 个整数 a，表示输出数字 a。大写英文字母 M 之后没有数字，表示要查询当前已经输出的数据的中位数。

★ 结果输出：将每个 M 对应的查询结果输出到文件 output.txt 中。每行输出 1 个查询结果。

输入文件示例	输出文件示例
input.txt	output.txt
O 3 O 7 O −1 M	3

第6章 树

学习要点

- 理解树的定义和与树相关的术语
- 理解树是一个非线性层次数据结构
- 掌握树的前序遍历、中序遍历和后序遍历方式
- 了解树的父结点数组表示法
- 了解树的儿子链表表示法
- 了解树的左儿子右兄弟表示法
- 理解二叉树的概念
- 了解二叉树的顺序存储结构
- 了解二叉树的结点度表示法
- 掌握用指针实现二叉树的方法
- 理解线索二叉树结构及其适用范围
- 掌握二叉搜索树结构及其应用
- 理解线段树结构及其适用范围
- 掌握序列树结构及其适用范围

6.1 树的定义

树是一个具有层次结构的集合，它在客观世界中广泛存在。如人类社会的族谱及各种社会组织机构等，都可以用树来形象地表示。树在计算机科学的许多领域都有广泛应用。人们用树进行电路分析；用树表示数学公式的结构；在数据库系统中，用树组织信息；在编译过程中，用树表示源程序的句法结构。在后续章节中还会遇到许多特殊类型的树。本章重点讨论树的一些基本概念，以及树的一般操作和一些常用的表示树的数据结构，这些数据结构能有效地实现树的操作。

树是由一个集合及在该集合上定义的一种层次关系构成的。集合中的元素是树的结点，结点间的关系为父子关系。树结点之间的父子关系建立了树的层次结构。在这种层次结构中，有一个结点具有特殊地位，这个结点称为该树的根结点，简称为树根。下面形式地给出树的递归定义。

（1）单个结点是一棵树，树根就是该结点本身。

（2）设 $T_1,T_2,\cdots,T_k$ 是树，它们的根结点分别为 n_1，n_2，$\cdots$，n_k。用一个新结点 n 作为 n_1，$n_2,\cdots,n_k$ 的父亲，则得到一棵新树。结点 n 就是新树的根。结点 n_1，$n_2,\cdots,n_k$ 称为一组兄弟结点，它们都是结点 n 的儿子结点。还称 $T_1,T_2,\cdots,T_k$ 为结点 n 的子树。

为方便起见，将空集合也看成树，称为空树，用"∧"来表示。空树中没有结点。

树中的结点与表中的元素类似，可以具有任何一种类型。在用图来表示树时，常用一个圆

圈表示一个结点，并在圆圈中标一个字母，或一个字符串，或一个数作为该结点的名字，以便与其他结点区别。

树的递归定义刻画了树的固有特性，即一棵树是由若干棵子树构成的。

图 6-1 所示的一棵树，由结点的有限集 $T=\{A,B,C,D,E,F,G,H,I,J\}$ 构成，其中 A 是根结点。T 中其余结点，分成 3 个互不相交的子集 $T_1=\{B,E,F,I,J\}$，$T_2=\{C\}$，$T_3=\{D,G,H\}$。T_1，T_2 和 T_3 是根 A 的 3 棵子树，其本身又都是一棵树。

下面给出树结构中的一些基本概念和常用术语，其中许多术语借用了族谱树中的一些习惯用语。

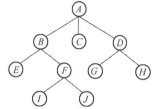

图 6-1 树的层次结构

（1）一个结点的儿子结点个数称为该结点的度。一棵树的度是指该树中结点的最大度数。

（2）树中度为零的结点称为叶结点或终端结点。

（3）树中度不为零的结点称为分枝结点或非终端结点。除根结点外的分枝结点统称为内部结点。

例如，在图 6-1 中，结点 A，B 和 E 的度分别为 3，2 和 0。其中，A 为根结点，B 为内部结点，E 为叶结点，树的度为 3。

（4）若存在树中的一个结点序列 k_1, k_2,…, k_j，使得结点 k_i 是结点 k_{i+1} 的父结点（$1\leq i<j$），则称该结点序列是树中从结点 k_1 到结点 k_j 的一条路径或道路。称这条路径的长度为 $j-1$，它是该路径所经过的边（即连接两个结点的线段）的数目。例如，在图 6-1 中，结点 A 到结点 I 有一条路径 $ABFI$，它的长度为 3。树中任一结点有一条到其自身的长度为零的路径。

（5）若在树中存在一条从结点 k 到结点 m 的路径，则称结点 k 是结点 m 的祖先，也称结点 m 是结点 k 的子孙或后裔。例如，在图 6-1 中，结点 F 的祖先有 A，B 和 F 自己，而它的子孙包括它自己和 I，J。注意，任一结点既是它自己的祖先，也是它自己的子孙。

（6）将树中一个结点的非自身的祖先和子孙分别称为该结点的真祖先和真子孙。在一棵树中，树根是唯一没有真祖先的结点，叶结点是没有真子孙的结点。子树是树中某一结点及其所有真子孙组成的一棵树。

（7）树中一个结点的高度是指从该结点到各叶结点的最长路径的长度。树的高度是指根结点的高度。例如，图 6-1 中的结点 B，C 和 D 的高度分别为 2，0 和 1，而树的高度与结点 A 的高度相同，为 3。

（8）从树根到任一结点 n 有唯一的一条路径，称这条路径的长度为结点 n 的深度或层数。根结点的深度为 0，其余结点的深度为其父结点的深度加 1。深度相同的结点属于同一层。例如，在图 6-1 中，结点 A 的深度为 0；结点 B，C 和 D 的深度为 1；结点 E，F，G，H 的深度为 2；结点 I 和 J 的深度为 3。在树的第 2 层的结点有 E，F，G 和 H；树的第 0 层只有一个根结点 A。

（9）树的定义在某些结点之间确定了父子关系，这种关系又延拓为祖先和子孙关系。但是树中的许多结点之间仍然没有这种关系。例如，兄弟结点之间就没有祖先或子孙关系。若在树的每一组兄弟结点之间定义一个从左到右的次序，则得到一棵有序树；否则称为无序树。设结点 n 的所有儿子按其从左到右的次序排列为 n_1, n_2,…, n_k，则称 n_1 是 n 的最左儿子，简称为左儿子，并称 n_i 是 n_{i-1} 的右邻兄弟，或简称为右兄弟（$i=2,3,…,k$）。

图 6-2 中的两棵树作为无序树是相同的，但作为有序树是不同的，因为结点 a 的两个儿子

在两棵树中的左右次序是不同的。

兄弟结点之间的左右次序关系还可延拓：若 a 与 b 是兄弟，并且 a 在 b 的左边，则规定 a 的任一子孙都在 b 的任一子孙的左边。

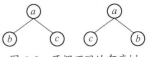

图 6-2　两棵不同的有序树

（10）森林是 m（$m \geqslant 0$）棵互不相交的树的集合。如果删去一棵树的树根，留下的子树就构成了一个森林。当删去的是一棵有序树的树根时，留下的子树也是有序的，这些树组成一个树表。在这种情况下，称这些树组成的森林为有序森林或果园。

6.2　树的遍历

树的遍历是树的一种重要的运算。遍历是指对树中所有结点的系统的访问，即依次对树中每个结点访问一次且仅访问一次。树的 3 种最重要的遍历方式分别称为前序遍历、中序遍历和后序遍历。以这 3 种方式遍历一棵树时，如果按访问结点的先后次序将结点排列起来，就分别得到树中所有结点的前序列表、中序列表和后序列表。相应的结点次序就分别称为结点的前序、中序和后序。这 3 种遍历方式可递归地定义如下。

（1）如果 T 是一棵空树，那么对 T 进行前序遍历、中序遍历和后序遍历都是空操作，得到的列表为空表。

（2）如果 T 是一棵单结点树，那么对 T 进行前序遍历、中序遍历和后序遍历都只访问这个单结点。这个结点本身就是得到的相应的列表。

（3）否则，设树 T 如图 6-3 所示，它以 n 为树根，树根的子树从左到右依次为 $T_1, T_2, \cdots, T_k$。

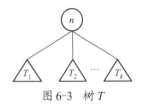

图 6-3　树 T

① 对 T 进行前序遍历是先访问树根 n，然后依次前序遍历 $T_1, T_2, \cdots, T_k$，即前序遍历 T_1，然后前序遍历 T_2，$\cdots$，最后前序遍历 T_k。

② 对 T 进行中序遍历是先中序遍历 T_1，然后访问树根 n，接着依次对 $T_2, T_3, \cdots, T_k$ 进行中序遍历。

③ 对 T 进行后序遍历是先依次对 $T_1, T_2, \cdots, T_k$ 进行后序遍历，最后访问树根 n。

例如，对图 6-1 中的树进行前序遍历、中序遍历和后序遍历得到的列表如下。

前序列表：A　B　E　F　I　J　C　D　G　H

中序列表：E　B　I　F　J　A　C　G　D　H

后序列表：E　I　J　F　B　C　G　H　D　A

下面介绍一种方法，可以非递归方式产生 3 种遍历的结点列表。

设想从树根出发，依逆时针方向沿树的外缘绕行（例如，围绕图 6-1 中的树绕行的路线如图 6-4 所示）。绕行途中可能多次经过同一结点。如果按第一次经过的时间次序将各个结点列表，就可以得到前序列表；如果按最后一次经过的时间次序列表，也就是在即将离开某一结点走向其父结点时将该结点列出，就得到后序列表。为了产生中序列表，要将叶结点与内部结点加以区别。叶结点在第一次经过时列出，而内部结点在第二次经过时列出。

在上述 3 种不同次序的列表方式中，各树叶之间的相对次序是相同的，它们都按树叶之间从左到右的次序排列。3 种列表方式的差别仅在于内部结点之间，以及内部结点与树叶之间的次序有所不同。

对一棵树进行前序列表或后序列表有助于查询结点间的祖先和子孙关系。假设结点 n 在后序列表中的序号为 postorder(n)，称这个整数为结点 n 的后序编号。例如，在图 6-1 中，结点 E，I 和 J 的后序编号分别为 1，2 和 3。

结点的后序编号具有这样的特点：设结点 n 的真子孙个数为 desc(n)，那么在以 n 为根的子树中的所有结点的后序编号恰好落在 postorder(n)-desc(n) 与 postorder(n) 之间。因此为了检验结点 x 是否为结点 y 的子孙，只要判断它们的后序编号是否满足

$$postorder(y)-desc(y) \leqslant postorder(x) \leqslant postorder(y)$$

前序编号也具有类似的性质。

在讨论表时，给表的每一位置赋予一个元素值。同样，对于树也用树的结点来存储元素，即对树中每一结点赋予一个标号，这个标号并不是该结点的名称，而是存储于该结点的一个值。结点的名称总是不变的，而它的标号是可以改变的。可以进行这样的类比

$$树：表 = 标号：元素 = 结点：位置$$

例如，算术表达式$(a+b)*(a+c)$可以用图 6-5 中的带标号的表达式树来表示。其中，n_1，n_2，…，n_7 是各结点的名称，标号记在结点旁边。表示算术表达式的标号树的构造规则如下。

（1）每个叶结点的标号是一个运算对象，且称这个运算对象为该叶结点所代表的表达式。例如，叶结点 n_4 所代表的表达式为 a。

（2）每一个内部结点 n 的标号是一个运算符。若结点 n 的标号是一个二元运算符θ，且 n 的左儿子代表的表达式为 $E1$，其右儿子代表的表达式为 $E2$，则 n 所代表的表达式为$(E1) \theta (E2)$。其中的括号在不必要时可省略。

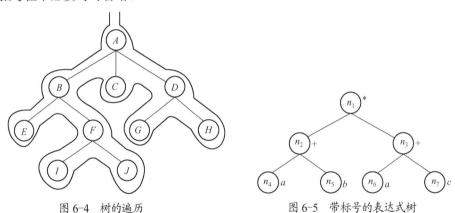

图 6-4 树的遍历　　　　　　　图 6-5 带标号的表达式树

例如，结点 n_2 的标号是+，其左、右儿子所代表的表达式分别为 a 和 b，因此 n_2 代表$(a)+(b)$，或简记为 $a+b$。结点 n_1 的标号是*，其左、右儿子 n_2 和 n_3 分别代表 $a+b$ 和 $a+c$，因此结点 n_1 代表的表达式为$(a+b) *(a+c)$。

对一棵树进行遍历时，常常不是将结点的名字列表，而是将结点的标号列表。一棵表达式树的前序标号表就是前缀形式的表达式，其中的每个运算符都写在其左、右运算对象之前。例如，$(E1)\theta(E2)$的前缀表达式为$\theta p1p2$，其中θ是二元运算符，$p1$ 和 $p2$ 分别是 $E1$ 和 $E2$ 的前缀表达式。前缀表达式中的括号可以省略，因为在字符串 $p1p2$ 的各个前缀中，$p1$ 是最短的前缀表达式。当从前向后扫描前缀表达式$\theta p1p2$ 时，可以唯一地确定 $p1$。

例如，图 6-5 中树的前缀标号表为*+ab+ac。在字符串+ab+ac 的前缀中，+ab 是最短的前

缀表达式，因此它就是 n_2 所代表的前缀表达式。

类似地，一棵表达式树的后序标号表就是后缀形式（波兰形式）的表达式。同样，后缀表达式也不必使用括号。

一棵表达式树的中序标号表是中缀形式的（也就是通常形式的）表达式，但未加括号。在中缀形式的算术表达式中，有些括号是不能省略的。

6.3 树的表示法

6.3.1 父结点数组表示法

设 T 是一棵树，其中结点的名称分别为 1，2，…，n。表示 T 的一种最简单的方法是用一个一维数组存储每个结点的父结点。由于树中每个结点的父结点是唯一的，所以上述的父结点数组表示法可以唯一地表示任何一棵树。在这种表示法下，寻找一个结点的父结点只需要 $O(1)$ 时间。图 6-6（b）中的数组是表示图 6-6（a）中的树的父结点数组。

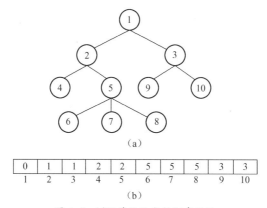

图 6-6 树及其父结点数组表示法

在树的父结点数组表示法中，对于涉及查询儿子结点和兄弟结点信息的运算，可能要遍历整个数组。为了减少查询时间，可以规定在树的父结点数组中儿子结点的下标值大于父结点的下标值，且兄弟结点的下标值是从左到右递增的。

6.3.2 儿子链表表示法

树的另一种常用的表示方法是对树的每个结点建立一个儿子结点表。由于各结点的儿子结点数目多少不一，所以常用链表来实现儿子结点表。

表示图 6-6（a）中树的儿子链表结构如图 6-7 所示。树中各结点的儿子表的表头存放于数组 header 中，数组下标作为各结点的名称，分别为 0，1，…，9。每一个表头指针指向一个以树中结点为元素的链表。header[i] 所指的表由结点 i 的所有儿子构成。

6.3.3 左儿子右兄弟表示法

树的左儿子右兄弟表示法又称为二叉树表示法或二叉链表表示法。即以二叉链表作为树的存储结构。链表中结点的两个链域分别指向该结点的最左儿子和右邻兄弟。图 6-8（a）中树的左儿子右兄弟表示法如图6-8（b）所示。

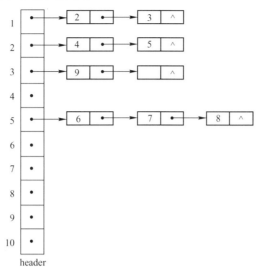

图6-7　树的儿子链表结构

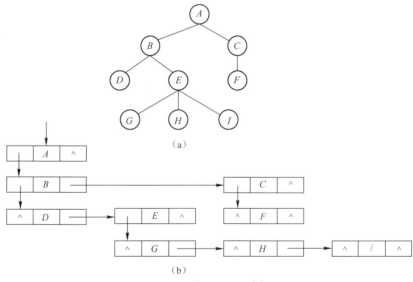

（b）

图6-8　树的左儿子右兄弟表示法

6.4　二叉树的基本概念

二叉树是一类非常重要的特殊的树型结构，它可以递归地定义如下。

二叉树 T 是有限个结点的集合，它或者是空集，或者由一个根结点 u 及分别称为左子树和右子树的两棵互不相交的二叉树 $u(1)$ 和 $u(2)$ 组成。若用 n，n_1 和 n_2 分别表示 T，$u(1)$ 和 $u(2)$ 的结点数，则有 $n = 1 + n_1 + n_2$。子树 $u(1)$ 和 $u(2)$ 有时分别称为 T 的第一和第二子树。

二叉树的根可以有空的左子树或空的右子树，或者左、右子树均为空。因此，二叉树有 5 种基本形态，如图6-9所示。

在二叉树中，每个结点至多有两个儿子，并且有左、右之分。因此任一结点的儿子有 4 种情况：没有儿子，只有一个左儿子，只有一个右儿子，有一个左儿子且有一个右儿子。显然二叉树与度数不超过 2 的树不同，与度数不超过 2 的有序树也不同。在有序树中，虽然一个结点的儿子之间是有左右次序的，但如果该结点只有一个儿子，就无须区分其左右次序。而在二叉树中，即使是一个儿子也有左右之分。图 6-10 中（a）和（b）是两棵不同的二叉树。虽然它们与图 6-11 中的普通树（作为无序树或有序树）很相似，但它们却不能等同于这棵普通的树。若将这 3 棵树均看成有序树，则它们就是相同的了。

由此可见，尽管二叉树与树有许多相似之处，但二叉树不是树的特殊情形。

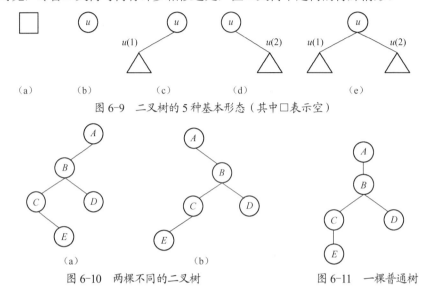

图 6-9　二叉树的 5 种基本形态（其中□表示空）

图 6-10　两棵不同的二叉树　　　　图 6-11　一棵普通树

二叉树具有以下重要性质。

（1）高度为 $h \geqslant 0$ 的二叉树至少有 $h+1$ 个结点。

（2）高度不超过 h 的二叉树至多有 $2^{h+1}-1$ 个结点。

（3）含有 $n \geqslant 1$ 个结点的二叉树的高度至多为 $n-1$。

（4）含有 $n \geqslant 1$ 个结点的二叉树的高度至少为 $\lfloor \log n \rfloor$，因此其高度为 $\Omega(\log n)$。

具有 n 个结点的不同形态的二叉数的数目在一些涉及二叉树的平均情况复杂性分析中是很有用的。设 B_n 是含有 n 个结点的不同二叉树的数目。由于二叉树是递归地定义的，所以很自然地得到关于 B_n 的递归方程：

$$B_n = \begin{cases} 1, & n = 0 \\ \sum_{i=0}^{n-1} B_i B_{n-i-1}, & n \geqslant 1 \end{cases}$$

即一棵具有 n 个结点的二叉树可以看成由一个根结点、一棵具有 i 个结点的左子树和一棵具有 $n-i-1$ 个结点的右子树所组成。

上述递归方程的解是 $B_n = \dfrac{1}{n+1} \dbinom{2n}{n}$，即常见的 Catalan 数。

当 $n=3$ 时，$B_3=5$。由此可知，有 5 棵含有 3 个结点的不同的二叉树，如图 6-12 所示。

满二叉树和近似满二叉树是二叉树的两种特殊情形。

一棵高度为 h 且有 $2^{h+1}-1$ 个结点的二叉树称为满二叉树。

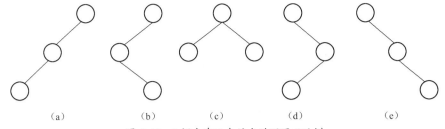

图 6-12　5 棵含有 3 个结点的不同二叉树

若一棵二叉树至多只有最下面的两层上结点的度数可以小于 2，并且最下面一层上的结点都集中在该层最左边，则称这种二叉树为近似满二叉树（有时也称为完全二叉树）。

图 6-13（a）所示为一棵高度是 3 的满二叉树。满二叉树的特点是每一层上的结点数都达到最大值，即对给定的高度，它是具有最多结点数的二叉树。满二叉树中不存在度数为 1 的结点。每个分支结点均有 2 棵高度相同的子树，且叶结点都在最下面一层上。图 6-13（b）所示为一棵近似满二叉树。显然满二叉树是近似满二叉树，但近似满二叉树不一定是满二叉树。在满二叉树的最下层上，从最右结点开始连续往左删去若干个结点后得到的二叉树是一棵近似满二叉树。因此，在近似满二叉树中，若某个结点没有左儿子，则它一定没有右儿子，即该结点是一个叶结点。图 6-13（c）中的结点 F 没有左儿子而有右儿子 L，因此它不是一棵近似满二叉树。

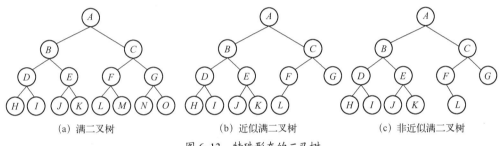

图 6-13　特殊形态的二叉树

6.5　二叉树的运算

二叉树最重要的作用之一是用以实现各种各样的抽象数据类型。与表的情形相同，定义在二叉树上的运算也是多种多样的。这里只考虑二叉树的几种典型运算。

（1）BinaryInit()：创建一棵空二叉树。

（2）BinaryEmpty(T)：判断一棵二叉树 T 是否为空。

（3）Root(T)：返回二叉树 T 的根结点标号。

（4）MakeTree(x,T,L,R)：以 x 为根结点元素，分别以 L 和 R 为左、右子树构建一棵新的二叉树 T。

（5）BreakTree(T,L,R)：函数 MakeTree 的逆运算，将二叉树 T 拆分为根结点元素，左子树 L 和右子树 R 等三部分。

（6）PreOrder(visit, t)：前序遍历二叉树。

（7）InOrder(visit, t)：中序遍历二叉树。

（8）PostOrder(visit, t)：后序遍历二叉树。

（9）PreOut(T)：二叉树前序列表。

（10）InOut(*T*)：二叉树中序列表。

（11）PostOut(*T*)：二叉树后序列表。

（12）Delete(*t*)：删除二叉树。

（13）Height(*t*)：二叉树的高度。

（14）Size(*t*)：二叉树的结点数。

6.6　二叉树的实现

虽然二叉树与树很相似，但它不是树的特殊情形。在许多情况下，使用二叉树具有结构简单，操作方便的优点。另外，在树的左儿子右兄弟表示法中，实际上已将一棵一般的树转化为一棵二叉树。事实上，在更一般的情形中，还可以将果园或森林转化为一棵等价的二叉树。下面讨论实现二叉树的方法。

6.6.1　二叉树的顺序存储结构

二叉树的顺序存储结构方法是将二叉树的所有结点，按照一定的次序，存储到一片连续的存储单元中。因此，必须将结点排成一个适当的线性序列，使得结点在这个序列中的相应位置能反映出结点之间的逻辑关系。

在一棵具有 *n* 个结点的近似满二叉树中，从树根起，自上而下，逐层从左到右给所有结点编号，就能得到一个足以反映整个二叉树结构的线性序列，如图 6-14 所示。其中，每个结点的编号就作为结点的名称。

将数组下标作为结点名称（编号），就可将二叉树中所有结点的标号存储在一个一维数组中。图 6-14 中的二叉树的顺序存储结构如图 6-15 所示。

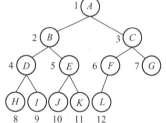

图 6-14　近似满二叉树的结点编号

A	*B*	*C*	*D*	*E*	*F*	*G*	*H*	*I*	*J*	*K*	*L*
1	2	3	4	5	6	7	8	9	10	11	12

图 6-15　近似满二叉树的顺序存储结构

在二叉树的这种表示方法下，各结点之间的逻辑关系是隐含表示的。近似满二叉树中，除最下层外，各层都充满了结点。每一层的结点个数恰好是上一层结点个数的二倍。因此，从一个结点的编号就可推知其父、左、右儿子、兄弟等结点的编号。例如，对于结点 *i* 有如下关系：

（1）仅当 *i*=1 时，结点 *i* 为根结点；

（2）当 *i*>1 时，结点 *i* 的父结点为$\lfloor i/2 \rfloor$；

（3）结点 *i* 的左儿子结点为 $2i$；

（4）结点 *i* 的右儿子结点为 $2i+1$；

（5）当 *i* 为奇数且不为 1 时，结点 *i* 的左兄弟结点为 $i-1$；

（6）当 *i* 为偶数时，结点 *i* 的右兄弟结点为 $i+1$。

由上述关系可知，近似满二叉树中结点的层次序列足以反映结点之间的逻辑关系。因此，对近似满二叉树而言，顺序存储结构既简单又节省存储空间。

对于一般的二叉树采用顺序存储时，为了能用结点在数组中的位置来表示结点之间的逻辑关系，也必须按近似满二叉树的形式来存储树中的结点。显然这将造成存储空间的浪费。在最坏情况下，一个只有 k 个结点的右单枝树却需要 2^k-1 个结点的存储空间。例如，只有 3 个结点的右单枝树，如图 6-16（a）所示，添上一些实际不存在的虚结点后，成为一棵近似满二叉树，相应的顺序存储结构如图 6-16（b）所示。

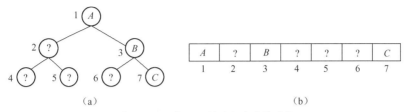

图 6-16 一般二叉树的顺序存储结构

6.6.2 二叉树的结点度表示

二叉树的顺序存储结构可看成二叉树的一种无边表示，即树中边的信息是隐含的。二叉树的另一种无边表示称为二叉树的结点度表示。这种表示方法将二叉树中所有结点依其后序列表排列，并在每个结点中附加一个 0～3 之间的整数，以表示结点的状态。该整数为 0 时，表示相应的结点为一叶结点；为 1 时，表示相应结点只有一个左儿子；为 2 时，表示相应结点只有一个右儿子；为 3 时，表示相应结点有 2 个儿子。例如，图 6-17（a）中的二叉树的结点度表示如图 6-17（b）所示。

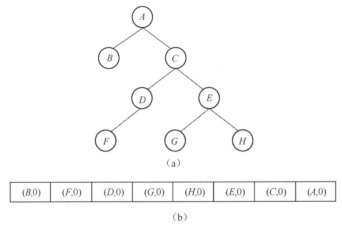

图 6-17 二叉树的结点度表示

在二叉树的结点度表示方法下，结点 i 的右儿子结点很容易找到。因为依后序列表法则，如果结点 i 有右儿子，它一定排在结点 i 之前，即 $i-1$ 为其右儿子结点。另一方面，结点 i 的左儿子结点必在结点 i 之前，而其父结点必在结点 i 之后，但不像其右儿子结点那样容易确定，只能通过搜索来确定。

6.6.3 用指针实现二叉树

由于二叉树的每个结点最多有两个儿子，因此实现二叉树的最自然的方法是用指针。在用指针实现二叉树时，对于每个结点除存储结点标号等信息外，还应设置指向结点左、右儿子结点的指针。

二叉树的结点标号实际上就是存储在二叉树结点中由用户定义的数据类型。

```
1   /* 树元素类型 */
2   typedef int TreeItem;/* 树元素类型 */
3   typedef TreeItem* Treeaddr;/* 树元素指针类型 */
4
5   void TreeItemShow(TreeItem x)
6   {
7       printf("%d \n", x);
8   }
9
10  #define eq(A,B) (A==B)
```

此处将树元素类型定义为 int，在实际使用时要根据需要选择相应的数据类型。

二叉树结点结构定义如下。

```
1   /* 二叉树结点类型 */
2   typedef struct btnode *btlink;/* 二叉树结点指针类型 */
3   struct btnode{/* 二叉树结点结构 */
4       TreeItem element;/* 二叉树结点标号（元素） */
5       btlink left;/* 左子树 */
6       btlink right;/* 右子树 */
7   }Btnode;
8
9   btlink NewBNode()
10  {/* 建新树结点 */
11      return (btlink)malloc(sizeof(Btnode));
12  }
```

其中，element 存储结点标号；left 和 right 分别是指向其左子树和右子树的指针。函数 NewBNode()创建一个新的树结点。

用指针实现的二叉树结构定义如下。

```
1   typedef struct binarytree *BinaryTree;/* 二叉树类型 */
2   typedef struct binarytree{/* 二叉树结构 */
3       btlink root;/* 树根 */
4   }BTree;
```

其中，root 是指向树根的指针。

函数 BinaryInit()将 root 置为空指针，创建一棵空二叉树。

```
1   BinaryTree BinaryInit()
2   {
3       BinaryTree T=(BinaryTree)malloc(sizeof *T);
4       T->root=0;
5       return T;
6   }
```

用指针实现的图 6-17（a）中的二叉树如图 6-18 所示。

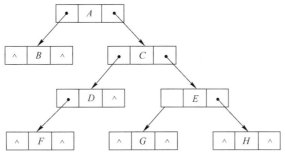

图 6-18　用指针实现二叉树

下面来讨论二叉树的基本运算。

函数 BinaryEmpty(T) 简单地检测 T 的根结点指针 root 是否为空指针。

函数 Root(T) 返回 T 的根结点标号。

```
1   int BinaryEmpty(BinaryTree T)
2   {
3       return T->root == 0;
4   }
5
6   TreeItem Root(BinaryTree T)
7   {/* 前提: 树非空 */
8       if(BinaryEmpty(T))  return 0;
9       return T->root->element;
10  }
```

函数 MakeTree(x,T,L,R) 以 x 为根结点元素，分别以 L 和 R 为左、右子树构建一棵新的二叉树 T。

```
1   void MakeTree(TreeItem x,BinaryTree T,BinaryTree L,BinaryTree R)
2   {/* 构建新二叉树 */
3       T->root=NewBNode();
4       T->root->element=x;
5       T->root->left=L->root;
6       T->root->right=R->root;
7       L->root=R->root=0;
8   }
```

函数 BreakTree(T,L,R) 执行函数 MakeTree(x,T,L,R) 的逆运算，将二叉树 T 拆分为根结点元素 element、左子树 L 和右子树 R 等 3 部分。

```
1   TreeItem BreakTree(BinaryTree T,BinaryTree L,BinaryTree R)
2   {/* 二叉树拆分 前提: 树非空  */
3       if(!T->root)  return 0;
4       TreeItem x=T->root->element;
5       L->root=T->root->left;
6       R->root=T->root->right;
7       T->root=0;
```

```
8      return x;
9   }
```

下面的 3 个函数分别实现对二叉树的前序遍历、中序遍历和后序遍历。这 3 个函数都以二叉树结点 t、结点访问函数 visit 作为参数，对以结点 t 为根的子树递归地进行相应的遍历操作。

```
1   void PreOrder(void(*visit)(btlink u),btlink t)
2   {/* 前序遍历 */
3      if(t){
4          (*visit)(t);
5          PreOrder(visit,t->left);
6          PreOrder(visit,t->right);
7      }
8   }
9
10  void InOrder(void(*visit)(btlink u),btlink t)
11  {/* 中序遍历 */
12     if(t){
13         InOrder(visit,t->left);
14         (*visit)(t);
15         InOrder(visit,t->right);
16     }
17  }
18
19  void PostOrder(void(*visit)(btlink u),btlink t)
20  {/* 后序遍历 */
21     if(t){
22         PostOrder(visit,t->left);
23         PostOrder(visit,t->right);
24         (*visit)(t);
25     }
26  }
```

上述 3 种遍历都是递归定义的。事实上，可以用栈模拟递归，用非递归方式实现上述 3 种遍历。例如，非递归前序遍历算法可描述如下。

```
1   void PreOrder (void(*visit)(btlink u),btlink t)
2   {/* 非递归前序遍历 */
3      Stack s=StackInit();
4      Push(t,s);
5      while(!StackEmpty(s)){
6          (*visit)(t=Pop(s));
7          if(t->right)Push(t->right,s);
8          if(t->left)Push(t->left,s);
9      }
10  }
```

对树中结点按层序遍历是指先访问树根，然后从左到右地依次访问所有深度为 1 的结点，再从左到右地访问所有深度为 2 的结点，等等。用一个队列 q 存储待访问结点，容易实现对二叉树的层序遍历。

```
1   void LevelOrder(void(*visit)(btlink u),btlink t)
2   {/* 层序遍历 */
3      Queue q=QueueInit();
4      EnterQueue(t,q);
5      while(!QueueEmpty(q)){
6          (*visit)(t=DeleteQueue(q));
7          if(t->left)EnterQueue(t->left,q);
8          if(t->right)EnterQueue(t->right,q);
9      }
10  }
```

函数 PreOut，InOut，PostOut 和 LevelOut 通过对二叉树的根结点调用结点元素输出函数 outnode 来实现对整个二叉树结点的前序列表、中序列表、后序列表和层序列表。

```
1   void outnode(btlink t)
2   {
3      TreeItemShow(t->element);
4   }
5
6   void PreOut(BinaryTree T)
7   {
8      PreOrder(outnode,T->root);
9   }
10
11  void InOut(BinaryTree T)
12  {
13     InOrder(outnode,T->root);
14  }
15
16  void PostOut(BinaryTree T)
17  {
18     PostOrder(outnode,T->root);
19  }
20
21  void LevelOut(BinaryTree T)
22  {
23     LevelOrder(outnode,T->root);
24  }
```

函数 Height 返回二叉树的高度。

```
1   int Height(btlink t)
2   {/* 二叉树的高度 */
3      int hl,hr;
4      if(!t)return -1;/* 空树 */
5      hl=Height(t->left);/* 左子树的高度 */
6      hr=Height(t->right);/* 右子树的高度 */
7      if(hl>hr)return ++hl;
```

```
8       else return ++hr;
9   }
```

6.7 线索二叉树

用指针实现二叉树时，每个结点只有指向其左、右儿子结点的指针，因此从任一结点出发只能直接找到该结点的左、右儿子。一般情况下无法直接找到该结点在某种遍历序下的前驱和后继结点。如果在每个结点中增加指向其前驱和后继结点的指针，将降低存储效率。用指针实现二叉树时，在 n 个结点二叉树中含有 $n+1$ 个空指针，可以利用这些空指针存放指向结点在某种遍历次序下的前驱和后继结点的指针。这种附加的指针称为"线索"，加上了线索的二叉树称为线索二叉树。

为了区分一个结点的指针是指向其儿子结点的指针，还是指向其前驱或后继结点的线索，可在每个结点中增加两个线索标志。这样，线索二叉树结点类型定义如下。

```
1   /* 线索二叉树结点类型 */
2   typedef struct tbtnode *tbtlink;
3   struct tbtnode {
4       TreeItem element;
5       tbtlink left;/* 左子树 */
6       tbtlink right;/* 右子树 */
7       int leftThread,/* 左线索标志 */
8          rightThread;/* 右线索标志 */
9          }ThreadedNode;
10
11  tbtlink NewBNode()
12  {
13      return (tbtlink)malloc(sizeof(ThreadedNode));
14  }
15
16  typedef struct binarytree *TBinaryTree;/* 线索二叉树类型 */
17  typedef struct binarytree{/* 线索二叉树结构 */
18          tbtlink root;/* 树根 */
19  }TBTree;
```

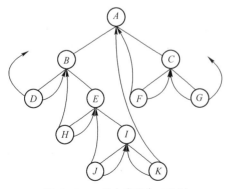

图 6-19 一棵中序线索二叉树

其中，leftThread 为左线索标志，rightThread 为右线索标志。它们的含义是：当 leftThread 的值为 0 时，left 是指向左儿子结点的指针；当 leftThread 的值为 1 时，left 是指向前驱结点的左线索。类似地，当 rightThread 的值为 0 时，right 是指向右儿子结点的指针；当 rightThread 的值为 1 时，right 是指向后继结点的右线索。

图 6-19 所示为一棵中序线索二叉树，其指针表示如图 6-20 所示。

在图 6-20 中，增加了一个头结点，其 left 指针指向二叉树的根结点，其 right 指针指向中序遍历的最后一个结点。另外，二叉树中依中序列表的第一个结点的 left 指针和最后一个结点的 right 指针指向头结点，这就像为二叉树建立了一个双向线索链表，既可从第一个结点起沿后继结点进行遍历，也可从最后一个结点起沿前驱结点进行遍历。

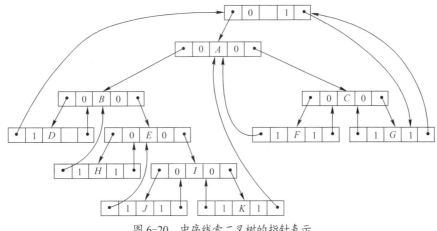

图 6-20　中序线索二叉树的指针表示

如何在线索二叉树中找结点的前驱和后继结点？以图 6-19 的中序线索二叉树为例，树中所有叶结点的右链是线索，因此叶结点的 right 指针指向该结点的后继结点，如图 6-19 中结点 H 的后继结点为结点 E。当一个内部结点右线索标志为 0 时，其 right 指针指向其右儿子结点，因此无法由 right 指针得到其后继结点。然而，由中序遍历的定义可知，该结点的后继结点应是遍历其右子树时访问的第一个结点，即右子树中最左下的结点。例如，在找结点 E 的后继时，首先沿右指针找到其右子树的根结点 I，然后沿其 left 指针往下直至找到其左线索标志为 1 的结点，即为其后继结点（在图中是结点 J）。类似地，在中序线索树中找结点的前驱结点的规律是：若该结点的左线索标志为 1，则 left 为线索，直接指向其前驱结点，否则遍历左子树时最后访问的那个结点，即左子树中最右下的结点为其前驱结点。由此可知，若线索二叉树的高度为 h，则在最坏情况下，可在 $O(h)$ 时间内找到一个结点的前驱或后继结点。

对一棵非线索二叉树，以某种次序遍历使其变为一棵线索二叉树的过程称为二叉树的线索化。由于线索化的实质是将二叉树中的空指针改为指向其前驱结点或后继结点的线索，而一个结点的前驱或后继结点的信息只有在遍历时才能得到，因此线索化的过程即为在对二叉树的遍历过程中修改空指针的过程。为了记下遍历过程中访问结点的先后次序，可附设一个指针 pre 始终指向刚访问过的结点。当指针 p 指向当前访问的结点时，pre 指向它的前驱结点。由此也可推知 pre 所指结点的后继结点为 p 所指的当前结点。这样就可在遍历过程中将二叉树线索化。

对于找前驱和后继结点两种运算而言，线索二叉树优于非线索二叉树。但线索二叉树也有缺点：在进行结点插入和删除运算时，线索二叉树比非线索二叉树的时间开销大。其原因在于在线索二叉树中进行结点插入和删除时，除修改相应指针外，还要修改相应的线索。

6.8　二叉搜索树

当集合中的元素有一个线性序，即全集合是一个有序集时，往往涉及与这个线性序有关的一些集合运算。例如，对于集合 S 中的一个元素 x，找它在集合 S 中按照线性序排列的前驱元素或后继元素的运算。用符号表示集合时，这类运算较难实现或实现的效率不高，为此引入另一个抽象数据类型——字典，字典中元素有一个线性序，且支持涉及线性序的一些集合运算。

字典是以有序集为基础的抽象数据类型，它支持以下运算。

（1）Member(x,S)，成员运算。

（2）Insert(x,S)，插入运算：将元素 x 插入集合 S。

（3）Delete(x,S)，删除运算：将元素 x 从当前集合 S 中删去。

（4）Predecessor(x,S)，前驱运算：返回集合 S 中小于 x 的最大元素。

（5）Successor(x,S)，后继运算：返回集合 S 中大于 x 的最小元素。

（6）Range(x,y,S)，区间查询运算：返回集合 S 中界于 x 和 y 之间的所有元素组成的集合。

（7）Min(S)，最小元运算：返回当前集合 S 中依线性序最小的元素。

用数组来实现字典时，可以利用线性序将字典中的元素从小到大依序存储在数组中，用数组下标的序关系来反映字典元素之间的序关系，从而有效地实现与线性序有关的一些运算。例如，在这种表示方法下，可用二分查找算法来实现 Member 运算。它每次将搜索区间长度缩小一半，因此若字典中有 n 个元素，则在最坏情况下所需的搜索时间为 $O(\log n)$。类似地，前驱运算 Predecessor(x,S)和后继运算 Successor(x,S)也可在 $O(\log n)$时间内实现。

要实现 Range(x,y,S)只要先找到元素 x 的前驱元素 Predecessor(x,S)和元素 y 的后继元素 Successor(y,S)，介于 Predecessor(x,S)和 Successor(y,S)之间的元素为 Range(x,y,S)中的元素。因此若用 Range(x,y,S)找到集合 S 中的 r 个元素，需要的计算时间为 $O(r+\log n)$。

用数组实现字典的一个明显缺陷是插入和删除运算的效率较低。为了维持字典元素在数组中依序存储，每执行一次 Insert 或 Delete 运算，需要移动部分数组元素，导致其在最坏情况下的计算时间为 $O(n)$。

用数组实现字典可以使 Member 运算效率较高，但 Insert 和 Delete 运算的效率不高。若用链表实现字典，则情况正好相反。此时，Member 运算只能通过对链表的顺序搜索来实现，因此需要 $O(n)$的计算时间。而一旦找到元素在链表中插入或删除的位置后，只要用 $O(1)$时间就可完成插入或删除操作。为了利用数组和链表二者的优点，引入二叉搜索树，并用它来实现字典。

二叉搜索树利用树的结点来存储有序集中的元素，它具有下述性质：存储于每个结点中的元素 x 大于其左子树任一结点中所存储的元素，小于其右子树任一结点中所存储的元素。

图 6-21 所示为两棵二叉搜索树，它们表示相同的整数集合{5,7,10,12,14,15,18}。

若按照中序列出二叉搜索树结点中所存储的元素，则恰好是集合中的所有元素从小到大的排列。

用二叉搜索树实现字典时，其结点的类型是对二叉树结点类型 Btnode 的扩充，其中增加了指向当前结点的父结点的指针 parent，这是为了便于实现算法对树结点的操作。若在算法中用指针变量来记录当前结点的父结点，也可将 parent 指针域省去。

```
1  typedef struct btnode *btlink;/* 二叉树结点指针类型 */
2  struct btnode{/* 二叉树结点结构 */
3      TreeItem element;/* 二叉树结点标号（元素） */
4      btlink left;/* 左子树 */
5      btlink right;/* 右子树 */
6      btlink parent;/* 父结点指针 */
```

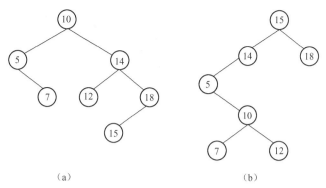

（a）

（b）

图 6-21　两棵二叉搜索树

```
7   }Btnode;
8
9   btlink NewBNode()
10  {/* 建新树结点 */
11      return (btlink)malloc(sizeof(Btnode));
12  }
```

函数 NewBSnode(x)产生一个存储元素 x 的新二叉搜索树结点。

```
1   btlink NewBSnode(TreeItem x)
2   {
3     btlink r;
4     r=NewBNode();
5     r->element=x;
6     r->left=0;
7     r->right=0;
8     r->parent=0;
9     return r;
10  }
```

　　另外，在用二叉搜索树实现字典时，其结点中存储的是有序集中的元素，需要定义元素间的序关系。例如，对于整数集可以定义有序集元素 TreeItem 如下。

```
1   /* 树元素类型 */
2   typedef int TreeItem;/* 树元素类型 */
3   typedef TreeItem* Treeaddr;/* 树元素指针类型 */
4
5   void TreeItemShow(TreeItem x)
6   {
7     printf("%d \n", x);
8   }
9
10  #define key(A) (A)
11  #define less(A,B) (key(A)<key(B))
12  #define eq(A,B) (!less(A,B) && !less(B,A))
13  #define swap(A,B) {TreeItem t=A;A=B;B=t;}
14  #define compswap(A,B) if(less(B,A))swap(A,B)
```

对二叉树结点进行扩充后，二叉搜索树结构 bstree 定义如下。

```
1    typedef struct bstree *BinaryTree;/* 二叉搜索树类型 */
2    typedef struct bstree{/* 二叉搜索树结构 */
3        btlink root;/* 根结点指针 */
4    }BStree;
```

在用二叉搜索树表示的字典 T 中搜索一个元素 x 时，首先将树根 root 作为当前考查的结点 p。将元素 x 与当前结点中存储的元素 p->element 进行比较。若 $x = p$->element，则 x 属于 T；若 $x < p$->element，则 x 属于 T，当且仅当 x 存储于 p 的左子树 p->left 中，此时可将当前考查的结点置为 p->left，继续比较；若 $x > p$->element，则 x 属于 T，当且仅当 x 存储于 p 的右子树 p->right 中，此时可将当前考查的结点置为 p->right，继续比较。下面的算法 BSSearch(x, T)实现了这一搜索过程。

```
1    btlink BSSearch(TreeItem x,BinaryTree T)
2    {
3        btlink p=T->root;
4        while(p) /* 查看p->element */
5            if(less(x,p->element))p=p->left;
6            else if(less(p->element,x))p=p->right;
7            else break;
8        return p;
9    }
```

成员查询函数 BSMember(x, T)只要返回 BSSearch(x, T)搜索的结果。

```
1    int BSMember(TreeItem x,BinaryTree T)
2    {
3        return BSSearch(x,T)?1:0;
4    }
```

在二叉搜索树 T 中插入一个元素 x 的运算 BSInsert(x, T)可实现如下。

```
1    btlink BSInsert(TreeItem x,BinaryTree T)
2    {/* 插入元素 x */
3        btlink p,r,pp=0;/* pp是p的父结点指针 */
4        p=T->root;/* p为搜索指针 */
5        /* 搜索插入位置 */
6        while(p){/* 考查当前结点中存储的元素 p->element */
7            pp=p;/* 选择搜索子树 */
8            if(less(x,p->element))p=p->left;
9            else if(less(p->element,x))p=p->right;
10           else return 0;
11       }
12       /* 待插入新结点 */
13       r=NewBSnode(x);
14       if(T->root){/* 当前树非空 */
15           if(less(x,pp->element))pp->left=r;
16           else pp->right=r;
```

```
17          r->parent=pp;
18      }
19      else T->root=r;/* 插入空树 */
20      return r;
21  }
```

上述算法用类似于 BSSearch(x,T) 的方法搜索元素 x，当找到一个空指针时，就在这个位置插入一个新结点，而将元素 x 存储于这个新结点中。其中，InsertRebal(r,T) 是对插入一个结点后的树 T 进行重新平衡运算，在介绍平衡二叉搜索树时讨论。上述算法若在搜索过程中发现一个结点存储的元素是 x，则结束搜索。此时元素 x 已经在集合中，不必对二叉搜索树做任何改动。有时在插入过程中需要以某种方式访问已经在集合中的元素 x，仅当 x 不在集合中时才插入元素 x。实现这一功能的算法 BSInsertVisit(x, visit(u),T) 如下。

```
1   btlink BSInsertVisit(TreeItem x,void(*visit)(TreeItem u),BinaryTree T)
2   {/* 仅当 x 不在集合中时插入元素 */
3       btlink p,r,pp=0;/* pp 是 p 的父结点指针 */
4       p=T->root;/* p 为搜索指针 */
5       while(p){/* 考查当前结点中存储的元素 p->element */
6           pp=p;
7           if(less(x,p->element))p=p->left;
8           else if(less(p->element,x))p=p->right;
9           else{visit(p->element);return p;}/* 访问已存在元素 */
10      }
11      /* 待插入新结点 */
12      r=NewBSnode(x);
13      if (T->root) {/* 当前树非空 */
14          if (less(x,pp->element)) pp->left=r;
15          else pp->right=r;
16          r->parent=pp;
17      }
18      else T->root=r;/* 插入空树 */
19      return r;
20  }
```

从二叉搜索树 T 中删除一个元素 x 稍复杂。首先必须找到存储元素 x 的结点。如果这个结点是一个叶结点，只要删除这个叶结点就行了；如果不是叶结点，就不能简单地删除，因为这样将破坏树的连通性。如果要删的结点 p 只有一个儿子结点，如图 6-21（b）中存储元素 14 的结点，用 p 的儿子结点代替它就行了；如果 p 有两个儿子结点，如图 6-21（a）中存储元素 10 的结点，为了保持二叉搜索树的性质，即按中序遍历树结点将从小到大排列出所有结点中的元素，可以用 p 的前驱结点或后继结点来代替它。如在图 6-21（a）中删去元素 10，应该先删去元素 7，并用 7 代替 10 的位置。这样删去一个元素后得到的树仍是一棵二叉搜索树。下面的算法 BSDelete(x,T) 实现了上面所讨论的删除元素的过程。

```
1   btlink BSDelete(TreeItem x,BinaryTree T)
2   {/* 删除元素 x */
3       btlink c,p,s,ps,pp=0;/* pp 是 p 的父结点指针 */
4       p=T->root;/* p 为搜索指针 */
```

```
5        while(p && !eq(p->element,x)){/* 搜索要删除的结点 */
6            pp=p;
7            if(less(x,p->element))p=p->left;
8            else p=p->right;
9        }
10       if(!p)return 0;/* 未找到要删除的结点 */
11       /* p 是要删除的结点 */
12       if(p->left && p->right){/* 处理 p 有 2 个儿子结点情形 */
13           /* 变换成有 1 个或 0 个儿子结点情形 */
14           /* 搜索 p 的左子树中的最大元素 */
15           s=p->left;ps=p;/* ps 是 s 的父结点指针 */
16           while(s->right){/* 一直向右找最大元素 */
17               ps=s;
18               s=s->right;
19           }
20           /* 用 s 中最大元素替换 p 中的元素 */
21           p->element=s->element;
22           p=s;
23           pp=ps;
24       }
25       /* 此时 p 最多只有 1 个儿子结点 */
26       /* 将 p 的儿子结点指针保存在 c 中 */
27       if(p->left)c=p->left;
28       else c=p->right;
29       /* 删除结点 p */
30       if(p==T->root){
31           T->root=c;
32           if(c)c->parent=0;
33       }
34       else{/* 确定 p 是其父结点的左儿子结点还是右儿子结点 */
35           if(p==pp->left){/* p 是左儿子结点 */
36               pp->left=c;
37               p->left=p;/* 这一步为重新平衡做准备 */
38           }
39           else pp->right=c;/* p 是右儿子结点 */
40           if(c)c->parent=p->parent;
41       }
42       free(p);
43       return c;
44   }
```

　　下面讨论用二叉搜索树实现字典的效率。如果 n 个结点的二叉搜索树是一棵近似满二叉树，那么从根结点到任一叶结点的路径上至多有 $1+\lfloor \log n \rfloor$ 个结点。于是 BSMember，BSInsert，BSDelete 诸运算所需时间均为 $O(\log n)$。这是因为上述算法在每个结点处只耗费了 $O(1)$ 时间，而整个算法所访问的结点组成一条从根结点出发的路径。这条路径的长度为 $O(\log n)$，从而总的计算时间为 $O(\log n)$。

　　在将 n 个随机的元素插入到一棵空树中时，并不一定总能得到一棵近似满二叉树。例如，

将 n 个元素按从小到大的顺序插入一棵空二叉树中，得到一棵退化的二叉搜索树，即一条链。除最底层的叶结点外，每个结点都只有一个非空的右儿子结点。在这种情况下，插入第 i 个元素需要的时间为 $O(i)$，从而插入这 n 个元素所需时间为 $O\left(\sum_{i=1}^{n} i\right) = O(n^2)$，每一次插入平均用时为 $O(n)$。

从上面的分析可以看出，二叉搜索树的效率取决于它的高度。近似满二叉搜索树的高度为 $O(\log n)$，而退化的线性二叉搜索树的高度为 $O(n)$。那么在平均情况下，二叉搜索树的高度是接近于 $\log n$ 还是接近于 n 呢？假设二叉搜索树是从空树开始反复调用 BSInsert 插入元素而得到的，而且被插入的 n 个元素的所有可能的顺序是等概率的。在这个假设下，计算从树根到一个随机结点的平均路长 $p(n)$，其中 n 为二叉搜索树中结点的个数。

显然 $p(0)=0$，$p(1)=1$。设 $n \geq 2$，这 n 个元素按照插入的顺序组成一个表，将表中元素依次逐个插入到空树中去而得到二叉搜索树。表中第一个元素 a 存储于二叉搜索树的根结点中，它是最小元，次小元，…，最大元的概率是相等的。设表中有 i 个元素小于 a，从而有 $n-i-1$ 个元素大于 a。显然，这样得到的二叉搜索树根结点中存储元素 a，i 个较小的元素存储在树根的左子树中，其余 $n-i-1$ 个元素存储在树根的右子树中。由于 i 个小元素和 $n-i-1$ 个大元素的各种顺序都是等可能的，所以树根的左子树和右子树的平均路长分别为 $p(i)$ 和 $p(n-i-1)$。在整棵树中路长是从树根算起的，因此整棵树中每条路长将比子树中的相应路长多 1。因此，在根结点左子树中有 i 个元素时的平均路长为

$$q(n,i) = \frac{1}{n}(1 + i(p(i)+1) + (n-i-1)(1+p(n-i-1)))$$

根结点的左子树中有 $0,1,\cdots,n-1$ 个元素的情况是等可能的，因此二叉搜索树的平均路长为

$$p(n) = \frac{1}{n}\left(\sum_{i=0}^{n-1} q(n,i)\right)$$

$$= 1 + \frac{1}{n^2}\sum_{i=0}^{n-1}(ip(i) + (n-i-1)p(n-i-1))$$

$$= 1 + \frac{2}{n^2}\sum_{i=0}^{n-1} ip(i)$$

对 n 用数学归纳法可以证明 $p(n) \leq 1 + 4\log n$。事实上，当 $n=1$ 时显然成立。若设当 $i < n$ 时有 $p(i) \leq 1 + 4\log i$，则

$$p(n) \leq 1 + \frac{2}{n^2}\sum_{i=1}^{n-1} i(1 + 4\log i)$$

$$\leq 1 + \frac{2}{n^2}\sum_{i=1}^{n-1} 4i\log i + \frac{2}{n^2}\sum_{i=1}^{n-1} i$$

$$\leq 2 + \frac{8}{n^2}\sum_{i=1}^{n-1} i\log i$$

$$\leq 2 + \frac{8}{n^2}\left(\sum_{i=1}^{\frac{n}{2}-1} i\log\left(\frac{n}{2}\right) + \sum_{i=\frac{n}{2}}^{n-1} i\log n\right)$$

$$\leq 2 + \frac{8}{n^2}\left(\frac{n^2}{8}\log\left(\frac{n}{2}\right) + \frac{3n^2}{8}\log n\right)$$

$$= 2 + \frac{8}{n^2}\left(\frac{n^2}{2}\log n - \frac{n^2}{8}\right)$$

$$= 1 + 4\log n$$

由数学归纳法可知，在随机插入所产生的二叉搜索树中，从树根到一个随机结点的平均路长为 $O(\log n)$。类似分析可推出随机二叉搜索树的平均高度也为 $O(\log n)$，由此可知，用二叉搜索树实现字典时，BSMember，BSInsert，BSDelete 等运算的平均时间为 $O(\log n)$。

在二叉搜索树中，实现运算 Predecessor 和 Successor 的算法类似于 BSSearch 算法。例如，要找元素 x 的后继元素时，与 BSSearch 算法一样，从二叉搜索树的根结点开始，将 x 与存储在根结点中的元素 y 进行比较，当 $x \geq y$ 时，继续到根结点的右子树中去找元素 x 的后继元素；当 $x < y$ 时，则 y 是 x 的后继元素的候选者。若 y 不是 x 的后继元素，则由二叉搜索树的性质知，x 的后继元素必在根结点的左子树中。于是将 y 记为最新候选者，并继续到左子树中去搜索 x 的后继元素，依次记住最新候选者，直至找到元素 x 的后继元素。容易看出 Successor 与 BSSearch 有相同的计算时间复杂性，即在最坏情况下需要 $O(n)$ 计算时间，而在平均情况下，需要 $O(\log n)$ 计算时间。

Range 运算可借助于 BSSearch 和 Successor 运算来实现。给定两元素 $y \leq z$，Range(y,z) 运算要找出存储在二叉搜索树中满足 $y \leq x \leq z$ 的所有元素 x。首先，用 BSSearch(y,T) 检测 y 是否在二叉搜索树 T 中，若是则输出 y，否则不输出 y。然后从 y 开始，不断地用 Successor 运算找当前元素在二叉搜索树中的后继元素。当找出的后继元素 x 满足 $x \leq z$ 时，就输出 x，并将 x 作为当前元素。重复这个过程，直到找出的当前元素的后继元素大于 z，或二叉搜索树中已没有后继元素为止。这样，若二叉搜索树中有 r 个元素 x 满足 $y \leq x \leq z$，则在最坏情况下用 $O(rn)$ 时间，在平均情况下用 $O(r\log n)$ 时间可实现 Range 运算。

若使用线索二叉搜索树，则可在最坏情况下用 $O(r+n)$ 和平均情况下用 $O(r+\log n)$ 时间实现 Range 运算。用这个方法实现 Range 运算的算法作为习题。下面介绍一个不使用线索二叉搜索树，就能在上述时间界内完成 Range 运算的方法。

首先考虑半无限查询区域 $[y,+\infty)$ 的情形，即找出二叉搜索树中满足 $y \leq x$ 的所有元素 x。第 1 步还是在二叉搜索树中搜索元素 y。搜索过程产生二叉搜索树中从根结点开始的一条路径。此时可能有两种情况。当 y 不在二叉搜索树中时，产生一条从根到叶的路径；当 y 在二叉搜索树中时，产生一条从根到存储元素 y 的结点的路径，如图 6-22 所示。

在最坏情况下，搜索过程所用的时间为 $O(h)$，其中 h 为二叉搜索树的高度。在找到的搜索路径上的所有结点可分为以下 3 种情况，如图 6-23 所示。

在图 6-23（a）中，y 小于结点中存储的元素 x，因此 x 落在 $[y,+\infty)$ 中，且该结点的右子树中所有元素也都落在 $[y,+\infty)$ 中。在图 6-23（b）中，$y > x$，因此 x 不属于 $[y,+\infty)$，且该结点左子树中所有元素都不属于 $[y,+\infty)$。在图 6-23（c）中，$y = x$，因此 x 及右子树中所有元素都落在 $[y,+\infty)$ 中。由此可知，在搜索路径上，若一个结点中存储的元素属于 $[y,+\infty)$，则其右子树中所有元素都属于 $[y,+\infty)$。因此，只要输出搜索路径上属于 $[y,+\infty)$ 的所有元素及其右子树中的所有元素，即可找出二叉搜索树中所有落在查询区域 $[y,+\infty)$ 中的元素。遍历一棵有 m 个结点的子树所需的时间为 $O(m)$。因此上述算法在平均情况下所需的时间为 $O(r+\log n)$。若只要求知道可找到$[y,+\infty)$中元素的位置，则只要输出上述搜索路径上存储$[y,+\infty)$中元素的结点序列即可。在平均情况下，这种结点有$O(\log n)$个，因此只需要$O(\log n)$时间即可实现。

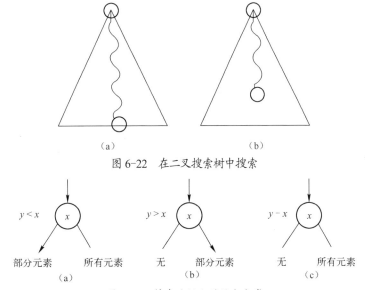

图 6-22　在二叉搜索树中搜索

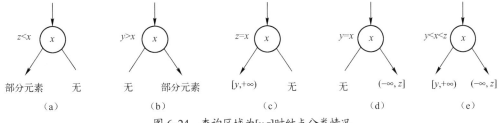

图 6-23　搜索路径上的结点分类

现在回到原来的问题，即查询区域为$[y,z]$的情形。此时可用类似于上述算法的思想来实现 Range 运算，所不同的是结点分类的情况更多些，如图 6-24 所示。

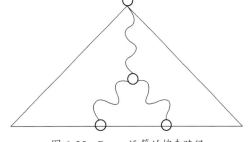

图 6-24　查询区域为$[y,z]$时结点分类情况

第 1 步还是从二叉搜索树的根结点开始，同时搜索 y 和 z。在搜索过程中遇到的结点可分为图 6-24 所示的 5 种类型。由情形（a）可判定查询区域中所有元素在结点的左子树中；由情形（b）可判定查询区域中所有元素在结点的右子树中。类型（a）和（b）的搜索可能一直进行到叶结点，从而确定二叉搜索树中没有落在区域$[y,z]$中的元素。一般情况下，会遇到图 6-24 中（c），（d），（e）三种情形之一。情形（c）和（d）导致一个等价的半无限区域查询。而情形（e）则导致两个等价的半无限区域查询。在这些情形下，搜索路径最多为树高的 2 倍。因此，可以在 $O(r+\log n)$平均时间内实现一般的 Range 运算。图 6-24 中的分叉情况最多出现一次。因此，在一般情况下，Range 算法的搜索路径如图 6-25 所示。

图 6-25　Range 运算的搜索路径

6.9 线段树

线段树（Segment Tree）结构是表示线段的一个几何数据结构。最早由 Bentley 提出用于解决与矩形有关的计算几何问题。其主要目的是有效地组织线段集 $S = \{I_1, I_2, \cdots, I_n\}$，使其能够高效支持关于线段集 S 的几何运算。线段集 S 中的线段（也称为区间）分别为 $I_i = [l_i, r_i]$，其中 l_i 为其左端点，r_i 为其右端点。这些端点均来自一个有序实数集 $x[1..N]$，$N = 2n$，满足 $x[1] \leqslant x[2] \leqslant \cdots \leqslant x[N]$。由于正整数集 $[1, N] = \{1, 2, \cdots, N\}$ 与有序实数集 $x[1..N]$ 存在简单的一一对应的映射关系，所以在后续讨论中，用正整数集 $[1, N]$ 中的正整数 i 来代表相应的实数 $x[i]$。

表示线段集 S 的线段树是一棵平衡二叉树，它将实直线按照有序实数集 $x[1..N]$ 为分割点划分为一系列的初等线段 $(x[i], x[i+1]), 1 \leqslant i < N$。每个初等线段对应于线段树的一个叶结点。线段树的内部结点对应于形如 $(x[i], x[j]), 1 < j - i$，的标准线段。因此，在一般情况下，线段树的结点类型可定义如下。

```
1    typedef struct stnode *link;/* 线段树结点指针类型 */
2    typedef struct stnode {/* 线段树结点类型 */
3        int left,/* 标准线段左端 */
4           right;/* 标准线段右端 */
5        int count;/* 正则覆盖计数 */
6        int clq;/* 其他用户信息 */
7    }Stnode;
```

其中，left 和 right 表示结点对应于标准线段 $(x[\text{left}], x[\text{right}])$。count 用于记录分配给结点的正则覆盖线段数（稍后说明）。其他用户信息根据具体应用来设置。由于线段树是一棵平衡二叉树，所以可以用一个结点数组 tree 来存储线段树结点如下。

```
1    Stnode *tree=(Stnode *)malloc((2*maxn)*sizeof(Stnode));/* 线段树结点数组 */
```

其中，线段树的根结点存储在 tree[1] 中，它的左右儿子结点分别存储在 tree[2] 和 tree[3] 中。在一般情况下，结点 tree[i] 的左右儿子结点分别存储在 tree[2*i] 和 tree[2*i+1] 中。由此可见，表示标准线段 $(x[l], x[r])$ 的线段树结构 $T(l, r)$ 可以递归地构造如下。

```
1    void build(int l,int r,int pos)
2    {/* 建立线段树结构 */
3        tree[pos].left=l;
4        tree[pos].right=r;
5        if(l+1==r)return;
6        int mid=(l+r)/2;
7        build(l,mid,pos*2);
8        build(mid,r,pos*2+1);
9    }
```

其中，l 和 r 表示该线段树的结点对应于标准线段 $(x[l], x[r])$。pos 是该结点的编号，也就是该结点在数组 tree 中的位置。在算法第 5 行，当 $l+1=r$ 时，相应的线段是一个长度为 1 的标准线段，也称为线段树的初等线段，它所对应的结点是线段树的叶结点。当线段 $(x[l], x[r])$ 不是叶结点时，在算法的第 6 行计算出 l 和 r 的中点 mid，将此线段从中间分割成 2 个标准线段

$(x[l],x[\text{mid}]]$ 和 $(x[\text{mid}],x[r]]$。它们分别对应于 tree[pos] 的左右儿子结点 tree[pos*2] 和 tree[pos*2+1]。在算法的第 7～8 行递归地构造 tree[pos]的左右子树。显而易见，$T(l,r)$ 是一棵高度为 $\lceil \log(r-l) \rceil$ 的平衡二叉树，且树中结点总数不超过 $2(r-l+1)$。因此，用 build(1,N,1) 可以构造出线段树 $T(1,N)$。由于整个线段树中结点总数不超过 $2N$，且 build 在每个结点处耗费 $O(1)$ 时间，所以构造线段树结构需要的计算时间是 $O(N)$。图 6-26 所示的是当 $N=14$ 时，算法 build 构造线段树 $T(1,14)$ 的例子。

线段树中的一个重要概念是线段的正则覆盖。线段的正则覆盖是相对于一般线段$[l,r]$ 而言的，其中 $1 \leqslant l < r \leqslant N$。线段树 $T(1,N)$ 中的一个结点 v 被线段$[l,r]$ 正则覆盖是指结点 v 被线段$[l,r]$ 覆盖，即$[v.\text{left},v.\text{right}] \subseteq [l,r]$，但是结点 v 的父结点不被线段$[l,r]$ 覆盖。此时也称结点 v 是$[l,r]$ 的正则覆盖结点。显而易见，若结点 v 是$[l,r]$ 的正则覆盖结点，则它的兄弟结点就不是。因此，在线段树 $T(1,N)$ 中的每一层最多只有 2 个结点是同一线段$[l,r]$ 的正则覆盖结点。由此可见，一般线段$[l,r]$ 在线段树 $T(1,N)$ 中，最多有 $\lceil \log(r-l) \rceil + \lfloor \log(r-l) \rfloor - 2$ 个正则覆盖结点。也就是说，一般线段$[l,r]$ 最多可以划分成线段树 $T(1,N)$ 中 $\lceil \log(r-l) \rceil + \lfloor \log(r-l) \rfloor - 2$ 个标准线段。

一般情况下，线段的结构 intv 定义如下。

```
1   typedef struct intv
2   {/* 线段结点类型 */
3       int low,/* 线段左端点下标 */
4          high;/* 线段右端点下标 */
5   }Intv;
```

下面的算法 inst 在线段树结点 pos 处插入单个线段。

```
1   void inst(intv r,int pos)
2   {/* 插入单个线段 */
3       if(r.low<=tree[pos].left && tree[pos].right<=r.high) change(pos,1);
4   else{
5           int mid=(tree[pos].left+tree[pos].right)>>1;
6           if(r.low<mid)inst(r,pos*2);
7           if(r.high>mid)inst(r,pos*2+1);
8   }
9   }
```

在算法的第 3 行，当正则覆盖条件满足时线段树结点 pos 为正则覆盖结点，此时由 change 将插入的线段分配给当前结点。当正则覆盖条件不满足时，算法的第 5 行计算出子树分割中点 mid。在算法的第 6 行，当 r.low<mid 时，线段树结点 pos 的左子树中有正则覆盖结点，在左子树中继续插入。在算法的第 7 行，当 r.high>mid 时，线段树结点 pos 的右子树中有正则覆盖结点，在右子树中继续插入。change 将插入的线段分配给当前结点时 pos，表示当前结点时 pos 是插入线段的正则覆盖结点，此时结点的 count 值增 1。在有些应用中还需要记录插入线段的信息，以及其他附加信息。下面的算法只是最简单的 count 值增 1。在具体应用时可以根据需要附加更多信息。

```
1   void change(int pos,int k)
```

```
2    {/* 更新结点信息 */
3        /* k=1 为插入，k=-1 为删除 */
4        tree[pos].count+=k;
5    }
```

例如，算法 inst 在线段树 $T(1,14)$ 插入单个线段区域 $I_3 = [3,6]$ 的过程如图 6-26 所示。图中灰色结点[3,4]，[4,5] 和[5,6] 是 I_3 的正则覆盖结点。也就是说，算法 inst 将线段 I_3 分配给了 $T(1,14)$ 中的标准线段[3,4]，[4,5] 和[5,6]。在一般情况下，算法 inst 所分配的线段树中的正则覆盖结点对应于线段树中的一个叉状路径（图中的红边）。在分叉结点处（图中的结点[1,7]），叉状路径分支为两条路径 P_L 和 P_R。插入线段被分配给 P_L 路径上某些结点的右儿子结点和 P_R 路径上某些结点的左儿子结点。由此可见，单个线段插入算法 inst 的实质是用线段树中标准线段的并来表示被插入的一般线段。因此，在线段树 $T(1,N)$ 中插入一般线段最多访问线段树中 $\lceil \log N \rceil + \lfloor \log N \rfloor - 2$ 个结点，从而需要 $O(\log N)$ 计算时间。线段树结构需要的空间显然是 $O(N)$。若插入线段集时在线段树的每个结点处需要存储分配给正则覆盖结点的具体线段信息，而不仅仅是 count 的值，则在最坏情况下，每个插入线段需要 $O(\log N)$ 空间，因此总共需要 $O(n\log n)$。其中，n 是插入线段集的线段数，且 $N = 2n$。

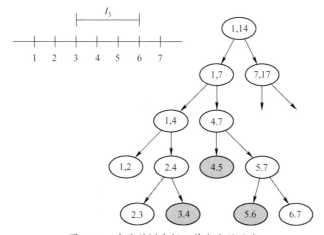

图 6-26　在线段树中插入单个线段区域

用插入单个线段的算法 inst，可以将线段集 iset 中的所有线段插入线段树 $T(1,N)$ 中如下。

```
1    void insert()
2    {/* 插入线段集 iset 中所有线段 */
3        for(int i=0;i<mm;i++)inst(iset[i],1);
4    }
```

例如，算法 insert 在线段树 $T(1,14)$ 插入线段集 $iset = \{I_1, I_2, I_3, I_4\}$ 的过程如图 6-27 所示。其中，$I_1 = [1,5]$，$I_2 = [2,7]$，$I_3 = [3,6]$，$I_4 = [6,7]$。

在线段树中删除一个线段的删除算法是插入算法的反向运算。下面的算法 erase 在线段树结点 pos 处删除一个线段。

```
1    void erase(intv r,int pos)
2    {/* 删除单个线段 */
3        if(r.low<=tree[pos].left && tree[pos].right<=r.high) change(pos,1);
```

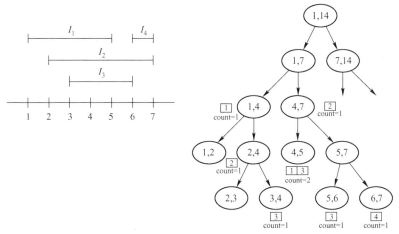

图 6-27 在线段树中插入线段集，圆框中数字是分配给结点的线段编号

```
4        else{
5            int mid=(tree[pos].left+tree[pos].right)>>1;
6            if(r.low<mid)erase(r,pos*2);
7            if(r.high>mid)erase(r,pos*2+1);
8        }
9    }
```

其中，与删除算法相应的正则覆盖结点分配算法 change 将结点的 count 值减 1。

线段树在计算几何，特别是矩形几何中有许多重要应用。下面列出的几个与矩形几何有关的问题是用线段树结构求解的基本几何问题。

（1）线段穿刺问题：对于给定线段集 S 和一个查询点 q，找出 S 中含查询点 q 的所有线段。

（2）线段集的并集问题：对于给定线段集 S，计算 S 中所有线段的并集。

（3）线段集最大团问题：对于给定线段集 S，计算 S 的最大团。S 的团是 S 中交集非空的线段集。S 的最大团是 S 的团中线段数最多的团。

（4）矩形集并集面积问题：对于给定的边平行于坐标轴的矩形集 S，计算 S 中所有矩形的并集的面积。

（5）矩形集并集周长问题：对于给定的边平行于坐标轴的矩形集 S，计算 S 中所有矩形的并集的周长。

（6）矩形集最大团问题：对于给定矩形集 S，计算 S 的最大团。S 的团是 S 中交集非空的矩形集。S 的最大团是 S 的团中矩形数最多的团。

对于给定线段集 S，建立了与其相应的线段树 T，并将线段集 S 插入线段树 T 后就能高效解决上述基本几何问题。例如，对于线段穿刺问题，只要在线段树 T 中对查询点进行一次从根结点到叶结点的搜索即可。

```
1    int stab(float x, int pos)
2    {/* 线段树穿刺计数 */
3        int l=tree[pos].left,r=tree[pos].right,c=0;
4        if(x>xx[l] && x<=xx[r])c+=tree[pos].count;
5        if(r-l>1){
6            int mid=(l+r)>>1;
```

```
7          if(x<=xx[mid])c+=stab(x,pos*2);
8          else c+=stab(x,pos*2+1);
9      }
10     return c;
11 }
```

在算法 stab 中，x 是查询点，pos 线段树结点位置，xx 是线段树中线段的端点坐标值数组。变量 c 用于统计当前覆盖查询点 x 的线段数。在算法的第 4 行，当结点 pos 的标准线段覆盖查询点 x 时，线段集 S 中分配给结点 pos 的所有线段均覆盖查询点 x。此时，将结点 pos 的 count 值统计到 c 中。在算法第 5 行判断当前结点 pos 是否为叶结点。若当前结点 pos 不是叶结点，则在算法第 6~8 行确定查询点 x 在结点 pos 的左子树或右子树中，然后到相应子树中继续查询。这种线段树穿刺查询显然也是从根结点到叶结点的搜索，因而所需的查询时间是 $O(\log N)$。

对于线段集的并集问题，容易根据线段树中存储的 count 信息计算以结点 tree[pos]为根结点的子树中线段集的并。

```
1  float uni(int pos)
2  {/* 线段并 */
3      int l=tree[pos].left,r=tree[pos].right;
4      float ret=(tree[pos].count)?xx[r]-xx[l]:0;
5      if(r-l<=1 || (tree[pos].count))return ret;
6      else return uni(pos*2)+uni(pos*2+1);
7  }
```

在算法第 3 行中计算当前结点 tree[pos] 表示的标准线段(l,r)。当 tree[pos]的 count 值非零时，标准线段(l,r)被线段集 S 覆盖。因此该结点对线段集并的贡献为标准线段(l,r)的长度。在算法第 4 行计算当前结点对线段集并的贡献。在算法第 5 行处理线段树的叶结点和被覆盖结点，在算法第 6 行处理线段树未覆盖的非叶结点。在线段树未覆盖的非叶结点处，该结点对线段集并的贡献是其左右儿子结点的贡献之和。在最坏情况下，算法可能遍历整棵线段树，因而需要 $O(N)$时间。若在线段树结点中存储该结点对当前线段集并的贡献 uni，并在插入线段时更新其值，则在插入线段集后，只需要 $O(1)$时间就可以计算出当前线段集并的长度。增加 uni 域后，结点的结构改变如下。

```
1  typedef struct stnode *link;/* 线段树结点指针类型 */
2  typedef struct stnode {/* 线段树结点类型 */
3      int left,/* 标准线段左端 */
4          right;/* 标准线段右端 */
5      int count;/* 正则覆盖计数 */
6      int clq;/* 线段集最大团 */
7      float uni;/* 线段集并的长度 */
8  }Stnode;
```

其中，域 clq 在线段集最大团问题中用到。
结点结构改变后，在插入线段时也要更新相应信息。

```
1  void update(int pos)
```

```
2    {/* 更新用户信息 */
3        int l=tree[pos].left,r=tree[pos].right;
4        int cnt=tree[pos].count;
5        float ret=(tree[pos].count)?xx[r]-xx[l]:0;
6        if(r-l<=1){
7            tree[pos].clq=cnt;
8            tree[pos].uni=ret;
9        }
10       else{
11           float unil=tree[pos*2].uni,unir=tree[pos*2+1].uni;
12           int clql=tree[pos*2].clq,clqr=tree[pos*2+1].clq;
13           tree[pos].clq=cnt+max(clql,clqr);
14           if(cnt)tree[pos].uni=ret;
15           else tree[pos].uni=unil+unir;
16       }
17   }
```

在算法第 3 行中计算当前结点 tree[pos] 表示的标准线段(l,r)。当 tree[pos]的 count 值非零时，标准线段(l,r)被线段集 S 覆盖。因此该结点对线段集并的贡献为标准线段(l,r)的长度。在算法第 4 行用 cnt 记录 tree[pos]的 count 值。在算法第 5 行计算当前结点对线段集并的贡献。在算法第 6 行处理线段树的叶结点，在算法第 10～16 行处理线段树的非叶结点。算法第 15 行在线段树未覆盖的非叶结点处，该结点对线段集并的贡献是其左右儿子结点的贡献之和。另外，域 clq 的更新在线段集最大团问题中用到。

线段插入算法也需要相应更新如下。

```
1    void inst(intv r,int pos)
2    {/* 插入单个线段 */
3        if(r.low<=tree[pos].left && tree[pos].right<=r.high)change(pos,1);
4        else{
5            int mid=(tree[pos].left+tree[pos].right)>>1;
6            if(r.low<mid)inst(r,pos*2);
7            if(r.high>mid)inst(r,pos*2+1);
8        }
9        update(pos);
10   }
```

这样一来，在插入线段集算法 insert 插入第 i 个线段后 tree[1].uni 的值就是线段集 $S_i=\{I_1,I_2,\cdots,I_i\}$ 的并集的长度。插入完成后 tree[1].uni 的值就是线段集 S 的并集的长度。如果需要从线段集中删除线段，线段删除算法也需要相应更新如下。

```
1    void erase(intv r,int pos)
2    {/* 删除单个线段 */
3        if(r.low<=tree[pos].left && tree[pos].right<=r.high)change(pos,-1);
4        else{
5            int mid=(tree[pos].left+tree[pos].right)>>1;
6            if(r.low<mid)erase(r,pos*2);
7            if(r.high>mid)erase(r,pos*2+1);
8        }
```

```
9        update(pos);
10    }
```

对于线段集最大团问题，也容易根据线段树中存储的 count 信息计算以结点 tree[pos]为根结点的子树中线段集最大团中的线段数如下。

```
1    int maxclq(int pos)
2    {/* 线段集最大团 */
3        int l=tree[pos].left,r=tree[pos].right,cnt=tree[pos].count;
4        if(r-l<=1)return cnt;
5        else return cnt+max(maxclq(pos*2),maxclq(pos*2+1));
6    }
```

在算法第 3 行中计算当前结点 tree[pos] 表示的标准线段(l,r)。当 tree[pos]的 count 值表示当前线段集中覆盖标准线段(l,r)的线段树是 count。因此当 tree[pos]是叶结点时，count 就是相应标准线段中最大团中的线段数。当 tree[pos]是叶结点时，由于标准线段(l,r)覆盖其子树中所有标准线段，且其左右子树中的标准线段互不相交，所以标准线段(l,r)中最大团中的线段数是 count 与其左右子树中最大团中的线段数的较大者之和。在算法第 4 行处理线段树的叶结点，在算法第 5 行处理线段树的非叶结点。在最坏情况下，算法可能遍历整棵线段树，因而需要 $O(N)$时间。若在线段树结点中存储该结点的最大团中的线段数 clq，并在插入线段时更新其值，则在插入线段集后，只需要 $O(1)$时间就可以计算出当前线段集最大团中的线段数。这些更新与线段集的并集问题的更新基本相同。

问题推广到二维的情形就是矩形集并的面积，周长及矩形集最大团问题。利用计算几何中的扫描线算法和线段树结构，这些问题都可以在 $O(N\log N)$时间内得到解决。

6.10　序列树

序列树（Sequence Tree）结构是表示序列的一个数据结构，用于解决与序列有关的计算问题。其主要目的是有效地组织一个序列 $x[1],x[2],\cdots,x[N]$，使其能够高效支持对于此序列中的子序列运算。序列树通常支持以下对于给定序列和子序列的基本运算。

（1）build(l,r, pos)，初始化序列树运算。

（2）insert(k,v)，插入运算：将序列树中 $x[k]$的值更改为 v。

（3）add (k,v)，增值运算：将序列树中 $x[k]$的值加上 v。

（4）modify (l,r,v)，子序列插入运算：将序列树中 $x[l..r]$的值均改为 v。

（5）increase (l,r,v)，子序列增值运算：将序列树中 $x[l..r]$的值均加上 v。

（6）querysum(l,r)，子序列求和运算：返回 $x[l..r]$中元素之和。

（7）querymin (l,r)，子序列最小元运算：返回 $x[l..r]$中最小元素。

（8）querymax (l,r)，子序列最大元运算：返回 $x[l..r]$中最大元素。

序列树的基本思想源于线段树，其基本结构也与线段树相似，但它与线段树处理的对象不同，因而所支持的运算也不尽相同。从抽象数据类型的观点，尽管它们的实现方法有类似之处，但是不同的数据类型。

表示序列 $x[1],x[2],\cdots,x[N]$ 的序列树是一棵平衡二叉树，序列中的每个元素按照其排列位置对应于序列树的一个叶结点。序列树中的一个重要概念是标准子序列，即序列树中每个结点对应的子序列。序列 $x[1], x[2], \cdots, x[N]$ 被划分为序列树中的标准子序列。序列树的内部结点对应于形如 $[x[i], x[j]] = \{x[i], x[i+1], \cdots, x[j]\}(1 < j - i)$ 的标准子序列。因此，在一般情况下，序列树的结点类型可定义如下。

```
1   typedef struct seqnode {/* 序列树结点类型 */
2       int left,/* 标准子序列左端 */
3       right;/* 标准子序列右端 */
4       int sum;/* 标准子序列和 */
5       int min;/* 标准子序列最小值 */
6       int max;/* 标准子序列最小值 */
7   }Sqnode;
```

其中，left 和 right 表示结点对应于标准子序列 $[x[\text{left}], x[\text{right}]]$。sum，min，max 分别用于记录分配给结点的标准子序列 $[x[\text{left}], x[\text{right}]]$ 中元素之和、最小值和最大值。其他用户信息根据具体应用来设置。由于序列树是一棵平衡二叉树，所以可以用一个结点堆数组 tree 来存储序列树结点如下。

```
1   Sqnode *tree=(Sqnode *)malloc((2*maxn)*sizeof(Sqnode));/* 序列树结点数组 */
```

其中，序列树的根结点存储在 tree[1] 中，它的左右儿子结点分别存储在 tree[2] 和 tree[3] 中。在一般情况下，结点 tree[i] 的左右儿子结点分别存储在 tree[2*i] 和 tree[2*i+1] 中。由此可见，表示标准子序列 $[x[l], x[r]]$ 的序列树结构 $T(l, r)$ 可以递归地构造如下。

```
1   void build(int l,int r,int pos)
2   {/* 建立序列树结构 */
3       tree[pos].left=l;tree[pos].right=r;
4       if(l==r){
5           if(l<=seqn)read(pos);
6           else change(pos,0,0);
7           return ;
8       }
9       int mid=(l+r)/2;
10      build(l,mid,2*pos);
11      build(mid+1,r,2*pos+1);
12      update(pos);
13  }
```

其中，l 和 r 表示该序列树的结点对应于标准子序列 $[x[l], x[r]]$。pos 是该结点的编号，也就是该结点在数组 tree 中的位置。在算法第 5 行，当 $l=r$ 时，相应的子序列是一个长度为 1 的标准子序列，即数组元素 $x[l]$，它所对应的结点是序列树的叶结点。此时由 read 将序列元素读入。

```
1   void read(int pos)
2   {/* 读入点信息 */
3       int s=0;
4       scanf("%d",&s);
5       change(pos,s,0);
```

```
6    }
```

其中，change 根据读入值更新结点信息。

```
1    void change(int pos,int v,int t)
2    {/* 更新结点信息 */
3        if(t)tree[pos].sum+=v;
4        else tree[pos].sum=v;
5        tree[pos].min=tree[pos].max=tree[pos].sum;
6        tree[pos].lazyset=0;tree[pos].lazyadd=0;
7    }
```

当 $t=0$ 时执行值更新；当 $t=1$ 时执行增值。

当标准子序列 $[x[l],x[r]]$ 不是叶结点时，在算法 build 的第 9 行计算出 l 和 r 的中点 mid，将此子序列从中间分割成 2 个标准子序列 $[x[l],x[mid]]$ 和 $[x[mid+1],x[r]]$。它们分别对应于 tree[pos]的左右儿子结点 tree[pos*2] 和 tree[pos*2+1]。在算法第 10～11 行递归地构造 tree[pos]的左右子树。完成左右子树递归构造后，由 update 根据左右子树信息来更新当前结点的信息。

```
1    void update(int pos)
2    {
3        tree[pos].sum=tree[2*pos].sum+tree[2*pos+1].sum;
4        tree[pos].min=min(tree[2*pos].min,tree[2*pos+1].min);
5        tree[pos].max=max(tree[2*pos].max,tree[2*pos+1].max);
6    }
```

显而易见，$T(l,r)$ 是一棵高度为 $\lceil \log(r-l) \rceil$ 的平衡二叉树，且树中结点总数不超过 $2(r-l+1)$。因此，用 build(1,N,1)可以构造出序列树 $T(1,N)$。由于整个序列树中结点总数不超过 $2N$，且 build 在每个结点处耗费 $O(1)$ 时间，所以构造序列树结构需要的计算时间是 $O(N)$。图 6-28 所示为当 $N=10$ 时，算法 build 构造序列树 $T(1,10)$ 的例子。

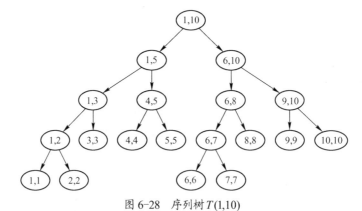

图 6-28　序列树 $T(1,10)$

构造了序列树后，可以用下面的算法 inst 在序列树中更改 $x[k]$ 的值。

```
1    void inst(int k,int v,int t,int pos)
2    {
3        int l=tree[pos].left,r=tree[pos].right;
4        if(l==r){
```

```
5        change(pos,v,t);
6        return ;
7    }
8    int mid=(l+r)/2;
9    if(k<=mid)inst(k,v,t,2*pos);
10   else inst(k,v,t,2*pos+1);
11   update(pos);
12 }
```

在算法第 4 行找到叶结点后，在第 5 行更新结点信息。此时根据 t 值执行更改或增值。当 pos 非叶结点时，分别在第 9～10 行搜索左右子树。根据此算法容易实现单点更新和增值算法如下。

```
1    void insert(int k,int v)
2    {
3        inst(k,v,0,1);
4    }
5
6    void add(int k,int v)
7    {
8        inst(k,v,1,1);
9    }
```

其中，insert 执行单点更改；add 执行单点增值。

由于采用数组的堆结构存储序列树，结点 tree[i] 的左右儿子结点分别存储在 tree[2*i]和 tree[2*i+1]中。标准子序列左、右端信息 left 和 right 也可不用存储。通常可以采用参数传递法或满二叉树法来实现。

参数传递法的思想是在实现算法时通过参数来传递 left 和 right 的信息。例如，在实现算法 inst 时，增加参数 l 和 r 来传递此信息如下。

```
1    void inst(int k,int v,int t,int pos,int l,int r)
2    {/* 不需 left 和 right */
3        if(l==r){
4            change(pos,v,t);
5            return ;
6        }
7        int mid=(l+r)/2;
8        if(k<=mid)inst(k,v,t,2*pos,l,mid);
9        else inst(k,v,t,2*pos+1,mid+1,r);
10       update(pos);
11 }
```

其中，参数 l 和 r 就以参数形式给出了结点 pos 所相应的标准子序列的左右端点。

满二叉树法的思想是用最靠近 N 的 2 的整数幂 M 来构造有 M 个叶结点的满二叉树 $T(1,M)$ 作为序列树结构。将序列 $x[1], x[2], \cdots, x[N]$ 中元素存储在 $T(1,M)$ 中靠左的叶结点中。按照这样规则的存储方式，容易根据结点编号，计算出其相应的标准子序列的左右端点。

事实上，对于 $T(1,M)$ 中编号为 i 的结点，设其相应的标准子序列的左右端点分别为 left(i)

和 $\text{right}(i)$。$T(1, M)$ 的高度为 $\log M = h$，共有 $h+1$ 层，如图 6-29 所示。第 k 层有 2^k 个结点，$k = 0, 1, \cdots, h$。第 k 层的 2^k 个结点编号为 $i = 2^k + j$，$j = 0, 1, \cdots, 2^k - 1$。位于第 k 层有 2^k 个结点相应的标准子序列的长度均为 2^{h-k}，$k = 0, 1, \cdots, h$。若 $i = 2^k + j$，则 $k = \lfloor \log i \rfloor$，$j = i - 2^{\lfloor \log i \rfloor}$。由此可见，

$$\begin{cases} \text{left}(i) = 1 + (i - 2^{\lfloor \log i \rfloor})2^{h-\lfloor \log i \rfloor} \\ \text{right}(i) = (i - 2^{\lfloor \log i \rfloor} + 1)2^{h-\lfloor \log i \rfloor} \end{cases}$$

例如，在图 6-29 中，结点 6 位于第 2 层($k=2$)，第 2 个结点($j=2$)，即 $6 = 2^2 + 2$。由此可计算出

$$\begin{cases} \text{left}(6) = 1 + (6 - 2^2)2^{3-2} = 5 \\ \text{right}(6) = (6 - 2^2 + 1)2^{3-2} = 6 \end{cases}$$

因此，结点 6 相应的标准子序列是 $[5, 6]$，如图 6-29 所示。

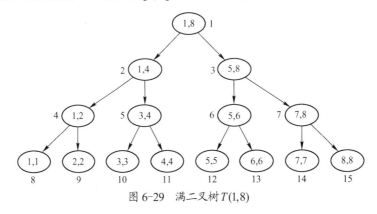

图 6-29　满二叉树 $T(1, 8)$

按此公式计算结点 i 相应的标准子序列的左右端点的算法可描述如下。

```
1    int left(int pos)
2    {/* pos 标准区间左端 */
3        int k=log2(pos);
4        int j=pos-(1<<k);
5        return j*(1<<(seqh-k))+1;
6    }
7
8    int right(int pos)
9    {/* pos 标准区间右端 */
10       int k=log2(pos);
11       int j=pos-(1<<k);
12       return (j+1)*(1<<(seqh-k));
13   }
```

其中，seqh 即 $\log M$。这样一来，在满二叉树表示下可以在 $O(1)$ 时间内计算任意结点 i 相应的标准子序列的左右端点。

构造了序列树结构 $T(1, N)$ 后，用下面的算法可以计算出给定子序列在以结点 pos 为根的子树中的和、最小值与最大值。

```
1    int qsum(int lft,int rht,int pos)
2    {
3        int l=left(pos),r=right(pos);
4        if(lft<=l && r<=rht)return tree[pos].sum;
5        push(pos,r-l+1);
6        int mid=(l+r)/2;
7        int ret=0;
8        if(lft<=mid)ret+=qsum(lft,rht,2*pos);
9        if(rht>mid)ret+=qsum(lft,rht,2*pos+1);
10       return ret;
11   }
```

```
1    int qmin(int lft,int rht,int pos)
2    {
3        int l=left(pos),r=right(pos);
4        if(lft<=l && r<=rht)return tree[pos].min;
5        push(pos,r-l+1);
6        int mid=(l+r)/2;
7        int ret=INT_MAX;
8        if(lft<=mid)ret=qmin(lft,rht,2*pos);
9        if(rht>mid)ret=min(ret,qmin(lft,rht,2*pos+1));
10       return ret;
11   }
```

```
1    int qmax(int lft,int rht,int pos)
2    {
3        int l=left(pos),r=right(pos);
4        if(lft<=l && r<=rht)return tree[pos].max;
5        push(pos,r-l+1);
6        int mid=(l+r)/2;
7        int ret=INT_MIN;
8        if(lft<=mid)ret=qmax(lft,rht,2*pos);
9        if(rht>mid)ret=max(ret,qmax(lft,rht,2*pos+1));
10       return ret;
11   }
```

在算法 qsum 中，当结点 pos 的标准子序列 $[l,r]$ 落在查询范围之内时，在第 4 行返回该标准子序列之和 tree[pos].sum。否则在第 8～9 行递归地计算左右子树中所落在查询范围的子序列之和，并相加。第 5 行的 push 运算此时还不需要，稍后会加以解释。算法 qmin 和 qmax 与算法 qsum 类似。由此可知，给定子序列的和、最小值与最大值就是在以结点 1 为根的序列树中的和、最小值与最大值。

```
1    int querysum(int lft,int rht)
2    {
3        return qsum(lft,rht,1);
4    }
5
6    int querymin(int lft,int rht)
```

```
7  {
8      return qmin(lft,rht,1);
9  }
10
11 int querymax(int lft,int rht)
12 {
13     return qmax(lft,rht,1);
14 }
```

子序列插入运算 modify 和子序列增值运算 increase 的实现要复杂些。因为序列树中涉及被插入子序列的结点信息都要改变，这使得 1 次插入在最坏情况下耗费 $O(n)$ 时间。事实上，如果采用延迟更新的方法，可以保持每次插入在均摊情况下耗费 $O(\log n)$ 时间。延迟更新的思想是在插入子序列时只更新当前要改变的结点的标准子序列的值，并且延迟这种改变向其子树的传播。在每个结点中增加 lazyset 和 lazyadd 来记录延迟更新值和延迟更新增减值。在后续访问到该结点时再实施更新。下面的算法实现子序列在结点 pos 处插入运算的延迟更新。算法要将子序列[lft, rht]中所有元素的值都改变成 c。

```
1  void modi(int lft,int rht,int c,int pos)
2  {
3      int l=left(pos),r=right(pos);
4      if(lft<=l && r<=rht){
5          tree[pos].lazyset=c;
6          tree[pos].sum=c*(r-l+1);
7          tree[pos].min=tree[pos].max=c;
8          return;
9      }
10     push(pos,r-l+1);
11     int mid=(l+r)/2;
12     if(lft<=mid)modi(lft,rht,c,l,mid,2*pos);
13     if(rht>mid)modi(lft,rht,c,mid+1,r,2*pos+1);
14     update(pos);
15 }
```

在算法第 4 行，当结点 pos 的标准子序列$[l,r]$落在查询范围之内时，在第 5～7 行修改当前结点的值，并将延迟修改信息保存在 lazyset 中，准备将延迟修改信息下推到子树中，留待下一次访问时修改。在算法第 10 行，push 实施延迟修改信息下推。在第 12～13 行递归地修改左右子树中所落在查询范围的子序列信息，并在修改返回后由 update 根据左右子树的信息更新当前结点信息。

```
1  void push(int pos,int len)
2  {
3      int c=tree[pos].lazyset;
4      int d=tree[pos].lazyadd;
5      if(c){
6          tree[2*pos].lazyset=tree[2*pos+1].lazyset=c;
7          tree[2*pos].sum=c*(len-(len/2));
8          tree[2*pos].min=tree[2*pos].max=c;
```

```
9          tree[2*pos+1].sum=c*(len/2);
10         tree[2*pos+1].min=tree[2*pos+1].max=c;
11         tree[pos].lazyset=0;
12     }
13     if(d){
14         tree[2*pos].lazyadd+=d;
15         tree[2*pos+1].lazyadd+=d;
16         tree[2*pos].sum+=d*(len-(len/2));
17         tree[2*pos].min+=d;tree[2*pos].max+=d;
18         tree[2*pos+1].sum+=d*(len/2);
19         tree[2*pos+1].min+=d;tree[2*pos+1].max+=d;
20         tree[pos].lazyadd=0;
21     }
22 }
```

算法 push 根据 lazyset 和 lazyadd 记录的延迟信息来实施延迟修改信息的下推。在第 6～11 行将延迟更新值 c 下推到其左右子树中。在第 14～20 行将延迟更新增减值 c 下推到其左右子树中。输入参数 len 表示相应的插入子序列的长度。

下面的算法实现子序列在结点 pos 处增值运算的延迟更新。算法要将子序列[lft, rht]中所有元素的值都增加值 c。算法与插入运算 modi 几乎相同。不同之处是第 5～7 行信息更新和延迟更新信息的保存。

```
1  void incr(int lft,int rht,int c,int pos)
2  {
3      int l=left(pos),r=right(pos);
4      if(lft<=l && r<=rht){
5          tree[pos].lazyadd+=c;
6          tree[pos].sum+=c*(r-l+1);
7          tree[pos].min+=c;tree[pos].max+=c;
8          return;
9      }
10     push(pos,r-l+1);
11     int mid=(l+r)/2;
12     if(lft<=mid)incr(lft,rht,c,l,mid,2*pos);
13     if(rht>mid)incr(lft,rht,c,mid+1,r,2*pos+1);
14     update(pos);
15 }
```

子序列插入运算 modify 和子序列增值运算 increase 是在序列树的根结点处实施插入和增值运算。

```
1  void modify(int lft,int rht,int c)
2  {
3      modi(lft,rht,c,1);
4  }
5
6  void increase(int lft,int rht,int c)
7  {
```

```
8        incr(lft,rht,c,1);
9    }
```

由于结点中存在延迟更新信息，所以在查询算法 querysum，querymin 和 querymax 访问当前结点时需要由 push 来完成延迟修改信息下推。

6.11   应用举例

例 6.1   信号增强装置布局问题。

资源传输网络的功能是将始发地的资源通过网络传输到一个或多个目的地。例如，通过石油或者天然气输送管网可以将从油田开采的石油和天然气传送给用户。同样，通过高压传输网络可以将发电厂生产的电力传送给用户。为了使问题更具一般性，用术语信号统称网络中传输的资源（如石油、天然气、电力等），各种资源传输网络统称为信号传输网络。信号经信号传输网络传输时，需要消耗一定的能量，并导致传输能量的衰减（如油压、气压、电压等）。当传输能量衰减量（压降）达到某个阈值时，将发生传输故障。为了保证传输畅通，必须在传输网络的适当位置放置信号增强装置，确保传输能量的衰减量不超过其衰减量容许值。下面讨论对于一个给定的信号传输网络如何放置最少的信号增强装置来保证网络传输的畅通。

为了简化问题，假定给定的信号传输网络是以信号始发地为根的一棵树 T。在树 T 的每一个结点处（除根结点外）可以放置一个信号增强装置，树 T 的结点也代表传输网络的消费结点，信号经过树 T 的结点传输到其儿子结点。图 6-30 所示为一个树状信号传输网络。

树的每一边上的数字是流经该边的信号所发生的信号衰减量。信号衰减量是可加的，在图 6-30 中，从结点 p 到结点 v 的信号衰减量是 5，从结点 q 到结点 x 的信号衰减量是 3。为了便于讨论，将信号传输网络的信号衰减量容许值记为 tolerence，将结点 i 与其父结点间的信号衰减量记为 $d(i)$。例如，在图 6-30 中，$d(w)=2$，$d(p)=0$，$d(r)=3$。由于只能在树 T 的结点处放置信号增强装置，所以信号传输网络中每一结点 i 均有 $d(i) \leqslant$ tolerence，否则问题无解。

对于网络中任何结点 i，用 $D(i)$ 记从结点 i 到以 i 为根的子树中叶结点的最大信号衰减量。当结点 i 是一个叶结点时，$D(i)=0$。在图 6-30 中，使 $D(i)=0$ 的结点是 $i \in \{w,x,t,y,z\}$。其余结点的 $D(i)$ 值可以按下式计算：

$$D(i) = \max\{D(j)+d(j) \mid j \text{ 是 } i \text{ 的儿子结点}\}$$

由此可知 $D(s)=2$。从上面计算 $D(i)$ 的公式可以看出，只有计算出 i 的儿子结点的 D 值，才能计算出 $D(i)$ 的值。因此，可以采用树的后序遍历方式计算树 T 的每个结点的 D 值。

假设在以后序遍历方法计算树 T 的每个结点的 D 值时，遇到一个结点 i，它的一个儿子结点 j 使 $D(j)+d(j) >$ tolerence。如果结点 j 处未放置信号增强装置，那么即使在结点 i 处放置了信号增强装置，也无法使其最大信号衰减量不超过容许值 tolerence。例如，在图 6-30 中，假设 tolerence=3，在计算 $D(q)$ 时发现 $D(s)+d(s)=4>$tolerence，应当在结点 s 处放置一个信号增强装置，此时，$D(q)=2$。

上述计算树 T 的每个结点的 D 值，并放置信号增强装置的算法可描述如下。

```
1   D(i)=0;
2   for(i 的每一子结点 j){
3        if(D(j)+d(j))>tolerence)在结点 j 放置一个信号增强装置;
```

```
4        else D(i)=max(D(i),D(j)+d(j));
5    }
```

用这个算法对图 6-30 中树状信号传输网络计算的结果如图 6-31 所示，其中阴影结点为放置了信号增强装置的结点，结点中的数字为该结点的 D 值。

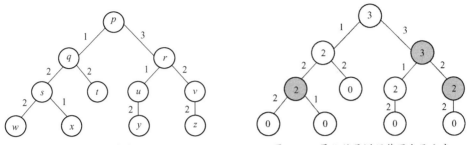

图 6-30 树状信号传输网络   图 6-31 最优信号增强装置布局方案

设信号传输网络中结点个数为 n。对 n 用数学归纳法可以证明，上述算法所产生的信号增强装置布局是一个最优布局方案，即该方案用的信号增强装置最少。

事实上，当 $n = 1$ 时，上述论断显然成立。假定上述论断当 $n \leqslant m$ 时成立。设 T 是一棵有 $n+1$ 个结点的树。设用上述算法找到的放置信号增强装置的结点集为 X，而 W 是一个最优放置方案的放置了信号增强装置的结点集。要证明的是 $|X|=|W|$。

当 $|X|=0$ 时，显然有 $|X|=|W|$。当 $|X|>0$ 时，设 z 是上述算法放置信号增强装置的第一个结点。以结点 z 为根的子树记为 T_z。由于 $D(z)+d(z)>tolerance$，W 必包含 T_z 中的至少一个结点 u。若 W 包含 T_z 中多于一个结点，则 W 就不是最优的。因为结点集 $W-W \cap T_z+\{z\}$ 同样满足信号衰减量容许值约束，但结点个数更少。由此可见，W 中恰有一个 T_z 中的结点 u。设 $W1=W-\{u\}$，$T1$ 是树 T 中删去子树 T_z 但保留结点 z 的树。易知，$W1$ 是 $T1$ 的信号增强装置最优布局方案。另一方面，$X1=X-\{z\}$ 是树 $T1$ 的一个满足信号衰减量容许值约束的信号增强装置布局方案，而且该方案是上述算法应用于树 $T1$ 产生的。树 $T1$ 的结点数少于 $m+1$，由归纳假设知 $|X1|=|W1|$。从而 $|X|=|X1|+1=|W1|+1=|W|$。由数学归纳法即知，X 是信号传输网络 T 的一个最优信号增强装置布局方案。

当信号传输网络是一棵二叉树时，可将二叉树结点定义如下。

```
1    /* booster 结构 */
2    typedef struct booster{
3        int D,/* 叶结点信号衰减量 */
4         d;/* 父结点信号衰减量 */
5        int boost;/* 信号增强装置标志 */
6    }Booster;
7
8    void showboost(Booster x)
9    {
10       printf("% d  %d  %d \n", x.boost,x.D,x.d);
11   }
```

用二叉树的后序遍历方式计算树 T 时，在结点 x 处计算 D 值及确定是否在结点 x 处放置信号增强装置的函数 Place(x) 如下。

```
1    void Place(btlink x)
2    {
3        int deg;
4        btlink y=x->left;
5        x->element.D=0; /* 初始化结点 x 处的信号衰减量 */
6        if(y){/* 从左子树计算 */
7            deg=y->element.D + y->element.d;
8            if(deg>tol){
9                y->element.boost=1;
10               x->element.D=y->element.d;
11           }
12           else x->element.D=deg;
13       }
14       y=x->right;
15       if(y){/* 从右子树计算 */
16           deg=y->element.D+y->element.d;
17           if(deg>tol){
18               y->element.boost=1;
19               deg=y->element.d;
20           }
21           if(x->element.D<deg)x->element.D=deg;
22       }
```

以 Place 为访问函数，后序遍历树 T 可以找到树 T 的最优信号增强装置布局方案。由于函数 Place 耗时 $O(1)$，后序遍历一棵有 n 个结点的树耗时 $O(n)$，所以上述算法在 $O(n)$ 时间内找到树 T 的最优信号增强装置布局方案。下面的函数 comp 是对图 6-30 的树计算最优信号增强装置布局方案的例子。

```
1    void comp()
2    {
3        Booster a,b;
4        BinaryTree T,U,V,W,X,Y;
5        T=BinaryInit();
6        U=BinaryInit();
7        V=BinaryInit();
8        W=BinaryInit();
9        X=BinaryInit();
10       Y=BinaryInit();
11       a.d=2; a.D =0; a.boost=0;
12       b.d=1; b.D=0; b.boost=0;
13       MakeTree(a,U,X,X);
14       MakeTree(b,V,U,X);
15       MakeTree(a,U,X,X);
16       MakeTree(a,W,U,X);
17       b.d=3;
18       MakeTree(b,U,V,W);
19       MakeTree(a,V,X,X);
20       b.d=1;
```

```
21      MakeTree(b,W,X,X);
22      MakeTree(a,Y,V,W);
23      MakeTree(a,W,X,X);
24      MakeTree(b,T,Y,W);
25      b.d=0;
26      MakeTree(b,V,T,U);
27      PostOrder(Place,V->root);
28      PostOut(V);
29    }
```

计算结果如图 6-31 所示。

当信号传输网络是一棵多叉树 T 时，可以用本章介绍的树的左儿子右兄弟表示法将 T 表示为一棵二叉树，前面讨论的结论和算法仍然有效。

例 6.2 最长连续递增子序列问题。

设 $X = x_0, x_2, \cdots, x_{n-1}$ 是正整数序列。用 $[i,j]$ 来表示 X 的子序列 $x_i, x_{i+1}, \cdots, x_j$。对于 X 的子序列 $x_i, x_{i+1}, \cdots, x_j$ 的单点动态更新运算 $I(k,a)$ 可以将元素 x_k 的值更新为 a，而运算 $A(k,a)$ 和 $S(k,a)$ 分别将元素 x_k 的值更新为 $x_k + a$ 和 $x_k - a$。最长连续递增子序列就是要对于给定的序列进行一系列的动态更新运算后，计算出序列中任意子序列中的最长连续递增子序列的长度。例如，当 $n=10$ 时，$X = 1,2,3,4,5,6,7,8,9,10$。经过更新运算 $A(2,6)$ 后，序列更新为 $X = 1,2,9,4,5,6,7,8,9,10$。此时，子序列 $[2,6]$ 中最长连续递增子序列的长度是 4。

可以用序列树来存储给定的正整数序列 $X = x_0, x_2, \cdots, x_{n-1}$。输入序列存储在 $xx[0..n-1]$ 中，序列树结点存储在结点数组 tree 中。由于要查询的是任意子序列中的最长连续递增子序列的长度，所以结点中需要存储相关信息如下。

```
1    typedef struct seqnode {/* 序列树结点类型 */
2        int mx;
3        int lx;
4        int rx;
5    }Sqnode;
```

其中，mx 存储当前结点相应的标准子序列中最长连续递增子序列的长度；lx 存储当前结点左子树相应的标准子序列中的以 $xx[l]$ 开始的最长连续递增前缀的长度；rx 存储当前结点右子树相应的标准子序列中以 $xx[r]$ 结尾的最长连续递增后缀的长度。根据这个具体应用，在构造序列树时，当前结点在完成左右子树递归构造后，由 update 根据左右子树信息来更新当前结点的信息如下。

```
1    void update(int pos,int l,int r)
2    {
3        int mid=(l+r)/2;
4        tree[pos].mx=max(tree[2*pos].mx,tree[2*pos+1].mx); /* 更新 mx */
5        if(xx[mid]<xx[mid+1]) /*满足条件左右子树可以合并*/
6            tree[pos].mx=max(tree[pos].mx,tree[2*pos].rx+tree[2*pos+1].lx);
7        tree[pos].lx=tree[2*pos].lx; /*更新 lx*/
8        if(tree[pos].lx==mid-l+1 && xx[mid]<xx[mid+1])
9            tree[pos].lx+=tree[2*pos+1].lx; /*左子树是满的，左右子树可以合并*/
```

```
10        tree[pos].rx=tree[2*pos+1].rx; /*更新rx*/
11        if(tree[pos].rx==r-mid && xx[mid]<xx[mid+1])
12            tree[pos].rx+=tree[2*pos].rx; /*右子树是满的,左右子树可以合并*/
13    }
```

在算法第 4 行，取左右子树中较长的最长连续递增子序列的长度。在算法第 5 行，当 xx[mid]<xx[mid+1]时，左子树中以 xx[mid]结尾的最长连续递增后缀与右子树中以 xx[mid+1]开始的最长连续递增前缀相连构成一个新的最长连续递增子序列。若其长度超过当前结点的 mx 值，则可以取代当前的最长连续递增子序列。在算法第 7～9 行，更新当前结点的 lx 值。当左子树的最长连续递增前缀充满其结点的标准子序列且 xx[mid]<xx[mid+1]时，左右子树的最长连续递增前缀就连接到一起。在算法第 10～12 行，更新当前结点的 rx 值。当右子树的最长连续递增后缀充满其结点的标准子序列且 xx[mid]<xx[mid+1]时，左右子树的最长连续递增后缀就连接到一起。

用算法 qsum 完成对以结点 pos 为根的最长连续递增子序列的长度查询。

```
1    int qsum(int lft,int rht,int pos,int l,int r)
2    {
3        if(lft<=l && r<=rht)return tree[pos].mx;
4        int mid=(l+r)/2;
5        if(rht<=mid)return qsum(lft,rht,2*pos,l,mid);
6        if(lft>mid)return qsum(lft,rht,2*pos+1,mid+1,r);
7        int ret=max(qsum(lft,rht,2*pos,l,mid),qsum(lft,rht,2*pos+1,mid+1,r));
8        /*计算[mid+1,rht]与[mid+1,r]相交部分*/
9        int lx=min(rht-mid,tree[2*pos+1].lx);
10       /*计算[lft,mid]与[l,mid]相交部分*/
11       int rx=min(mid-lft+1,tree[2*pos].rx);
12       if(xx[mid]<xx[mid+1])ret=max(ret,lx+rx);
13       return ret;
14   }
```

输入参数中，lft 和 rht 是查询子序列的左右端点，pos 是查询结点，l 和 r 是 pos 的标准子序列的左右端点。当查询子序列包含标准子序列时，在第 3 行直接返回查询结果。当查询子序列落在 pos 的左子树或右子树的标准子序列之中时，在第 5～6 行返回相应的查询结果。在第 7 行取左右子树中最长连续递增子序列的长度较大者。在第 9～12 行处理最长连续递增子序列可能跨左右子树的情形。在第 9 行计算[mid+1,rht]与[mid+1,r]相交部分的最长连续递增前缀。在第 11 行计算[lft,mid]与[l,mid]相交部分最长连续递增后缀。当 xx[mid]<xx[mid+1]时，它们连接成一个新的连续递增子序列。在第 12 行经比较后返回最长连续递增子序列的长度。

本 章 小 结

本章主要讲授常用的非线性层次结构树，以及树的一般操作和一些常用的表示树的数据结构。在给出树的准确定义后，讨论了树的前序遍历、中序遍历和后序遍历方法。对于一般情况下的树结构，介绍了实践中常用的树的父结点数组表示法、树的儿子链表表示法和树的左儿子右兄弟表示法。二叉树是一类非常重要的特殊的树形结构，也是本章内容的重点。二叉树的概念是本章的核心概念，在后续各章中也会反复用到。二叉树的顺序存储结构、二叉树的结点度表示法和用指针实现二叉树的方法是实现二叉树的 3 种常见方法。本章着重讨论了用指针实现二叉树的方法。在此方法的基础上还引申出线索二叉树结构。二叉搜索树是存储有序集的高效数据结构。本章介绍了用二叉搜索树实现关于有序集的抽象数据类型字典的方法。在二叉搜索树中可以高效实现对于集合 S 中的一个元素 x，找它在集合 S 中按照线性序排列的前驱元素或后继元素的运算。线段树和序列树结构是表示线段和序列的数据结构。它们结构相似，实现灵活。本章介绍了不同的实现方法，可以在实际应用中高效解决与线段和序列有关的计算问题。

习 题 6

6.1 若下表中的第 i 行与第 j 列所代表的两种情况能够同时发生，则请在 i 行 j 列的空格中填入 "√"，否则填入 "×"。

行 ╲ 列	preorder(n)<preorder(m)	inorder(n)<inorder(m)	postorder(n)<postorder(m)
n 在 m 左边			
n 在 m 右边			
n 是 m 的真祖先			
n 是 m 的真子孙			

6.2 设 3 个数组 Preorder，Inorder 和 Postorder 分别给出了树中每一个结点的前序、中序和后序编号，试写一个算法，对任一对结点 i 和 j，判断 i 是否为 j 的祖先，并说明算法的正确性。

6.3 已知一棵度为 m 的树中有 $n(1)$ 个度为 1 的结点，$n(2)$ 个度为 2 的结点，$\cdots$，$n(m)$ 个度为 m 的结点，问该树中有多少个叶结点？

6.4 一棵高度为 L 的满 k 叉树有如下性质：第 L 层上的结点都是叶结点，其余各层上每个结点都有 k 棵非空子树。如果按层次顺序从 1 开始对树中所有结点进行编号，问：

（1）各层的结点数目是多少？

（2）编号为 n 的结点的父结点（若存在）的编号是多少？

（3）编号为 n 的结点的第 i 个儿子结点（若存在）的编号是多少？

（4）编号为 n 的结点有右兄弟的条件是什么？其右兄弟的编号是多少？

6.5 试分别找出满足下面条件的所有二叉树：

（1）前序列表与中序列表相同；

（2）中序列表与后序列表相同；

（3）前序列表与后序列表相同。

6.6 分别写出以非递归方式按前序、中序和后序遍历二叉树的算法。

6.7 设计一个将表达式变换为表达式树的算法和一个将表达式树变换为后缀表达式的算法。

6.8 试写一个搜索算法，计算出一棵给定二叉树中任意两个结点之间的最短路径。

6.9 给出二叉树的一个例子，其结构不能从它的 3 种遍历次序的任何一种唯一确定。

6.10 图 6-32 所示的运算称为二叉树的叶收缩运算：

图 6-32 二叉树的叶收缩运算

设 A 和 B 为两棵二叉树。若通过对二叉树 B 执行 k 次叶收缩运算后得到一棵与 A 同构的二叉树，则称二叉树 A 为二叉树 B 的一个前缀。试设计一个算法来判断一棵二叉树是否为另一棵二叉树的前缀。

6.11 图 6-33 所示的运算称为二叉树的根收缩运算。设 A 和 B 为两棵二叉树。若对二叉树 B 执行 k 次根收缩运算后得到一棵与二叉树 A 同构的二叉树，则称二叉树 A 为二叉树 B 的一个后缀。试设计一个算法来判断一棵二叉树是否为另一棵二叉树的后缀。

图 6-33 二叉树的根收缩运算

6.12 图 6-34 所示的运算称为二叉树的结点旋转变换。给定两棵结点个数相同的二叉树，可以通过一系列的结点旋转变换，将其中的一棵二叉树变换为另一棵二叉树。试设计一个完成上述变换的算法，并以此证明这个结论的正确性。

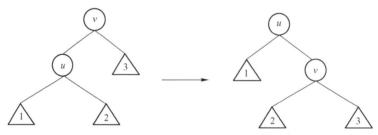

图 6-34 结二叉树的点旋转变换

6.13 若对二叉树 B 执行若干次叶收缩运算和根收缩运算后，能将其变换为一棵与二叉树 A 同构的二叉树，则称二叉树 A 是二叉树 B 的一棵子树。试设计一个算法来判断一棵二叉树是否为另一棵二叉树的子树。

6.14 有时需要测试两个数据结构的等价性，即两个等价的结构在相应的位置具有相同结点数和分枝数，且相应的结点具有相同的标号（值）。试设计一个递归函数 Equal 用于测试两棵二叉树是否等价。

6.15 试设计复制一棵二叉树的算法。

6.16 试设计下面两个算法，建立所要求的二叉树，且使二叉树中结点的标号待定。

（1）BuildMinHt(n)，建立一棵有 n 个结点且高度最小的二叉树；

（2）BuildComplete(n)，建立一棵有 n 个结点的近似满二叉树。

6.17 设计一个在中序线索二叉树中找一个结点的后继结点的算法。

6.18 设计一个在中序线索二叉树中遍历二叉树的算法，并说明该算法所需的计算时间为 $O(n)$。

6.19 设计在中序线索二叉搜索树中插入一个元素和删除一个元素的算法。

6.20 用二叉树的结点度表示法，分别设计找一个结点的左儿子结点的算法和找一个结点的父结点的算法。

6.21 用二叉搜索树来实现字典，可以使字典的各种运算在 $O(h)$ 时间内完成，其中 h 为二叉搜索树的高度。在 n 个结点的随机二叉搜索树中，h 的平均值为 $O(\log n)$。但是，某些插入与删除序列可能产生高度为 $\Omega(n)$ 的二叉搜索树，这使得字典支持的各种运算在最坏情况下需要 $O(n)$ 计算时间。若能够在每次插入或删除一个元素后，对树的结构进行适当调整，使树的高度 h 始终保持为 $O(\log n)$，并且把调整树结构的时间也控制在 $O(\log n)$ 时间内，则可以保证在最坏情况下，字典的各种运算都可以在 $O(\log n)$ 时间内完成。试设计满足此要求的二叉搜索树调整策略。

算法实验题 6

算法实验题 6.1 层序列表问题。

★ 问题描述：对树中结点按层序列表是指先列树根，然后从左到右地依次列出所有深度为 1 的结点，再从左到右地列出所有深度为 2 的结点，等等。层序列表问题要求对一棵给定二叉树按层序列表。

★ 实验任务：对于给定的二叉树，按层序遍历它。

★ 数据输入：由文件 input.txt 给出输入数据。第 1 行有一个正整数 n，表示给定的二叉树有 n 个顶点，编号为 1,2,…,n。接下来的 n 行中，每行有 3 个整数 a,b,c，分别表示编号为 a 的结点，左儿子结点编号为 b，右儿子结点编号为 c。

★ 结果输出：将计算出的树结点的层序列表输出到文件 output.txt 中。

输入文件示例　　　　输出文件示例

input.txt　　　　　　output.txt

5
1 4 2
4 3 0　　　　　　1 4 2 3 5
2 5 0
3 0 0
5 0 0

算法实验题 6.2 最近公共祖先问题。

★ 问题描述：设计一个算法，对于给定的树中两结点返回它们的最近公共祖先。

★ 实验任务：对于给定的树和树中结点对，计算结点对的最近公共祖先。

★ 数据输入：由文件 input.txt 给出输入数据。第 1 行有 1 个正整数 n，表示给定的树有 n 个顶点，编号为 1,2,…,n，编号为 1 的顶点是树根。接下来的 n 行中，第 $i+1$ 行描述与 i 个顶点相关联的子结点的信息。每行的第 1 个正整数 k 表示该顶点的儿子结点数。其后 k 个数中，每一个数表示一个儿子结点的编号，当 k=0 时表示相应的结点是叶结点。

文件的第 $n+2$ 行是一个正整数 m，表示要计算最近公共祖先的 m 个结点对。接下来的 m 行，每行两个正整数，计算最近公共祖先的结点编号。

★ 结果输出：将计算出的 m 个结点对的最近公共祖先结点编号输出到文件 output.txt 中。每行 3 个整数，前两个是结点对编号，第 3 个是它们的最近公共祖先结点编号。

输入文件示例	输出文件示例
input.txt	output.txt
12	
3 2 3 4	
2 5 6	
0	
0	
2 7 8	
2 9 10	
0	3 11 1
0	7 12 2
0	4 8 1
2 11 12	9 12 6
0	8 10 2
0	
5	
3 11	
7 12	
4 8	
9 12	
8 10	

算法实验题 6.3 区间覆盖问题。

★ 问题描述：设 $X = x_1, x_2, \cdots, x_n$ 是实数轴上从小到大排列的实数序列。区间集合 $S = \{s_1, s_2, \cdots s_m\}$ 中的每个区间 s_i 都是左开右闭区间 $(u, v]$。其中 $u, v \in X$ 且 $u < v$。当实数 x 落入区间 $(u, v]$ 中，即 $u < x \le v$ 时，称区间 $(u, v]$ 覆盖了实数 x。区间集合 $S = \{s_1, s_2, \cdots s_m\}$ 中覆盖了实数 x 的区间个数就称为区间集合 S 对实数 x 的覆盖数，记为 $S(x)$。区间覆盖问题就是对给定的实数 x 和区间集合 S，计算区间集合 S 对实数 x 的覆盖数。

例如，当

$$X = 1.5, 3.6, 11.7, 23.9, 156.3, 211.7, 356.8$$
$$S = \{(1.5, 23.9], (11.7, 211.7]\}$$
$$x = 11.8$$

时，则区间集合 S 对实数 x 的覆盖数 $S(x) = 2$。

★ 实验任务：对于给定的实数序列 $X = x_1, x_2, \cdots, x_n$，区间集合 $S = \{s_1, s_2, \cdots s_m\}$ 及 k 个实数 $y_1, y_2, \cdots, y_k$，计算 $\sum_{i=1}^{k} S(y_i)$，即区间集合 S 对每个实数 y_i 的覆盖数之和。

★ 数据输入：由文件 input.txt 给出输入数据。文件中有多个测试项。每个测试项的第一行有 1 个正整数 $n(1 \le n \le 23\,000)$，表示给定的实数序列 $X = x_1, x_2, \cdots, x_n$ 的长度。接下来的 1 行给出 $x_1, x_2, \cdots, x_n$，用空格分隔。其后有 1 个正整数 $m(1 \le m \le 23\,000)$，表示区间集合 $S = \{s_1, s_2, \cdots$

s_m} 中的区间个数。接着的 m 行中，每行有 2 个的正整数 $1 \leqslant i < j \leqslant n$，表示输入的区间是 $(x_i, x_j]$。接下来的 1 行中有 1 个正整数 $k(1 \leqslant k \leqslant 23\,000)$，表示有 k 个实数 $y_1, y_2, \cdots, y_k$。接下来的 1 行给出 $y_1, y_2, \cdots, y_k$，用空格分隔。

★ 结果输出：将每个测试项计算出的区间集合 S 对每个实数 y_i 的覆盖数之和依次输出到文件 output.txt 中。每个测试项输出 1 行。

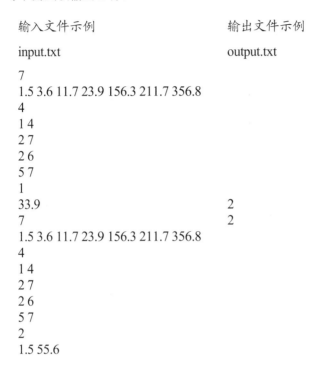

算法实验题 6.4 同构二叉树问题。

★ 问题描述：有时需要测试两个数据结构的同构性，即两个同构的结构在相应的位置具有相同结点数和分枝数。试设计一个递归函数用于测试两棵二叉树是否同构。

★ 实验任务：对于给定的两棵二叉树，计算它们是否同构。

★ 数据输入：由文件 input.txt 给出输入数据。第 1 行有 1 个正整数 n，表示给定的第 1 棵二叉树有 n 个顶点，编号为 $1,2,\cdots,n$。接下来的 n 行中，每行有 3 个正整数 a,b,c，分别表示编号为 a 的结点，左儿子结点编号为 b，右儿子结点编号为 c。接下来是第 2 棵二叉树的信息。第 $n+2$ 行有 1 个正整数 m，表示给定的第 2 棵二叉树有 m 个顶点，编号为 $1,2,\cdots,m$。接下来的 m 行中，每行有 3 个整数 a,b,c，分别表示编号为 a 的结点，左儿子结点编号为 b，右儿子结点编号为 c。各结点信息按照层序列表的顺序给出。

★ 结果输出：将计算结果输出到文件 output.txt 中。若给定的两棵二叉树同构，则输出"Yes"；否则，输出"No"。

输入文件示例　　　输出文件示例

input.txt　　　　　output.txt

5

```
1 4 2
4 3 0
2 5 0
3 0 0
5 0 0
5                          Yes
1 2 4
4 3 0
2 5 0
3 0 0
5 0 0
```

算法实验题 6.5 后序中序遍历问题。

★ 问题描述：给定一棵有 n 个结点的二叉树，结点的编号为 $1,2,\cdots,n$。已知二叉树结点编号的后序和中序列表，试设计一个算法，确定该二叉树结点编号的前序列表。

★ 实验任务：对于给定的二叉树结点编号的后序和中序列表，计算二叉树结点编号的前序列表。

★ 数据输入：由文件 input.txt 给出输入数据。第 1 行有 1 个正整数 n，表示给定的二叉树有 n 个顶点，编号为 $1,2,\cdots,n$。接下来的两行中，第 1 行是二叉树结点编号的后序列表，第 2 行是二叉树结点编号的中序列表。

★ 结果输出：将计算出的二叉树结点编号的前序列表输出到文件 output.txt 中。

输入文件示例	输出文件示例
input.txt	output.txt
5	
3 4 5 2 1	1 4 3 2 5
3 4 1 5 2	

算法实验题 6.6 动态子序列问题。

★ 问题描述：设 $X = x_1, x_2, \cdots, x_n$ 是正整数序列。用$[i, j]$来表示 X 的子序列 $x_i, x_{i+1}, \cdots, x_j$。对于 X 的子序列 $x_i, x_{i+1}, \cdots, x_j$ 的动态更新运算 $C(i,j,a)$可以将子序列$[i, j]$中所有元素 x_k 的值均更新为 $x_k + a$。动态子序列问题就是要对于给定的序列进行一系列的动态更新运算后，计算出序列中任意子序列所有元素之和、最小值与最大值。

例如，当 n=10 时，X =1,2,3,4,5,6,7,8,9,10 。经过更新运算 $C(3,6,3)$后，序列更新为 X = 1,2,6,7,8,9,7,8,9,10。此时，子序列$[2,4]$中所有元素之和、最小值与最大值分别是 15，2，7。

★ 实验任务：对于给定的正整数序列 $X = x_1, x_2, \cdots, x_n$，计算经过一系列动态更新运算 $C(i,j,a)$后序列中任意子序列的所有元素之和、最小值与最大值。

★ 数据输入：由文件 input.txt 给出输入数据。文件中有 $k(1 \leqslant k \leqslant 10)$个测试项。每个测试项的第一行有 2 个正整数 n, $m(1 \leqslant n, m \leqslant 100000)$，分别表示给定的正整数序列 $X = x_1, x_2, \cdots, x_n$ 的长度和子序列查询次数。接下来的 1 行有 n 个正整数，表示 $x_1, x_2, \cdots, x_n$。接着的 m 行中，每行以一个大写英文字母 Q 或 C 开头。在大写英文字母 C 之后有 3 个的正整数 i, j, a。其中，$1 \leqslant i < j \leqslant n$，表示子序列$[i, j]$；$a(-10\,000 \leqslant a \leqslant 10\,000)$表示将子序列$[i, j]$中所有元素的值均加上

a。在大写英文字母 Q 之后有 2 个的正整数 i, j，表示查询子序列$[i, j]$的所有元素之和、最小值与最大值。

　　★ 结果输出：对每个测试项将计算出的每个查询的结果依次输出到文件 output.txt 中。每个查询的结果输出 3 行。第 1 行是元素之和，第 2 行是最小值，第 3 行是最大值。

输入文件示例	输出文件示例
input.txt	output.txt

输入	输出
	4
	4
	4
	55
	1
10 7	10
1 2 3 4 5 6 7 8 9 10	9
Q 4 4	2
Q 1 10	4
Q 2 4	12
Q 3 5	3
C 3 6 3	5
Q 2 4	15
Q 3 6	2
	7
	30
	6
	9

第7章 散 列 表

学习要点

- 理解集合的概念
- 理解以集合为基础的抽象数据类型
- 掌握用位向量实现集合的方法
- 掌握用链表实现集合的方法
- 理解符号表的概念
- 掌握数组实现符号表的方法
- 理解开散列和闭散列的概念
- 掌握用开散列表实现符号表的方法
- 掌握除余法、数乘法、平方取中法、基数转换法和随机数法等散列函数构造方法
- 掌握采用线性重新散列技术的闭散列表实现符号表的方法

7.1 集合的基本概念

集合是表示事物的最有效的数学工具之一。生活中随处可见集合的例子，如银行中所有储户账号的集合，图书馆中所有藏书的集合，以及一个程序中所有标识符的集合等，都是常见的用集合表示一类事物的例子。在数据结构和算法的设计中，集合是许多重要抽象数据类型的基础。本章讨论各种以集合为基础的抽象数据类型，并研究在计算机上实现的有效方法。

7.1.1 集合的定义和记号

集合是由元素（成员）组成的一个类。集合的成员可以是一个集合，也可以是一个原子。通常集合的成员是互不相同的，即同一个元素在一个集合中不能多次出现。

有时需要表示有重复元素的集合，这时允许同一元素在集合中多次出现。这样的集合称为多重集合。

当集合中的原子具有线性序关系（或称全序关系）"<"时，称集合为一有序集（全序集或线性序集）。"<" 是集合的一个线性序，它有如下性质：

（1）若 a, b 是集合中任意两个原子，则 $a<b$，$a=b$ 和 $b<a$ 三者必居其一；

（2）若 a, b 和 c 是集合中的原子，且 $a<b$，$b<c$，则 $a<c$（传递性）。

整数、实数、字符和字符串都有一个自然的线性序，用"<"表示。在数据结构和算法设计中，通常将集合中的元素称为记录，每个记录有多个项（或域）来表示元素的各种属性。例如，图书馆的藏书集合中的每一个元素是一本书，它包括书名、作者、出版地等属性。当集合是有序集时，称集合中元素的序值为键。键值也是有序集中元素的一个重要属性。通过键值可以唯一地确定集合中的一个元素。为便于叙述，常将一个元素当成一个键来处理，但要记住键

只是元素记录中许多域中的一个。

表示一个由原子组成的集合，一般是把它的元素列举在一个花括号中。例如，{1,4} 表示由 "1" 和 "4" 两个元素组成的集合。虽然把集合的元素列举出来像列表一样，但集合不是一个表。集合中元素的列举顺序是任意的，如 {1,4} 和 {4,1} 表示同一集合。

表示集合的另一种方法是给出集合中元素应满足的条件，即把集合表述为：$\{x \mid$ 关于 x 的说明$\}$。其中，关于 x 的说明是一个谓词，它确切地指出元素 x 要成为集合的一个成员应满足的条件。例如，$\{x \mid x$ 是正整数，且 $x \leqslant 1000\}$ 是集合 $\{1,2,\cdots,1000\}$ 的另一种表示法。$\{x \mid$ 存在整数 y，使 $x = y^2\}$ 表示由全体完全平方数组成的集合。它是一个无穷集，无法用列举集合成员的方法来表示。

成员关系是集合的基本关系。$x \in A$ 表示 x 是集合 A 的成员。这里 x 可以是一个原子，也可以是一个集合，但 A 一定是一个集合。当 y 是一个原子时，$x \in y$ 没有意义。$x \notin A$ 表示 x 不是 A 的成员。不含任何元素的集合称为空集合，记作 $\varnothing$。$x \in \varnothing$ 对任何 x 都不成立。

如果集合 A 中每个元素也都是集合 B 的元素，就说集合 A 包含于集合 B 中，或说集合 B 包含集合 A，记为 $A \subseteq B$。这时，称集合 A 是集合 B 的子集，或集合 B 是集合 A 的扩集。例如，$\{1,2\} \subseteq \{1,2,3\}$，$\{1,2\}$ 是 $\{1,2,3\}$ 的子集，但 $\{1,2,3\}$ 不是 $\{1,2\}$ 的子集，因为 3 在 $\{1,2,3\}$ 中，而不在 $\{1,2\}$ 中。每个集合都包含其自身及空集合。如果两个集合互相包含，就说这两个集合相等。若 $A \subseteq B$ 且 $A \neq B$，则称 A 是 B 的真子集，B 是 A 的真扩集。

关于集合的最基本的运算是并、交、差运算。设 A 和 B 是两个集合。A 与 B 的并集是由 A 的成员和 B 的成员合在一起得到的集合，记为 $A \cup B$。A 与 B 的交集是由 A 与 B 所共有的成员组成的集合，记为 $A \cap B$。A 与 B 的差集是由属于 A 但不属于 B 的元素组成的集合，记为 $A - B$。例如，若 $A=\{a,b,c\}$，$B=\{b,d\}$，则 $A \cup B=\{a,b,c,d\}$，$A \cap B=\{b\}$，$A-B=\{a,c\}$。

7.1.2 定义在集合上的基本运算

在集合上可以定义各种各样的运算（有时称为操作）。将集合与一些具体的关于集合的运算结合在一起，就得到一些重要的抽象数据类型。这里先列举一些最常用的集合运算，其中大写字母表示一个集合，小写字母表示集合中的一个元素。

（1）SetUnion (A,B)，并集运算：其运算结果为集合 A 与集合 B 的并集。

（2）SetIntersection(A,B)，交集运算：其运算结果为集合 A 与集合 B 的交集。

（3）SetDifference(A,B)，差集运算：其运算结果为集合 A 与集合 B 的差集。

（4）SetAssign(A,B)，赋值运算：将集合 B 的值赋给集合 A。

（5）SetEqual(A,B)，判等运算：当集合 A 与集合 B 相等时返回 1，否则返回 0。

（6）SetMember(x,S)，成员运算：其中 x 与集合 S 的元素有相同的类型。当 x 属于 S 时，返回 1，否则返回 0。

（7）SetInsert(x,S)，插入运算：将元素 x 插入集合 S 中。x 与集合 S 中的元素具有相同类型。当 x 原来就是集合 S 中的一个元素时，不改变集合 S。

（8）SetDelete(x,S)，删除运算：将元素 x 从集合 S 中删去。若 x 不属于集合 S，则不改变集合 S。

7.2　简单集合的实现方法

7.2.1　用位向量实现集合

当所讨论的集合都是全集 $\{1,2,\cdots,n\}$ 的子集，而且 n 是一个不大的固定整数时，可以用位向量来实现集合。此时，对于任何一个集合 $A\subseteq\{1,2,\cdots,n\}$，可以定义它的特征函数为

$$\delta_A(x)=\begin{cases}1, & x\in A\\ 0, & x\notin A\end{cases}$$

用一个 n 位的向量 v 来存储集合 A 的特征函数值 $v[i]=\delta_A(i)$，$i=1,2,\cdots,n$，可以唯一地表示集合 A。位向量 v 的第 i 位为 1 当且仅当 i 属于集合 A。这种表示法的主要优点是 SetMember，SetInsert 和 SetDelete 运算都可以在常数时间内完成，只要访问相应的位就行了。在这种集合表示法下，执行并集运算、交集运算和差集运算所需的时间正比于全集的大小 n。用位向量实现的集合结构 Bitset 定义如下。

```
1   typedef struct bitset *Set;/* 位向量集合指针类型 */
2   typedef struct bitset{/* 位向量集合 */
3       int setsize;/* 集合大小 */
4       int arraysize;/* 位数组大小 */
5       unsigned short *v;/* 位数组 */
6   }Bitset;
```

函数 SetInit(size)创建一个用位向量实现、可存储集合大小为 size 的空集。

```
1   Set SetInit(int size)
2   {/* 创建一个用位向量实现的空集 */
3       Set S=(Set)malloc(sizeof *S);
4       S->setsize=size;
5       /* 存储大小为 setsize 的集合所需的无符号短整数位数 */
6       S->arraysize=(size+15)>>4;
7       S->v=(unsigned short *)malloc(size*sizeof(unsigned short));
8       /* 初始化为空集 */
9       for(int i=0;i<size;i++)  S->v[i]=0;
10      return S;
11  }
```

函数 SetAssign(*A*,*B*)通过复制表示集合的位向量来实现赋值运算。

```
1   void SetAssign(Set A,Set B)
2   {/* 集合赋值运算 */
3       if(A->setsize!=B->setsize)  return;
4       for(int i=0;i<A->arraysize;i++)A->v[i]=B->v[i];
5   }
```

SetMember(*x*,*S*)通过检测元素在表示集合的位向量中相应的位来判定成员属性。

```
1   int SetMember(int x,Set S)
2   {/* 成员属性判断 */
3       if(x<0 || x>=S->setsize)  return 0;
```

```
4       return S->v[ArrayIndex(x)]&BitMask(x);
5   }
```

其中，用到元素在数组中的下标定位函数 ArrayIndex 和位屏蔽函数 BitMask。下标定位函数 ArrayIndex 通过将 x 右移 4 位获得 x 在数组中的位置。位屏蔽函数 BitMask 则先计算出 x 除以 16 的余数 y，然后将 1 左移 y 位确定 x 在相应数组单元中的准确位置。

```
1   int ArrayIndex(int x)
2   {/* 右移4位获得 x 在数组中的位置 */
3       return x>>4;
4   }
5
6   unsigned short BitMask(int x)
7   {/* 确定 x 在相应数组单元中的准确位置 */
8       return 1<<(x&15);
9   }
```

函数 SetEqual(A,B)通过检测集合 A 和 B 的位向量来判定集合 A 和 B 是否相等。

```
1   int SetEqual(Set A,Set B)
2   {/* 判定集合 A 和 B 是否相等 */
3       if(A->setsize!=B->setsize)return 0;
4       int retval=1;
5       for(int i=0;i<A->arraysize;i++)
6           if(A->v[i] != B->v[i]){
7               retval=0;
8               break;
9           }
10      return retval;
11  }
```

函数 SetUnion (A,B)通过集合 A 和 B 的位向量按位或来实现并集运算。

```
1   Set SetUnion (Set A,Set B)
2   {/* 并集运算 */
3       Set tmp=SetInit(A->setsize);
4       for(int i=0;i<A->arraysize;i++)
5           tmp->v[i]=A->v[i] | B->v[i];
6       return tmp;
7   }
```

函数 SetIntersection(A,B)通过集合 A 和 B 的位向量按位与来实现交集运算。

```
1   Set SetIntersection(Set A,Set B)
2   {/* 交集运算 */
3       Set tmp=SetInit(A->setsize);
4       for(int i=0;i<A->arraysize;i++)
5           tmp->v[i]=A->v[i] & B->v[i];
6       return tmp;
7   }
```

函数 SetDifference(A,B)通过集合 A 和 B 的位向量按位与和按位异或来实现差集运算。

```
1   Set SetDifference(Set A,Set B)
2   {/* 差集运算 */
3       Set tmp=SetInit(A->setsize);
4       for(int i=0;i<A->arraysize;i++)
5           tmp->v[i]= A->v[i]^(B->v[i] & A->v[i]);
6       return tmp;
7   }
```

函数 SetInsert(x,S)通过将集合 S 的位向量相应位置 1 来实现元素插入运算。

```
1   void SetInsert(int x,Set S)
2   {/* 插入运算 */
3       if(x<0 || x>=S->setsize)  return;
4       S->v[ArrayIndex(x)] |= BitMask(x);
5   }
```

函数 SetDelete(x,S)通过清除集合 S 的位向量相应位来实现元素删除运算。

```
1   void SetDelete(int x, Set S)
2   {/* 删除运算 */
3       if(x<0 || x>=S->setsize)  return;
4       S->v[ArrayIndex(x)]&=~BitMask(x);
5   }
```

当全集合是一个有限集，但不是由连续整数组成的集合时，仍然可以用位向量来表示这个集合的子集。这时只需建立全集合的成员与整数集{1,2,…,n}成员之间的一个一一对应关系即可。一般地，当两个集合之间具有一一对应关系时，要实现这两个集合中元素的相互转换，可以借助映射（Mapping）来实现。当其中一个集合是整数集时，可以用数组 A 来实现从这个整数集到另一个集合的映射。此时，数组元素 A[i]表示整数 i 所对应的另一个集合中的元素。

7.2.2 用链表实现集合

用链表实现集合时，链表中的每个项表示集合的一个成员。表示集合的链表所占用的空间正比于所表示的集合的大小，而不是正比于全集合的大小。因此，链表可用于表示一个无穷全集合的子集。

链表可分为无序链表和有序链表两种类型。当全集合为一有序集时，它的任一子集都可以用有序链表表示。在一个有序链表中，各项所表示的元素 $e(1),e(2),…,e(n)$ 依从小到大顺序排列，即 $e(1)<e(2)<…<e(n)$。因此，在一个有序链表中寻找一个元素时，一般不用搜索整个链表。例如，在求两个大小为 n 的集合的交时，假设这两个集合均为一个有序全集的子集，如果用无序链表表示这两个集合，就只能一一比较存放在两个链表中的元素，需要比较 $O(n^2)$ 次。如果用有序链表表示这两个集合，效率就高得多了。例如，当要确定有序链表表示的集合 A 中的元素 e 是否在有序链表表示的集合 B 中时，只要将元素 e 与 B 中的元素顺序逐个比较，若遇到一个与 e 相等的元素，则 e 在两个集合的交中；若没有遇到与 e 相等的元素而遇到一个比 e 大的元素，则 e 不在交中。另外，如果在 A 中元素 e 的前一个元素是 d，而且已经知

道 B 中第一个大于或等于 d 的元素是 f，那么只要让 e 与 B 中元素 f 及其后面的元素顺序逐个比较就行了。这样只要查看 A 和 B 各一遍，就可以求出两个集合的交，需要的比较次数为 $O(n)$。

用有序链表可实现集合 Set 如下。

```
1  typedef struct list *Set;/* 集合链表指针类型 */
2  typedef struct list{/* 集合链表类型 */
3      link first;/* 链表表首指针 */
4  }LSet;
```

其中，有序链表的结点类型 node 如下。

```
1  typedef struct node *link;/* 表结点指针类型 */
2  struct node{/* 表结点类型 */
3      SetItem element;/* 集合元素 */
4      link next;/* 指向下一结点的指针 */
5  }Node;
```

函数 SetInit() 创建一个空集合。

```
1  Set SetInit()
2  {/* 创建一个空集合 */
3      Set S=(Set)malloc(sizeof *S);
4      S->first=0;
5      return S;
6  }
```

函数 SetEmpty(S) 判定集合 S 是否为空集合。

```
1  int SetEmpty(Set S)
2  {/* 判定集合是否为空 */
3      return S->first==0;
4  }
```

函数 SetSize(S) 返回集合 S 的大小。

```
1   int SetSize(Set S)
2   {/* 集合大小 */
3     link current=S->first;
4     int len=0;
5     while(current){
6       len++;
7       current=current->next;
8     }
9     return len;
10  }
```

函数 SetAssign(A,B) 通过复制表示集合的链表来实现赋值运算。在实现集合的赋值运算时，不能简单地将 A 的 first 指针指向集合 B 的 first 指针所指的单元。如果这样做，以后对集合 A 的

改变将会引起集合 B 不应有的改变。

```
1   void SetAssign(Set A,Set B)
2   {/* 集合赋值运算 */
3       link a,b,c;
4       b=B->first;
5       A->first=0;
6       if(b){
7           A->first=NewNode();
8           a=A->first;
9           a->element=b->element;
10          a->next=0;
11          b=b->next;
12      }
13      while(b){
14          c=NewNode();
15          c->element=b->element;
16          c->next=0;
17          b=b->next;
18          a->next=c;
19          a=c;
20      }
21  }
```

函数 SetInter (A,B) 通过扫描表示集合 A 和 B 的链表来实现交集运算。

```
1   Set SetInter(Set A,Set B)
2   {/* 交集运算 */
3       Set tmp=SetInit();
4       link a=A->first;
5       link b=B->first;
6       link p=NewNode();
7       link q=p;
8       while(a&&b){
9           if(a->element==b->element){
10              link r=NewNode();
11              r->element=a->element;
12              r->next=0;
13              p->next=r;
14              p=r;
15              a=a->next;
16              b=b->next;
17          }
18          else if(a->element<b->element)a=a->next;
19          else b=b->next;
20      }
21      if(p!=q)tmp->first=q->next;
22      free(q);
23      return tmp;
```

24

实现集合并集运算 SetUnion(*A*,*B*)和差集运算 SetDifference(*A*,*B*)的算法与算法 SetInter(*A*,*B*)很相似。对于并集运算，由于要按递增的顺序将集合 *A* 和 *B* 中的元素添加到集合 tmp 中去，所以当比较的两个元素不相等时，要将较小的元素添加到 tmp 中。当算法的主循环结束时，还要将尚有剩余元素的集合所剩的元素都添加到 tmp 中去。对于差集运算，仅当比较发现 *A* 中元素比 *B* 中元素小时，才将这个元素添加到 tmp 中。

函数 SetInsert(*x*,*S*)通过向表示集合 *S* 的链表插入元素 *x* 来实现元素插入运算。

```
1   void SetInsert(SetItem x,Set S)
2   {/* 插入运算 */
3       link p=S->first;
4       link q=p;
5       while(p && p->element<x){
6           q=p;
7           p=p->next;
8       }
9       if(p && p->element==x)return;
10      link r=NewNode();
11      r->element=x;
12      r->next=p;
13      if(p==q)S->first=r;
14      else q->next=r;
15  }
```

7.3   散列技术

在算法设计中用到的集合，往往不进行集合的并、交、差运算，而常要判定某个元素是否在给定的集合中，并且要不断地对这个集合进行元素的插入和删除操作。以集合为基础，并支持 SetMember，SetInsert 和 SetDelete 三种运算的抽象数据类型有一个专门的名称，叫做符号表。下面讨论实现符号表的一些基本方法。

7.3.1   符号表

可以用表示集合的链表或位向量来实现符号表。另一种简单方法是用一个定长数组来存储集合中的元素。这个数组带有一个游标 last，指示集合的最后一个元素在数组中的存储位置。这种表示法当然也可用于表示一般的集合。它的优点是结构简单，易于操作；缺点是表示的集合大小受数组大小的限制，删除操作慢。通常集合元素并不占满整个数组，因此，存储空间没有得到充分利用。

用数组实现符号表的结构定义如下。

```
1   typedef struct atab *Table;
2   typedef struct atab{
3       int arraysize;
4       int last;
```

```
5        SetItem *data;
6   }Atab;
```

TableInit(size)创建一个定长数组大小为 size 的空符号表。

```
1   Table TableInit(int size)
2   {
3       Table T=(Table)malloc(sizeof *T);
4       T->arraysize=size;
5       T->last=0;
6       T->data=(SetItem *)malloc(size*sizeof(SetItem));
7       return T;
8   }
```

符号表的成员查询函数 TableMember(x,T)实现如下。

```
1   int TableMember(SetItem x,Table T)
2   {
3       for(int i=0;i<T->last;i++)
4           if(T->data[i]==x)return 1 ;
5       return 0;
6   }
```

符号表的元素插入运算 TableInsert(x,T)实现如下。

```
1   void TableInsert(SetItem x,Table T)
2   {
3       if(!TableMember(x,T) && T->last<T->arraysize)T->data[T->last++]=x;
4   }
```

符号表的元素删除运算 TableDelete(x,T)实现如下。

```
1   void TableDelete(SetItem x,Table T)
2   {
3       int i=0;
4       if(T->last>0){
5           while(T->data[i]!=x && i<T->last)i++;
6           if(i<T->last && T->data[i]==x)T->data[i]=T->data[--T->last];
7       }
8   }
```

用数组来实现含有 n 个元素的符号表，在最坏情况下运算 TableMember，TableInsert 和 TableDelete 所需的计算时间为 $O(n)$。改用链表实现，结果也不理想。如果用位向量实现，虽然每个运算都可以在 $O(1)$ 时间内完成，但它只适用于小规模的符号表。

实现符号表的另一个重要技巧是散列（Hashing）技术。用散列来实现符号表可以使符号表的每个运算所需的平均时间是一个常数值，在最坏情况下每个运算所需的时间正比于集合的大小。

散列有两种形式。一种是开散列（外部散列），它将符号表元素存放在一个潜无穷的空间里，能处理任意大小的集合。另一种是闭散列（内部散列），它使用一个固定大小的存储空间，所能处理的集合大小不能超过其存储空间大小。

7.3.2　开散列

　　开散列的基本思想是将集合的元素（可能有无穷多个）划分成有限个类，例如，划分为 0，1，$\cdots$，B-1 这 B 个类。用散列函数 h 将集合中的每个元素 x 映射到 0，1，$\cdots$，B-1 之一，$h(x)$ 的值就是 x 所属的类。函数 $h(x)$ 的值称为元素 x 的散列值。上面所说的每一个类称为一个桶，并且称 x 属于桶 $h(x)$。

　　每个桶都用一个表来表示。x 是第 i 个表中的元素当且仅当 $h(x)=i$，即 x 属于第 i 个桶。

　　用散列表来存储集合中的元素时，总希望将集合中的元素均匀地散列到各个桶中，使得当集合中含有 n 个元素时，每个桶中平均有 n/B 个元素。若能估计出 n，并选择 B 与 n 差不多大小，则每个桶中平均只有 1~2 个元素。这样，符号表的每个运算所需要的平均时间就是一个与 n 和 B 无关的小常数。由此可以看出，开散列表是将数组和表结合在一起的一种数据结构，并利用二者的优点，克服二者的缺点。因此，如何选择"随机"的散列函数，将集合中的元素均匀地散列到各个桶中是散列技术的一个关键。对此还要有进一步的讨论。这里先来看一个在字符串集合上定义的散列函数 hash1(x)。

```
1    int hash1(char* x)
2    {/* 字符串的散列函数 */
3        int len,i,j=0;
4        len=strlen(x);
5        for(i=0;i<len;i++)j+=x[i];
6        return j%101;
7    }
```

　　其中，集合元素 x 为字符串。该散列函数将字符串 x 中的每个字符转换为一个整数，然后将每个字符所对应的整数相加，用所得和除以 101 的余数作为 $h(x)$ 的值。显然这个余数是 0，1，$\cdots$，100 中的一个。

　　用开散列表实现的符号表结构 OpenHashTable 定义如下。

```
1    typedef struct open *OpenHashTable;/* 开散列表 */
2    typedef struct open{
3        int size;/* 桶数组的大小 */
4        int(*hf)(SetItem x);/* 散列函数 */
5        List *ht;/* 桶数组 */
6    }Open;
```

　　其中，ht 是桶数组；size 是桶数组的大小；hf(x) 是元素 x 的散列函数。

　　函数 HTInit(nbuckets, hashf(x)) 创建一个空的开散列表，其桶数组的大小为 nbuckets，散列函数为 hashf(x)。

```
1    OpenHashTable HTInit(int nbuckets,int(*hashf)(SetItem x))
2    {/* 创建空开散列表 */
3        OpenHashTable H=(OpenHashTable)malloc(sizeof *H);
4        H->size=nbuckets;
```

```
5      H->hf=hashf;
6      H->ht=(List *)malloc(H->size*sizeof(List));
7      for(int i=0;i<H->size;i++)
8        H->ht[i]=ListInit();
9      return H;
10   }
```

开散列表 OpenHashTable 的成员查询函数 HTMember(x,H)根据元素 x 的散列函数值确定存储该元素的桶号，然后调用相应的表定位函数返回查询结果。

```
1    int HTMember(SetItem x,OpenHashTable H)
2    {/* 成员查询 */
3      int i=(*H->hf)(x)%H->size;
4      return (ListLocate(x,H->ht[i])>0);
5    }
```

开散列表 OpenHashTable 的元素插入运算 HTInsert(x,H)根据元素 x 的散列函数值确定存储该元素的桶号，然后在该桶的表首插入元素 x。

```
1    void HTInsert(SetItem x,OpenHashTable H)
2    {/* 插入元素 */
3      if(HTMember(x,H))  return;
4      int i=(*H->hf)(x)%H->size;
5      ListInsert(0,x,H->ht[i]);
6    }
```

开散列表 OpenHashTable 的元素删除运算 HTDelete(x,H)根据元素 x 的散列函数值确定存储该元素的桶号，再调用相应的表元素删除函数删除元素 x。

```
1    void HTDelete(SetItem x,OpenHashTable H)
2    {/* 删除元素 */
3      int i,k;
4      i=(*H->hf)(x)%H->size;
5      if(k=ListLocate(x,H->ht[i]))  ListDelete(k,H->ht[i]);
6    }
```

7.3.3　闭散列

闭散列表将符号表的元素直接存放在桶数组单元中，而不用桶数组来存放链表。因此闭散列表中的每个桶都只能存放集合中的一个元素。当要把元素 x 存放到桶 h(x)中，但发现这个桶已被其他元素占用时，就发生了冲突。为了解决闭散列中的冲突，需要使用重新散列技术，使得发生冲突时，按重新散列技术可以选取一个桶序列 $h_1(x),h_2(x),\cdots$。只要桶头数组尚未全部被占用，顺序试探这个桶序列中各个桶，一定能找到一个空桶来存放元素 x。最简单的重新散列技术是线性重新散列技术，即当散列函数为 h(x)，桶数为 B 时，取

$$h_i(x)=(h(x)+i)\%B,\ i=1,2,\cdots,B-1$$

例如，设集合元素 a,b,c,d 的散列值分别为 $h(a)=3,h(b)=0,h(c)=4,h(d)=3$。要将这些元素散列到一个具有 8 个桶的闭散列表 H 中，发生冲突时用线性重新散列技术解决冲突。假设初始时桶数组中每个单元都是空的，并在每个单元中存放一个特殊记号 empty，用来标记这个单元为空。显然，a 可以存放在桶 3 中，b 可以存放在桶 0 中，c 可以存放在桶 4 中。当要往闭散列表 H 中存放 d 时，发现 $h(d)=3$，且桶 3 中已经存放了元素 a，于是按线性重新散列技术试探 $h_1(d)=4$。因为桶 4 中也已存放了一个元素，所以按线性重新散列技术再试探 $h_2(d)=5$，这时桶 5 是空的，于是将 d 存放在桶 5 中。此时闭散列表 H 中存放的元素如图 7-1 所示。

图 7-1　闭散列表 H 中存放的元素

检测一个元素 x 是否在一个闭散列表中，只要顺序查看桶 $h(x)$，$h_1(x)$，$h_2(x)$，…，若在某个桶中找到 x，则 x 在这个闭散列表中。如果没有找到 x 而遇到一个空桶，是否可以断定 x 不在这个闭散列表中？如果在这个闭散列表中没有执行过删除操作，可以断定 x 不在闭散列表中。如果对这个闭散列表执行过删除操作，就无法确定所遇到的空桶在当初存放 x 时是否曾被占用，因而也就无法确定 x 是否在闭散列表中。

解决这个问题的一个有效方法是取另一个与 empty 不同的特殊记号 deleted，用来标记一个曾被占用过的空桶。当某个桶里的元素被删除时，就将这个特殊记号 deleted 存入该桶。这样，在一个执行过删除操作的闭散列表中查询成员时，如果遇到空桶就可以断定 x 不在这个闭散列表中。例如，若设 $h(e)=4$，要检测元素 e 是否在图 7-1 的闭散列表 H 中，顺序查看了桶 4、5 和 6，结果没有找到元素 e 而遇到了一个空桶。由于图 7-1 的闭散列表 H 上没有执行过删除操作，所以可以断定元素 e 不在这个闭散列表中。若在图 7-1 的闭散列表 H 上连续执行 HTDelete(c,H) 和 HTMember(d,H) 运算，则先将元素 c 从桶 4 中删去，并将特殊记号 deleted 存入桶 4 中。然后从桶 $h(d)=3$ 开始，顺序查看桶 4 和桶 5，并在桶 5 中找到了元素 d。

用闭散列表实现的符号表结构 HashTable 定义如下。

```
1   typedef struct hashtable *HashTable;
2   typedef struct hashtable{
3       int size;/* 桶数组大小 */
4       int (*hf)(SetItem x);/* 散列函数 */
5       SetItem *ht;/* 桶数组 */
6       int *state;/* 占用状态数组 */
7   }Hashtable;
```

其中，ht 是桶数组；size 是桶数组的大小；数组 state 用于表示桶单元的占用情况。当 state[k] 的值为 0 时，表示桶单元 ht[k] 已被占用；当 state[k] 的值为 1 时，表示桶单元 ht[k] 为空桶；当 state[k] 的值为 2 时，表示桶单元 ht[k] 曾被占用，但其中元素已被删除。hf(x)是元素 x 的散列函数。

函数 HTInit(divisor, hashf(x))初始化桶数组 ht 和 state，将每个桶都设置为空桶。创建一个空散列表。

```
1   HashTable HTInit(int div, int(*hashf)(SetItem x))
```

```
2    {/* 创建一个空散列表 */
3        HashTable H=(HashTable)malloc(sizeof *H);
4        H->size=div;
5        H->hf=hashf;
6        H->ht=(SetItem *)malloc(H->size*sizeof(SetItem));
7        H->state=(int *)malloc(H->size*sizeof(int));
8        for (int i=0;i<H->size;i++)H->state[i]=1;
9        return H;
10   }
```

函数 FindMatch(x,H)在散列表 H 的桶数组中查找元素 x，并返回它在桶数组中的位置。当 x 不在桶中时，函数的返回值为 H->size。

```
1    int FindMatch(SetItem x,HashTable H)
2    {/* 在桶数组中查找存储元素 x 的位置或遇空桶 */
3        int j=(*H->hf)(x);/* 初始桶 */
4        for(int i=0;i<H->size;i++){
5            int k=(j+HashProb(i))%H->size;
6            if(H->state[k]==1)break;
7            if(!H->state[k] && eq(H->ht[k],x))return k;
8        }
9        return H->size;
10   }
```

函数 FindMatch 在桶数组中查找元素 x 的过程中，用探测函数 HashProb(i)逐个扫描可能存储元素 x 的位置，直至找到元素 x 或遇空桶。为明确起见，这里给出的解决地址冲突的探测函数 HashProb(i)是线性探测函数。

```
1    int HashProb(int i)
2    {/* 线性探测 */
3        return i;
4    }
```

函数 Unoccupied(x,H)类似于函数 FindMatch，返回散列表 H 的桶数组中可存储元素 x 的未占用桶单元位置 k，即桶单元 ht[k]是空桶或桶单元 ht[k]曾被占用，但其中元素已被删除。当找不到未占用桶单元时，函数的返回值为 H->size，表明桶数组已满。

```
1    int Unoccupied(SetItem x,HashTable H)
2    {/* 桶数组中可存储元素 x 的未占用桶单元位置 */
3        int j=(*H->hf)(x);/* 初始桶 */
4        for(int i=0;i<H->size;i++){
5            int k=(j+HashProb(i))%H->size;
6            if(H->state[k])return k;
7        }
8        return H->size;
9    }
```

闭散列表 HashTable 通过调用函数 FindMatch 实现成员查询函数 HTMember(x,H)。

```
1    int HTMember(SetItem x,HashTable H)
2    {/* 成员查询 */
3        int i=FindMatch(x,H);
4        if(i<H->size && eq(H->ht[i],x))  return 1;
5        return 0;
6    }
```

函数 HTInsert(*x*,*H*)先调用函数 HTMember，确定元素 *x* 不在散列表 *H* 中后，再用函数 Unoccupied 计算出元素 *x* 在桶数组中的可插入位置，并在此位置插入元素 *x*。

```
1    void HTInsert(SetItem x,HashTable H)
2    {/* 插入元素 */
3        if(HTMember(x,H))return;
4        int i=Unoccupied(x,H);/* 桶数组中的可插入位置 */
5        if(i<H->size){/* 可插入 */
6            H->state[i]=0;
7            H->ht[i]=x;
8        }
9        else return;
10   }
```

函数 HTDelete(*x*,*H*)在 FindMatch 找到元素 *x* 所在的桶数组单元 *i* 后，将该单元所对应的状态 state[*i*]的值置为 2，表明 ht[*i*]中元素 *x* 已被删除。

```
1    void HTDelete(SetItem x,HashTable H)
2    {/* 删除元素 */
3        int i=FindMatch(x,H);
4        if(i<H->size && H->ht[i]==x)  H->state[i]=2;
5    }
```

上述删除元素算法 HTDelete 的一个明显不足是在对散列表执行了大量元素删除运算后，在散列表中查询的速度减慢。其主要原因是在执行查询运算时，散列表中元素已被删除的桶单元被当成非空桶单元来处理。实现删除运算的另一种策略是在删除一个元素后，用当前桶中另一个元素来填充被删除元素释放的桶空间。假设被删除元素 *x* 位于桶单元 ht[*i*]。现考查一个非空桶单元 ht[*j*]中的元素 *y*，其散列函数值为 *h*=hf[*y*]。下面分情况讨论可用非空桶单元 ht[*j*]中的元素 *y* 填充被删除元素释放的桶空间 ht[*i*]的条件。

（1）当 *i*<*j* 时，若 *i*<*h*≤*j*，则不可用元素 *y* 填充 ht[*i*]；当 *h*≤*i*<*j* 或 *i*<*j*<*h* 时，可用元素 *y* 填充 ht[*i*]，如图 7-2（a）所示。

（2）当 *j*<*i* 时，仅当 *j*<*h*≤*i* 时可用元素 *y* 填充 ht[*i*]，如图 7-2（b）所示。

h　　　*i*　　　　　　*j*　　*h*	*j*　　*h*　　*i*
（a）	（b）

图 7-2　填充删除的条件

用上述思想实现的删除运算 HTDelete1(*x*,*H*)描述如下。

```
1    void HTDelete1(SetItem x,HashTable H)
2    {/* 填充被删除元素释放的桶空间 */
3        int j,i=FindMatch(x,H);
4        if(i<H->size && H->ht[i]==x)
5            for(;;){
6                H->state[i]=1;
7                for(j=(i+1)%H->size;!H->state[j];j=(j+1)%H->size){
8                    int k=(*H->hf)(H->ht[j]);
9                    if((k<=i && i<j)||(i<j && j<k)||(j<k && k<=i))break;
10               }
11               if(H->state[j])break;
12               H->ht[i]=H->ht[j];
13               H->state[i]=H->state[j];
14               i=j;
15           }
16   }
```

7.3.4 散列函数及其效率

要在常数时间内实现符号表各运算的关键在于选择一个好的散列函数，它能将集合中的 n 个元素均匀地散列到 B 个桶中，这样每个桶中平均有 n/B 个元素。在开散列表中，HTInsert，HTDelete 和 HTMember 运算就只要 $O(n/B)$ 平均时间。当 n/B 为一常数时，每个符号表运算可在常数时间内完成。

下面介绍几种计算简单且效果较好的散列函数构造方法。

1. 除余法

选择一个适当的正整数 m，用 m 去除键值，取所得的余数作为散列函数值，即 $h(k)=k\%m$。这个方法的关键是选取适当的 m，当然 m 不能超过桶数 B。有时为了简单起见可取 $m=B$。这样当 B 为偶数时，总是将奇数键值转换为奇数散列值，将偶数键值转换为偶数散列值，这当然不好。另外，当 B 是键值基数的幂次时，取 $m=B$ 就等价于将键值的最后几位数字作为散列值。例如，若键值是十进制数，而 $B=100$，则实际上就是取键值的最后 2 位数作为散列值。一般地选 m 为不超过 B 的最大素数比较好。

由于除余法散列函数计算公式简单，而且在许多情况下效果较好，所以是最常用的构造散列函数的方法。

2. 数乘法

用数乘法构造散列函数是先选择一个纯小数 a，$0<a<1$，然后对于键值 k 和散列表的桶数 B，构造相应的散列函数值：

$$h(k)=\left\lfloor B\left(ka-\lfloor ka \rfloor\right)\right\rfloor$$

数乘法的一个优点是构造出的散列函数值在散列表中分布的均匀性不依赖于桶数 B。虽然该方法中的纯小数 a 可以任意选择，但它的选择会影响散列函数的分布均匀性。最优的选择依赖于集合中元素键的数字特征。在一般情况下，选择 $a=\dfrac{\sqrt{5}-1}{2}=0.618\cdots$ 会使散列函数值在散列表中的分布比较均匀。

3. 平方取中法

平方取中法是较随机的一种散列方法。一般地，当桶数 B 不是 10 的方幂，而键是 $0 \sim n$ 之间的整数时，可以选取整数 c，使得 Bc^2 与 n^2 大致相等，然后令 $h(k)= \left\lfloor k^2/c \right\rfloor \% B$，则 $h(k)$ 就是 k^2 的中间数字，且不超过 B。当 B 和 c 均为偶数时，散列的效果往往不太好，因此，可选 c 与 B 互素。

4. 基数转换法

基数转换法是将键值看成用另一个进制表示的数后，再将它转换为原来进制表示的数，取其中若干位作为散列函数值。一般取大于原来基数的数作为转换的基数，并且这两个基数是互素的。

5. 随机数法

选择一个随机函数作为散列函数，取键的随机函数值作为它的散列函数值，即 $h(k)=random(k)$。其中，random 为随机函数。通常，当键的长度不等时，采用随机数法构造散列函数效果较好。

7.3.5 闭散列的重新散列技术

在闭散列中，插入及其他运算所耗费的时间不仅依赖于散列函数的选取，而且与重新散列技术有关。采用线性重新散列技术不可避免地会出现散列表中元素的"聚集"现象，即散列表中成块的连续地址被占用。为了减少聚集的机会，应该采用跳跃式的重新散列技术。下面介绍另外三种散列技术，它们大大减少了元素聚集的可能性。

1. 二次散列技术

二次重新散列技术选取的探查桶序列为

$$h(x), h_1(x), h_2(x), \cdots, h_{2i-1}(x), h_{2i}(x), \cdots$$

其中，$h_{2i-1}(x) = \left(h(x)+i^2\right)\%B$，$h_{2i}(x) = \left(h(x)-i^2\right)\%B$。

虽然二次重新散列减少了元素聚集的可能性，但用此方法不易探查到整个散列表。只有当 B 为形如 $4j+3$ 的素数时，才能探查到整个散列表。

2. 随机重新散列技术

随机重新散列技术选取的探查序列为 $h_i(x) = \left(h(x)+d_i\right)\%B$，$i=1,2,\cdots,B-1$。其中，$d_1,d_2,\cdots,d_{B-1}$ 是 $1,2,\cdots,B-1$ 的一个随机排列。如何得到随机排列，涉及随机数的产生问题。在实际应用中，常用移位寄存器序列代替随机数序列。

3. 双重散列技术

这种方法使用两个散列函数 h 和 h' 来产生探索序列：

$$h_i(x)=(h(x)+ih'(x))\%B, \quad i=1,2,\cdots,B-1$$

定义 $h'(x)$ 的方法较多，但无论采用什么方法定义 h'，都必须使 $h'(x)$ 的值和 B 互素才能使散列函数值在散列表中均匀分布。

7.4 应用举例

例 7.1 元素唯一性问题。

给定 n 个自然数 $a[0],a[1],\cdots,a[n-1]$。元素唯一性问题就是要判断这 n 个数是否互不相同。例如，当 $a[]=\{1,3,2,3,4\}$ 时，数字 3 重复出现，因此 a 中元素不唯一。如果用逐一比较的方法来查找重复数字，需要 $O(n^2)$ 时间。用散列表方法就快得多，只要 $O(n)$ 时间。

```
1    bool unique(int a[],int n)
2    {
3        HashTable h=HTInit(maxn,hash);
4        for (int i=0;i<n;i++){
5            if (HTMember(a[i],h))return false;
6            HTInsert(a[i],h);
7        }
8        return true;
9    }
```

算法第 4 行的 for 循环从左到右逐个查看数字 $a[i]$。当 $a[i]$ 不在散列表 h 中时，在第 6 行将它插入散列表 h 中。一旦在第 5 行发现 $a[i]$ 已在散列表 h 中，就找到了重复数字 $a[i]$。由于散列表的插入运算和成员查找运算需要 $O(1)$ 时间，所以 for 循环需要 $O(n)$ 时间。

例 7.2 字符串频率统计问题。

散列表方法可以用来统计文本文件中字符串出现的频率。计算存储字符串地址的散列函数定义如下。

```
1    int hash1(char* x)
2    {/* 字符串的散列函数 */
3        int j=0,len=strlen(x);
4        for(int i=0;i<len;i++)j+=x[i];
5        return j%maxsize;
6    }
7
8    int hash(NameRecord elem)
9    {
10       return hash1(elem->name);
11   }
```

用此散列函数将文本文件中所有字符串存入一个闭散列表中，该闭散列表中元素类型定义如下。

```
1    typedef struct node *NameRecord;/* 字符串元素类型指针 */
2    typedef struct node{/* 字符串元素结构 */
3        char name[Msize];/* 字符串元素 */
```

```
4        //char *name;
5        int count;/* 字符串计数 */
6     }Namenode;
7
8    NameRecord NewName(char *s)
9    {/* 新字符串元素 */
10        NameRecord p;
11        p=(NameRecord)malloc(sizeof(Namenode));
12        strcpy(p->name,s);
13        p->count=1;
14        return p;
15   }
```

其中，name 用于存储字符串；count 存储字符串的出现频率。NewName(s)创建一个存储字符串 s 的新元素。

下面的算法 strfreq 通过依次扫描文本文件中每个字符串来统计各字符串的出现频率。当扫描的字符串是第一次遇到的新字符串时，创建一个存储该字符串的新元素，并将该元素存入散列表中。当扫描的字符串已在散列表中时，存储该字符串的元素的 count 值增加 1。文件扫描结束后，散列表中各元素的 count 值即为该元素相应的字符串 name 在文本文件中出现的频率。

```
1    void strfreq(char *fname)
2    {
3        FILE *fp=stdin;
4        NameRecord rec,str;
5        char s[Msize];
6        HashTable HF=HTInit(maxsize,hash);
7        //fp=fopen(fname,"r");
8        str=NewName(s);
9        while(!feof(fp)){
10           fscanf(fp,"%s",str->name);
11           int i=FindMatch(str,HF);
12           if(i<HF->size)HF->ht[i]->count++;
13           else{
14               rec=NewName(str->name);
15               HTInsert(rec,HF);
16           }
17       }
18       Output(HF);
19   }
```

本 章 小 结

本章讲授的主题是散列表及其实现方法。散列表是实践中常用的实现符号表的方法，也是本章的重点。不论是开散列表还是闭散列表，要在常数时间内实现符号表各运算的关键都是选择一个好的散列函数，它能将集合中的元素均匀地散列到各个桶中。本章介绍了除余法、数乘法、平方取中法、基数转换法和随机数法等实践中常用的散列函数构造方法。在闭散列表中，解决冲突的重新散列技术直接影响算法的效率。本章介绍了线性重新散列技术、二次重新散列技术、随机重新散列技术和双重散列技术等实践中常用的闭散列表的重新散列技术。

习 题 7

7.1　设 $A=\{1,2,3\}$，$B=\{3,4,5\}$，求下列结果：

（1）SetUnion(A,B)；

（2）SetIntersection(A,B)；

（3）SetDifference(A,B)；

（4）SetMember$(1,A)$；

（5）SetInsert$(6,A)$；

（6）SetDelete$(3,A)$。

7.2　用集合的基本运算写一个函数，打印出一个有穷集中的所有元素。假定已经有打印集合中单个元素的函数，要求打印元素时必须保存原有的集合。对于这种情形，用哪种数据结构最合适？

7.3　当全集合可以转换成 $1\sim n$ 之间的整数时，可以用位向量来表示它的任一子集。当全集合是下列集合时，如何实现这个转换？

（1）整数 $0,1,\cdots,99$。

（2）从 n 到 m 的所有整数，$n\leqslant m$。

（3）整数 $n,n+2,n+4,\cdots,n+2k$。

（4）字符 a,b,$\cdots$,z。

（5）两个字符组成的字符串，其中每个字符都取自 a,b,$\cdots$,z。

7.4　集合 A 和 B 的对称差 SymDifference(A,B)定义为：$A\bigcup B-A\bigcap B$，如图 7-3 所示。试对集合的位向量和链表两种表示方法实现对称差运算 SymDifference(A,B)。

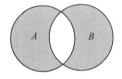

图 7-3　集合 A 和 B 的对称差

7.5　除集合 A 和 B 的对称差运算外，还有许多可以用集合的并和交两种运算组成的复合运算，如图 7-4 所示。试用集合的并和交两种运算表示图 7-4（a），（b），（c）三个图形阴影部分表示的集合。对集合的位向量和链表两种表示方法实现上述集合的复合运算。

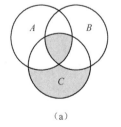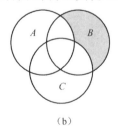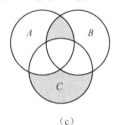

（a）　　　　　　　　　　（b）　　　　　　　　　　（c）

图 7-4　集合的复合运算

7.6　设散列函数为 $h(i) = i \% 7$。

（1）将完全立方数 1,8,27,64,125,216,343 插入到一个初始为空的开散列表中，结果如何？

（2）用线性重新散列技术解决冲突，将（1）中的数插入到一个闭散列表中，结果如何？

7.7　当一个 A 桶开散列表中存放的元素已经超过 A 个时，可以重建一个 B 桶开散列表。写出从旧散列表构造新散列表的算法。将每一个桶看成一个表，用类 List 的各种运算处理每一个桶。

7.8　试写一个程序，随机生成 10^5 个不超过 10^6 的非负整数。用开散列和闭散列两种方法将这 10^5 个数插入散列表中，并比较两种方法的效率。

7.9　分别用二次重新散列技术、随机重新散列技术和双重散列技术 3 种方法实现闭散列表。

算法实验题 7

算法实验题 7.1　最长连续自然数段问题。

★　问题描述：给定 n 个自然数 $a[0],a[1],\cdots,a[n-1]$。这 n 个数中可能出现若干个连续的自然数。例如，当 $a[]=\{16,1,12,5,4,10,2,11,13,3,15\}$ 时，$\{1,2,3,4,5\}$、$\{10,11,12,13\}$ 和 $\{15,16\}$ 是 a 中出现的连续自然数段，$\{1,2,3,4,5\}$ 是最长的连续自然数段。最长连续自然数段问题就是要找出 a 中最长连续自然数段的长度。

★　实验任务：对于给定 n 个自然数 $a[0],a[1],\cdots,a[n-1]$，计算 a 中最长连续自然数段的长度。

★　数据输入：由文件 input.txt 给出输入数据。第 1 行中有 1 个正整数 n，$0<n<100\ 000$，表示输入数据长度。第 2 行有 n 个正整数，给出 $a[0],a[1],\cdots,a[n-1]$。

★　结果输出：将计算出的 a 中最长连续自然数段的长度输出到文件 output.txt 中。

输入文件示例	输出文件示例
input.txt	output.txt
11	5
16 1 12 5 4 10 2 11 13 3 15	

算法实验题 7.2　最长双调子序列问题。

★　问题描述：给定 n 个自然数 $a[0],a[1],\cdots,a[n-1]$ 组成的序列。该序列的双调子序列是它的一个子序列，且该子序列可以分割成前半段递增，后半段递减，增减的量均为 1。例如，当 $a[]=\{1,5,2,3,4,5,3,2\}$ 时，$\{1,2,3,4,3,2\}$ 是 a 的一个最长双调子序列。

★　实验任务：对于给定的 n 个自然数 $a[0],a[1],\cdots,a[n-1]$ 组成的序列，计算其最长双调子序列的长度。

★　数据输入：由文件 input.txt 给出输入数据。第 1 行中有 1 个正整数 n，$0<n<100\ 000$，表示输入数据长度。第 2 行有 n 个正整数，给出 $a[0],a[1],\cdots,a[n-1]$。

★　结果输出：将计算的 a 中最长双调子序列的长度输出到文件 output.txt 中。

输入文件示例	输出文件示例
input.txt	output.txt
8	6
1 5 2 3 4 5 3 2	

算法实验题7.3 最早最右元素问题。

★ 问题描述：给定 n 个自然数 $a[0],a[1],\cdots,a[n-1]$ 组成的序列。该序列中的每个元素都可能在序列中重复出现。其中，每个元素在序列中重复出现的最大下标位置处的元素称为该元素的最右元素。因此，a 中每个元素都有一个最右元素。最早最右元素问题就是要找出 a 中最早出现的最右元素。例如，当 $a[]=\{10,30,20,10,20\}$ 时，30 是 a 中最早出现的最右元素。

★ 实验任务：对于给定 n 个自然数 $a[0],a[1],\cdots,a[n-1]$ 组成的序列，找出其中最早出现的最右元素。

★ 数据输入：由文件 input.txt 给出输入数据。第 1 行中有 1 个正整数 n，$0<n<100\,000$，表示输入数据长度。第 2 行有 n 个正整数，给出 $a[0],a[1],\cdots,a[n-1]$。

★ 结果输出：将计算的 a 中最早出现的最右元素输出到文件 output.txt 中。

输入文件示例	输出文件示例
input.txt	output.txt
5	30
10 30 20 10 20	

算法实验题7.4 换数游戏。

★ 问题描述：换数游戏是一个双人对策游戏。开始游戏时是一个数组 $a[0],a[1],\cdots,a[n-1]$。甲乙双方轮流对数组实施换数操作，即从数组取 2 个不同的数 $a[i]$ 和 $a[j]$，然后将数组中所有 $a[i]$ 替换为 $a[j]$，或将所有 $a[j]$ 替换为 $a[i]$。若一方无法从数组取 2 个不同的数，则失败，而对方获胜。假设每次游戏都是甲方先行。例如，设游戏初始状态是 $a[]=\{1,3,3,2,2,1\}$。甲方取数 1 和 3，并将数组中所有 3 替换为 1 得到新状态 $\{1,1,1,2,2,1\}$。乙方取数 1 和 2，并将数组中所有 2 替换为 1 得到新状态 $\{1,1,1,1,1,1\}$。此时，甲方无法从数组取 2 个不同的数，乙方获胜。

★ 实验任务：对于给定的游戏初始状态 $a[0],a[1],\cdots,a[n-1]$。计算甲方先行时游戏的必胜方。

★ 数据输入：由文件 input.txt 给出输入数据。第 1 行中有 1 个正整数 n，$0<n<100\,000$，表示输入数据长度。第 2 行有 n 个正整数，给出 $a[0],a[1],\cdots,a[n-1]$。

★ 结果输出：将计算出的游戏的必胜方输出到文件 output.txt 中。甲方获胜输出 1，乙方获胜输出 2。

输入文件示例	输出文件示例
input.txt	output.txt
6	2
1 3 3 2 2 1	

算法实验题7.5 Fibonacci 问题。

★ 问题描述：给定 n 个自然数 $a[0],a[1],\cdots,a[n-1]$ 组成的序列。Fibonacci 问题就是要找出 a 中所有 Fibonacci 数。例如，当 $a[]=\{4,2,8,5,20,1,40,13,23\}$ 时，a 中所有 Fibonacci 数是 $\{2,8,5,1,13\}$。

★ 实验任务：对于给定 n 个自然数 $a[0],a[1],\cdots,a[n-1]$ 组成的序列，找出其中所有 Fibonacci 数。

★ 数据输入：由文件 input.txt 给出输入数据。第 1 行中有 1 个正整数 n，$0<n<100\,000$，表示输入数据长度。第 2 行有 n 个正整数，给出 $a[0],a[1],\cdots,a[n-1]$。

★ 结果输出：将数组 a 中出现的所有 Fibonacci 数依次输出到文件 output.txt 中。

input.txt   output.txt

9   2 8 5 1 13

4 2 8 5 20 1 40 13 23

算法实验题 7.6 相似三角形问题。

★ 问题描述：给定 n 个三角形组成的集合 S 和 m 个三角形组成的集合 T。相似三角形问题要求对 T 中每个三角形 t 找出 S 中与 t 相似的所有三角形。

★ 实验任务：对于给定的 n 个三角形组成的集合 S 和 m 个三角形组成的集合 T，对 T 中每个三角形计算 S 中与其相似的三角形个数。

★ 数据输入：由文件 input.txt 给出输入数据。第 1 行中有 1 个正整数 n，$0<n<10\,000$，表示三角形集合 S 中三角形个数。接着的 n 行中每行给出一个三角形的三条边长 a，b，c。第 $n+2$ 行中有 1 个正整数 m，$0<m<10\,000$，表示三角形集合 T 中三角形个数。接着的 m 行中每行给出一个三角形的三条边长 a，b，c。

★ 结果输出：将 T 中每个三角形在 S 中与其相似的三角形个数依次输出到文件 output.txt 中。每行输出 1 个数。

输入文件示例   输出文件示例

input.txt   output.txt

3   2

1 3 3   0

6 2 6

3 4 5

2

9 9 3

9 9 9

第8章 优先队列

学习要点
- 理解以集合为基础的抽象数据类型优先队列
- 理解用字典实现优先队列的方法
- 理解优先级树和堆的概念
- 掌握用数组实现堆的方法
- 理解以集合为基础的抽象数据类型可并优先队列
- 理解左偏树的定义和概念
- 掌握用左偏树实现可并优先队列的方法
- 掌握堆排序算法

8.1 优先队列的定义

优先队列也是一个以集合为基础的抽象数据类型。优先队列中的每一个元素都有一个优先级。优先队列中元素 x 的优先级记为 $p(x)$，它可以是一个实数，也可以是一个一般的全序集中的元素。定义在优先队列上的基本运算如下。

① Min(H)：返回优先队列 H 中具有最小优先级的元素。

② Insert(x,H)：将元素 x 插入优先队列 H。

③ DeleteMin(H)：删除并返回优先队列 H 中具有最小优先级的元素。

优先队列这个词可解释如下："队列"说明人或事物在排队等待某种服务。若服务是按照排队顺序进行的，即先到者先得到服务，则这种队列就是通常的队列。在优先队列中，"优先"说明服务并不是按排队顺序进行的，而是按照每个对象的优先级顺序进行的。

分时系统是应用优先队列的一个例子。当有一批作业在等待分时系统处理时，每个作业都有一个优先级。一般情况下，希望将耗时少的作业尽快处理完，也就是说，短作业将优先于那些已经消耗了一定时间的作业。使短作业优先而又不锁死长作业的办法之一是，为每个作业 p 分配一个优先级 $100 \times \text{Used}(p) - \text{Init}(p)$。其中，$\text{Used}(p)$ 表示到目前为止，作业 p 所消耗的时间总量，$\text{Init}(p)$ 表示从某个零时刻算起，作业 p 初次到达的时间。100 是一个可以根据需要进行选择的数，通常选择为大于作业数目的一个数。为了给作业安排时间，分时系统中设置了优先队列 WAITING，由函数 Initial 和 Select 对这个优先队列进行处理。每当一个新作业到达时，函数 Initial 就将这个作业的记录插入到优先队列 WAITING 中。当系统有一段时间可供使用时，函数 Select 就从优先队列 WAITING 中选出一个作业，并将该作业从 WAITING 中删去，由 Select 暂存该作业记录，在该作业用完分配给它的时间后，带一个新的优先级重新入队。

8.2 优先队列的简单实现

由于优先队列与字典的相似性，所有实现字典的方法都可用于实现优先队列。优先队列中元素的优先级可以看成字典中元素的线性序值。但是它们之间还有一些细微的差别。在字典中，不同的元素具有不同的线性序值。因此，字典的插入运算仅当要插入元素 x 的线性序值与当前字典中所有元素的线性序值都不同时才执行插入。对于优先队列来说，不同的元素可以有相同的优先级。因此，优先队列的插入运算即使在当前优先队列中存在与要插入元素 x 有相同的优先级的元素时，也要执行元素 x 的插入。

如果用有序链表实现优先队列，可在 $O(1)$ 时间内实现 Min(H)和 DeleteMin(H)运算，但Insert(x,H)运算在最坏情况下需要 $O(n)$ 时间，其中，n 为插入元素时优先队列中已有的元素个数。

若用二叉搜索树表示有 n 个元素的优先队列，则在最坏情况下 Insert(x,H)和 DeleteMin(H)运算需要 $O(n)$ 时间，在平均情况下需要 $O(\log n)$ 时间。若用 AVL 树来代替二叉搜索树，则在最坏情况下可用 $O(\log n)$ 时间实现 Insert(x,H)和 DeleteMin(H)运算。

若用无序链表实现优先队列，则可在 $O(1)$ 时间内实现 Insert(x,H)运算，但 DeleteMin(H)运算却需要 $O(n)$ 时间。

8.3 优先级树和堆

用二叉搜索树实现优先队列，实际上用到的仍是二叉搜索树的性质，即对二叉搜索树的结点进行中序列表时，得到的是优先队列中所有元素按其优先级从小到大的排列。然而，这种性质对于优先队列来说不是必要的。因此，对二叉搜索树进行适当修改，将二叉搜索性质换成下面的优先性质，从而引入优先级树。

优先级树是满足下面优先性质的二叉树：

（1）树中每一结点存储一个元素；

（2）任一结点中存储的元素的优先级不大于其儿子结点中存储的元素的优先级。

显而易见，优先级树的根结点中存储的元素具有最小优先级。从根到叶的任一条路径上，各结点中元素按优先级的非增序排列。

按照上述优先级树的定义，在一棵优先级树的任意一条从根到叶的路径上，较高层结点有较小优先级。这类优先级树称为极小化优先级树。若在一棵优先级树中，任一结点中存储的元素的优先级不小于其儿子结点中存储的元素的优先级，则相应的优先级树称为极大化优先级树。

从优先级树的定义可以看出，表示同一优先队列的优先级树不是唯一的。与二叉搜索树一样，优先级树可能退化成一个线性表。由于在极小化优先级树中执行 Insert(x,H)和 DeleteMin(H)运算所需的时间与树高有关，所以希望用平衡的优先级树来表示优先队列。当一棵优先级树是近似满二叉树时，称其为堆或偏序树。极小化优先级树相应的堆称为极小化堆；极大化优先级树相应的堆称为极大化堆。图 8-1 中的优先级树是一个极小化堆。在下面的讨论中，如果不特别指明，所说的堆即指极小化堆，优先级树即指极小化优先级树。

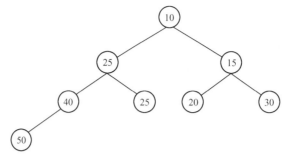

图 8-1　极小化堆

用堆来实现优先队列可以获得较高的效率，执行 Insert(x,H)和 DeleteMin(H)运算都只要 $O(\log n)$ 时间。

在堆上执行 DeleteMin(H)运算时，不是简单地把树根删去，并取出其中存放的具有最小优先级的元素，而是删去堆中最底层最右边的叶结点，并用其中所存放的元素取代树根中应被删除的元素。由于这样做可能会破坏堆的优先性质，所以还要将这个元素不断地与它的具有较小优先级的儿子交换位置，直到它的两个儿子的优先级都不小于它的优先级或它已降到叶结点的位置为止。例如，从图 8-1 的堆中删除最小元素的过程如图 8-2 所示。

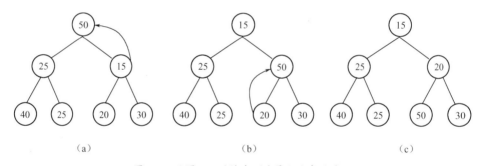

图 8-2　从图 8-1 的堆中删除最小元素的过程

按上述办法在一个具有 n 个元素的优先队列上执行 DeleteMin(H)运算，只要 $O(\log n)$ 时间。因为从树根到树叶的任一条路径上最多只有($1+\log n$)个结点，而元素每下降一层只要 $O(1)$ 时间。

下面讨论如何在堆上执行 Insert(x,H)运算。首先，将存放新元素的结点添加在堆的最底层，使它仍为一棵近似满二叉树。例如，要在图 8-2（c）的堆中插入一个优先级为 8 的元素时，先将存储该元素的结点添加在堆的最底层上，得到图 8-3（a）。这样做仍然可能破坏堆的优先性质。为了保持堆的优先性质，只要新元素的优先级小于其父结点中元素的优先级，就交换它们的位置，直到新元素的优先级不小于其父结点中元素的优先级或已升到根结点时为止。这时得到的近似满二叉树就是一个堆了。在图 8-2（c）的堆中插入优先级为 8 的元素的过程如图 8-3 所示。

在堆中插入一个元素所需的时间正比于新元素沿树上升时经过的结点数目，这个数不超过 $1+\log n$，因此 Insert(x,H)运算在最坏情况下也只要 $O(\log n)$ 时间。

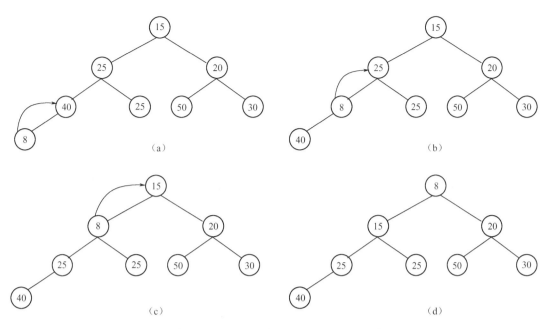

图 8-3　在图 8-2（c）的堆中插入优先级为 8 的元素的过程

8.4　用数组实现堆

由于堆具有一些特殊的性质，所以可以用特殊的方法来实现。当堆中有 n 个元素时，可以将这些元素存放在数组 A 的前 n 个单元里。其中，堆的根结点中元素存放在 $A[1]$ 中。一般地，$A[i]$ 的左儿子结点中的元素（若存在）存放在 $A[2*i]$ 中；$A[i]$ 的右儿子结点中的元素（若存在）存放在 $A[2*i+1]$ 中。换句话说，当 $i>1$ 时，$A[i]$ 的父结点中的元素存放在 $A[i/2]$ 中。直观地看，元素 $A[1],A[2],\cdots,A[n]$ 是堆中元素按层序列表，即从根结点开始逐层往下，每层从左到右地将结点中元素列出。例如，图 8-1 的堆中元素在数组中的存储顺序为 10,25,15,40,25,20,30,50。

用数组实现的极小化堆 Minheap 的结构定义如下。

```
1  typedef struct minheap *Heap;/* 极小化堆指针类型 */
2  typedef struct minheap {/* 极小化堆 */
3      int last,/* 最后一个单元 */
4        maxsize;/* 堆数组的最大长度 */
5      SetItem *heap;/* 元素数组 */
6  }Minheap;
```

其中，heap 是堆数组，用于存储堆中元素。maxsize 是堆数组的最大长度。last 是一个整数，它指示堆数组被优先队列中元素占用的最后一个单元的位置。

函数 MinHeapInit(HeapSize)创建一个空堆，其中堆数组的最大长度为 HeapSize。

```
1  Heap MinHeapInit(int HeapSize)
2  {/* 创建一个空堆 */
3      Heap H=(Heap)malloc(sizeof *H);
4      H->maxsize=HeapSize;
5      H->heap=(SetItem *)malloc((H->maxsize+1)*sizeof(SetItem));
```

```
6       H->last=0;
7       return H;
8   }
9   Heap MinHeapInit(int HeapSize)
```

在堆 H 中插入一个元素 x 的算法 HeapInsert(x,H)实现如下。

```
1    void HeapInsert(SetItem x,Heap H)
2    {/* 堆插入运算 */
3      if(H->last==H->maxsize)  return;/* 堆已满 */
4      /* 从堆底开始搜索元素 x 的插入位置 */
5      int i=++H->last;
6      while(i!=1 && less(x,H->heap[i/2])){
7         H->heap[i]=H->heap[i/2];/* 元素下移 */
8         i/=2;/* 向上搜索 */
9       }
10      H->heap[i]=x;
11   }
```

在堆 H 中抽取最小元的算法 DeleteMin(H)描述如下。

```
1    SetItem DeleteMin(Heap H)
2    {/* 抽取堆中最小元 */
3      if(H->last==0)  return;/* 堆已空 */;
4      SetItem x=H->heap[1];/* 堆中最小元 */
5      /* 重构堆 */
6      SetItem y=H->heap[H->last--]; /* 堆中最后一个元素 */
7      /* 从堆顶开始搜索元素 y 的位置 */
8      int i=1, /* 堆的当前位置 */
9         ci=2; /* i 的儿子结点在堆中位置 */
10      while(ci<=H->last){ /* 搜索 y 的插入位置 */
11         if(ci<H->last && less(H->heap[ci+1],H->heap[ci]))  ci++;
12         /* 可在 heap[i]处插入否 */
13         if(!less(H->heap[ci],y))  break;/* 可插入 */
14         /* 不可插入 */
15         H->heap[i]=H->heap[ci];/* 儿子结点上升 */
16         i=ci;/* 当前结点下降 */
17         ci*=2;
18      }
19      H->heap[i]=y;
20      return x;
21   }
```

给定一个有 n 个元素的数组 a，可用下面的算法 BuildHeap(a,n,arraysize)在 $O(n)$时间内将数组 a 调整为一个堆。

```
1    Heap BuildHeap(SetItem a[],int size,int arraysize)
2    {/* 将数组 a 调整为一个堆 */
3      Heap H=MinHeapInit(arraysize);
4      H->heap=a;
5      H->last=size;
```

```
6        H->maxsize=arraysize;
7        for(int i=H->last/2;i>=1;i--){
8            SetItem y=H->heap[i]; /* 堆顶 */
9            /* 调整 y 的位置 */
10           int c=2*i; /* 结点 i 的左儿子结点 */
11           while(c<=H->last){
12               if(c<H->last &&  less(H->heap[c+1],H->heap[c]))c++;
13               /* 可在 heap[c/2]处插入 y 否 */
14               if(!less(H->heap[c],y))break;/* 可插入 */
15               /* 不可插入 */
16               H->heap[c/2]=H->heap[c];/* heap[c]上升 */
17               c*=2;/* 当前结点 c 下降 */
18           }
19           H->heap[c/2]=y;
20       }
21       return H;
22   }
```

上述算法第 11～18 行的 while 循环耗时 $O(h_i)$，其中 h_i 是以结点 i 为根的子树的高度。由于近似满二叉树 $a[1:n]$ 的高度为 $h = \lceil \log(n+1) \rceil$，第 j 层结点个数至多为 2^{j-1}，所以至多有 2^{j-1} 个结点的高度为 $h_j = h - j + 1$。从而算法的 while 循环共耗时：

$$O\left(\sum_{j=1}^{h-1} 2^{j-1}(h-j+1)\right) = O\left(\sum_{k=1}^{h-1} k \cdot 2^{h-k}\right)$$

$$= O\left(2^h \sum_{k=1}^{h-1} k/2^k\right)$$

$$= O(2^h)$$

$$= O(n)$$

由此即知，算法 BuildHeap 所需的计算时间是 $O(n)$。

利用上述堆结构进行排序的算法称为堆排序算法，它可在 $O(n \log n)$ 时间内实现对给定数组 a 就地排序。

```
1    void HeapSort(SetItem a[],int n)
2    {/* 堆排序算法 */
3        Heap H=BuildHeap(a,n,n);/* 建初始堆 */
4        /* 从堆中逐次抽取最小元 */
5        for(int i=n-1;i>=1;i--){
6            SetItem x=DeleteMin(H);
7            a[i+1]=x;
8        }
9    }
```

8.5 可并优先队列

可并优先队列也是一个以集合为基础的抽象数据类型。除必须支持优先队列的 Insert 和 DeleteMin 运算外，可并优先队列还支持两个不同优先队列的合并运算 Concatenate。

用堆来实现优先队列，可在 $O(\log n)$ 时间内支持同一优先队列中的基本运算，但合并两个不同优先队列的效率不高。下面讨论的左偏树结构不但能在 $O(\log n)$ 时间内支持同一优先队列中的基本运算，还能有效地支持两个不同优先队列的合并运算 Concatenate。

8.5.1　左偏树的定义

左偏树是一类特殊的优先级树。与优先级树类似，左偏树也有极小化左偏树与极大化左偏树之分。为了确定起见，下面所讨论的左偏树均为极小化左偏树。常用的左偏树有左偏高树和左偏重树两种不同类型。顾名思义，左偏高树的左子树偏高，而左偏重树的左子树偏重。下面给出其严格定义。

若将二叉树结点中的空指针看成指向一个空结点，则称这类空结点为二叉树的前端结点。并规定所有前端结点的高度（重量）为 0。

对于二叉树中任意一个结点 x，递归地定义其高度 $s(x)$ 为

$$s(x) = \min \{ s(L), s(R) \} + 1$$

式中，L 和 R 分别是结点 x 的左儿子结点和右儿子结点。

一棵优先级树是一棵左偏高树，当且仅当在该树的每个内结点处，其左儿子结点的高（s 值）大于或等于其右儿子结点的高（s 值）。

对于二叉树中任意一个结点 x，其重量 $w(x)$ 递归地定义为

$$w(x) = w(L) + w(R) + 1$$

式中，L 和 R 分别是结点 x 的左儿子结点和右儿子结点。

一棵优先级树是一棵左偏重树，当且仅当在该树的每个内结点处，其左儿子结点的重（w 值）大于或等于其右儿子结点的重（w 值）。

左偏高树具有下面的性质。

设 x 是一棵左偏高树的任意一个内结点，有：

① 以 x 为根的子树中至少有 $2^{s(x)} - 1$ 个结点；

② 若以 x 为根的子树中有 m 个结点，则 $s(x)$ 的值不超过 $\log(m+1)$；

③ 从 x 出发的最右路经的长度恰为 $s(x)$。

证明： ①设结点 x 位于树的第 k 层。由 $s(x)$ 的定义知，以 x 为根的子树在第 $k+j$ 层的每个结点恰有两个儿子结点，$0 \leqslant j \leqslant s(x)-1$。因此，以 x 为根的子树在第 $k+j$ 层恰有 2^j 个结点，$0 \leqslant j \leqslant s(x)-1$。从而，以 x 为根的子树中至少有 $\sum_{j=0}^{s(x)-1} 2^j = 2^{s(x)} - 1$ 个结点。

② 由①可立即推出。

③ 由 $s(x)$ 的定义，以及在左偏高树中每个内结点处，其左儿子结点的 s 值大于或等于其右儿子结点的 s 值，即可推出。

8.5.2　用左偏树实现可并优先队列

左偏树的结点类型 HBLTNode 说明如下。

```
1    typedef struct HBLTNode *ltlink;/* 左偏树的结点指针类型 */
2    typedef struct HBLTNode{/* 左偏树的结点类型 */
```

```
3        int s;/* 结点高度 */
4        SetItem element;/* 有序集元素 */
5        ltlink left,/* 左子树指针 */
6              right;/* 右子树指针 */
7    }HBLTNode;
8
9    ltlink NewHBLTnode(SetItem x, int s)
10   {/* 创建新结点 */
11       ltlink p=(ltlink)malloc(sizeof(HBLTNode));
12       p->element=x;
13       p->s=s;
14       p->left=0;
15       p->right=0;
16       return p;
17   }
```

其中，element 存放优先队列中的元素；s 保存当前结点的高度值；left 和 right 分别是指向左、右儿子结点的指针。

函数 NewHBLTnode(x,s)创建一个存储元素 x 且结点高度值为 s 的新结点。

在此基础上，用左偏树实现的可并优先队列 MinHBLT 描述如下。

```
1    typedef struct hblt *MinHBLT;/* 极小化左偏树指针类型 */
2    typedef struct hblt{/* 极小化左偏树结构 */
3        ltlink root;/* 根结点指针 */
4    }HBLT;
```

其中，root 是指向根结点的指针。

函数 HBLTInit()将 root 置为空指针，创建一棵空树。

```
1    MinHBLT HBLTInit()
2    {/* 创建一棵空树 */
3        MinHBLT H=(MinHBLT)malloc(sizeof *H);
4        H->root=0;
5        return H;
6    }
```

在左偏树中最关键的运算是左偏树的合并运算 Concatenate(x,y)。它将两棵分别以 x 和 y 为根的左偏树合并为一棵新的以 x 为根的左偏树。

```
1    ltlink Concatenate(ltlink x, ltlink y)
2    {/* 左偏树的合并运算 */
3      if(!y)return x;/* y 是空树 */
4      if(!x)return y;/* x 是空树 */
5      /* x 和 y 均非空 */
6      if(less(y->element,x->element))swap(x,y);
7      /* 此时有 x->element >= y->element */
8      x->right=Concatenate(x->right,y);
9      if(!x->left){/* x 的左子树为空树 */
10         /* 交换其左、右子树 */
```

```
11      x->left=x->right;
12      x->right=0;
13      x->s=1;
14   }
15   else{/* 若x的左子树高则交换其左、右子树 */
16      if(x->left->s>x->right->s)  swap(x->left,x->right);
17      x->s=x->right->s+1;
18   }
19   return x;
20 }
```

上述算法的基本思想是沿左偏高树 x 的右链，递归地进行子树合并。将左偏高树 y 与 x 的右子树合并后，若 x 的右子树高则交换其左、右子树，以维持树的左偏高性质。

由左偏高树的性质③可知，有 n 个元素的左偏高树的右链长为 $O(\log n)$。合并算法在右链的每个结点处耗费 $O(1)$ 时间，因此算法 Concatenate 所需的计算时间为 $O(\log n)$。

要在左偏高树中插入一个元素 x，可先创建存储元素 x 的单结点左偏高树，然后将新创建的单结点左偏高树与待插入的左偏高树合并即可。

```
1   void HBLTInsert(SetItem x,MinHBLT H)
2   {/* 插入运算 */
3      ltlink q=NewHBLTnode(x,1);
4      H->root=Concatenate(H->root,q);
5   }
```

由于算法 Concatenate 的计算时间为 $O(\log n)$，所以算法 HBLTInsert(x,H)所需的计算时间为 $O(\log n)$。

HBLTMin(H)运算只要返回 H 的根结点中元素即可。

```
1   SetItem HBLTMin(MinHBLT H)
2   {/* 最小元素 */
3      if(H->root==0)  return 0;
4      return H->root->element;
5   }
```

DeleteMin(H)运算删除 H 的根结点后，将根结点的左、右子树合并。

```
1    SetItem DeleteMin(MinHBLT H)
2    {/* 删除并返回最小元 */
3       if(H->root==0)  return 0;
4       SetItem x=H->root->element; /* 最小元 */
5       ltlink L=H->root->left;
6       ltlink R=H->root->right;
7       free(H->root);
8       H->root=Concatenate(L,R);
9       return x;
10   }
```

DeleteMin(H)所需的计算时间显然也是 $O(\log n)$。

左偏高树的建树运算用给定数组 *a* 中的 *n* 个元素创建一棵存储这 *n* 个元素的左偏高树。若用将元素逐次插入左偏高树的方法，则需要 $O(n \log n)$ 时间。下面的建树方法只需要 $O(n)$ 时间。

```
1   MinHBLT BuildHBLT(SetItem a[],int n)
2   {/* 左偏高树的建树算法 */
3       Queue Q=QueueInit();
4       MinHBLT H=HBLTInit();
5       /* 初始化左偏高树队列 */
6       for(int i=1;i<=n;i++){
7           /* 创建单结点树 */
8           ltlink q=NewHBLTnode(a[i],1);
9           EnterQueue(q,Q);
10      }
11      /* 依队列顺序合并左偏高树 */
12      for(int i=1;i<=n-1;i++){
13          /* 从队列中删除两棵左偏高树并合并之 */
14          ltlink b=DeleteQueue(Q);
15          ltlink c=DeleteQueue(Q);
16          b=Concatenate(b,c);
17          /* 合并后的新左偏高树入队 */
18          EnterQueue(b,Q);
19      }
20      if(n)H->root=DeleteQueue(Q);
21      return H;
22  }
```

上述算法先创建存储给 *n* 个元素的 *n* 棵单结点左偏高树，并将这 *n* 棵树存入一个队列 *Q* 中。然后依队列顺序逐次合并队首的两棵左偏高树，直到队列 *Q* 中只剩下一棵树时为止。

上述算法合并了 *n*/2 棵单结点树，*n*/4 棵 2 结点树，*n*/8 棵 4 结点树，…，合并 2 棵2^j 结点的左偏高树需要 $O(j+1)$时间。因此上述初始化算法所需的计算时间为

$$O(n/2 + 2(n/4) + 3(n/8) + \cdots) = O\left(n \sum \frac{i}{2^i}\right) = O(n)$$

左偏重树的实现是类似的。

8.6 应用举例

例 8.1   哈夫曼编码。

哈夫曼编码是广泛地用于数据文件压缩的一个十分有效的编码方法。其压缩率通常在 20%～90%。哈夫曼编码算法用一个字符在文件中出现的频率表来建立一个用 0-1 串表示字符的最优表示方式。假设有一个数据文件包含 100 000 个字符，要用压缩的方式来存储它，该文件中各字符出现的频率如表 8-1 所示，即文件中共有 6 个不同字符出现。如字符 a 出现 45 000 次，字符 b 出现 13 000 次等。

表 8-1　各字符出现的频率

	a	b	c	d	e	f
频率（千次）	45	13	12	16	9	5
定长码	000	001	010	011	100	101
变长码	0	101	100	111	1101	1100

要表示这样一个文件中的信息有多种方法。考查用 0-1 串表示字符的方法，即每个字符用唯一的一个 0-1 串来表示。若使用定长码，则表示 6 个不同的字符需要 3 位：a＝000，b＝001，…，f＝101。用这种方法对整个文件进行编码需要 300 000 位。使用变长码要比使用定长码好得多。给出现频率高的字符以较短的编码，出现频率较低的字符以较长的编码，可以大大缩短总码长。表 8-1 给出了一种变长码编码方案。其中，字符 a 用 1 位串 0 表示，而字符 f 用 4 位串 1100 表示。用这种编码方案，整个文件的总码长为(45×1+13×3+12×3+16×3+9×4+5×4)×1000=224 000 位。它比用定长码方案好，总码长减少约 25%。事实上，这是该文件的一个最优编码方案。

1. 前缀码

对每一个字符规定一个 0-1 串作为其代码，并要求任一字符的代码都不是其他字符代码的前缀，称这样的编码具有前缀性质，或简称为前缀码。编码的前缀性质可以使译码方法非常简单。由于任一字符的代码都不是其他字符代码的前缀，从编码文件中不断取出代表某一字符的前缀，转换为原字符，即可逐个译出文件中的所有字符。例如，表 8-1 中的变长码就是一种前缀码。对于给定的 0-1 串 001011101，可唯一地分解为 0,0,101,1101，因而其译码为 aabe。

译码过程需要方便地取出编码的前缀，因此需要一个表示前缀码的合适的数据结构，可以选择二叉树。在表示前缀码的二叉树中，树叶代表给定的字符，将每个字符的前缀码看成从树根到代表该字符的树叶的一条道路。代码中每一位的 0 或 1 分别作为指示某结点到左儿子或右儿子的"路标"。

容易看出，表示最优编码方案所对应的前缀码的二叉树总是一棵完全二叉树，即树中任一结点都有两个儿子。定长码方案不是最优的，其编码二叉树不是一棵完全二叉树。在一般情况下，若 C 是编码字符集，则表示其最优前缀码的二叉树中恰有|C|个叶子。每个叶子对应于字符集中一个字符，且该二叉树恰有|C|-1 个内部结点。

给定编码字符集 C 及其频率分布 f，即 C 中任一字符 c 以频率 $f(c)$ 在数据文件中出现。C 的一个前缀码编码方案对应于一棵二叉树 T。字符 c 在树 T 中的深度记为 $d_T(c)$。$d_T(c)$ 也是字符 c 的前缀码长。

该编码方案的平均码长定义为 $B(T) = \sum_{c \in C} f(c) d_T(c)$。

使平均码长达到最小的前缀码编码方案称为 C 的一个最优前缀码。

2. 构造哈夫曼编码

哈夫曼提出了一种构造最优前缀码的贪心算法，由此产生的编码方案称为哈夫曼编码。哈夫曼算法以自底向上的方式构造表示最优前缀码的二叉树 T。算法以|C|个叶结点开始，执行|C|-1 次的"合并"运算后产生最终所要求的树 T。下面给出的算法 HuffmanTree 中，编码字符

集中每一字符 c 的频率是 $f(c)$。以 f 为键值的优先队列 Q 用来在进行贪心选择时有效地确定算法当前要合并的两棵具有最小频率的树。一旦两棵具有最小频率的树合并后，产生一棵新的树，其频率为合并的两棵树的频率之和，并将新树插入优先队列 Q。

算法中用到的结构类型 Huffman 定义如下。

```
1   typedef struct hnode{
2       int weight;/* 频率 */
3       BinaryTree tree;/* 哈夫曼树 */
4   }Huffman;
```

算法 HuffmanTree 描述如下。

```
1   BinaryTree HuffmanTree(int f[],int n)
2   {/* 构建哈夫曼树 */
3       Huffman x,y,*w=(Huffman *)malloc((n+1)*sizeof(Huffman));
4       BinaryTree z, zero;
5       zero=BinaryInit();
6       for(int i=1;i<=n;i++){/* 生成单结点树 */
7           z=BinaryInit();
8           MakeTree(i,z,zero,zero);
9           w[i].weight=f[i];
10          w[i].tree=z;
11      }
12      /* 建优先队列 */
13      Heap Q=BuildHeap(w,n,n);
14      /* 反复合并最小频率树 */
15      for(int i=1;i<n;i++){
16          x=DeleteMin(Q);
17          y=DeleteMin(Q);
18          z=BinaryInit();
19          MakeTree(0,z,x.tree,y.tree);
20          x.weight+=y.weight;x.tree=z;
21          HeapInsert(x,Q);
22      }
23      x=DeleteMin(Q);
24      return x.tree;
25  }
```

算法 HuffmanTree 首先用字符集 C 中每一字符 c 的频率 $f(c)$初始化优先队列 Q。然后不断地从优先队列 Q 中取出具有最小频率的两棵树 x 和 y，将它们合并为一棵新树 z。z 的频率是 x 和 y 的频率之和。新树 z 以 x 为其左儿子，y 为其右儿子（也可以以 y 为其左儿子，x 为其右儿子；不同的次序将产生不同的编码方案，但平均码长是相同的）。经过 n-1 次的合并后，优先队列中只剩下一棵树，即所要求的树 T。

算法 HuffmanTree 用最小堆来实现优先队列 Q。初始化优先队列需要 $O(n)$ 时间，由于 DeleteMin 和 HeapInsert 只需 $O(\log n)$ 时间，n-1 次的合并总共需要 $O(n\log n)$ 时间。因此，关于 n 个字符的哈夫曼算法的计算时间为 $O(n\log n)$。

3. 哈夫曼算法的正确性

要证明哈夫曼算法的正确性，只要证明最优前缀码问题具有贪心选择性质和最优子结构性质。

（1）贪心选择性质。

设 C 是编码字符集，C 中字符 c 的频率为 $f(c)$。又设 x 和 y 是 C 中具有最小频率的两个字符，则存在 C 的一个最优前缀码，使 x 和 y 具有相同码长且仅最后一位编码不同。

证明：设二叉树 T 表示 C 的任意一个最优前缀码。对 T 进行适当修改后得到一棵新的二叉树 T''，使得在新树中，x 和 y 是最深叶子且为兄弟。同时新树 T'' 表示的前缀码也是 C 的一个最优前缀码。若能做到这一点，则 x 和 y 在 T'' 表示的最优前缀码中就具有相同的码长且仅最后一位编码不同。

设 b 和 c 是二叉树 T 的最深叶子且为兄弟。不失一般性可设 $f(b) \leqslant f(c)$，$f(x) \leqslant f(y)$。由于 x 和 y 是 C 中具有最小频率的两个字符，所以 $f(x) \leqslant f(b)$，$f(y) \leqslant f(c)$。

首先在树 T 中交换叶子 b 和 x 的位置得到树 T'，然后在树 T' 中再交换叶子 c 和 y 的位置，得到树 T''，如图 8-4 所示。

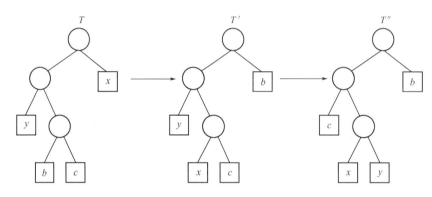

图 8-4　编码树 T 的变换

由此可知，树 T 和 T' 表示的前缀码的平均码长之差为

$$
\begin{aligned}
B(T) - B(T') &= \sum_{c \in C} f(c) d_T(c) - \sum_{c \in C} f(c) d_{T'}(c) \\
&= f(x) d_T(x) + f(b) d_T(b) - f(x) d_{T'}(x) - f(b) d_{T'}(b) \\
&= f(x) d_T(x) + f(b) d_T(b) - f(x) d_T(b) - f(b) d_T(x) \\
&= (f(b) - f(x))(d_T(b) - d_T(x)) \\
&\geqslant 0
\end{aligned}
$$

最后一个不等式是因为 $f(b) - f(x)$ 和 $d_T(b) - d_T(x)$ 均为非负。

类似地，可以证明在 T' 中交换 y 与 c 的位置也不增加平均码长，即 $B(T') - B(T'')$ 也是非负的。由此可知 $B(T'') \leqslant B(T') \leqslant B(T)$。另一方面，由于 T 所表示的前缀码是最优的，故 $B(T) \leqslant B(T'')$。因此，$B(T) = B(T'')$，即 T'' 表示的前缀码也是最优前缀码，且 x 和 y 具有最长的码长，同时仅最后一位编码不同。

（2）最优子结构性质。

设 T 是表示字符集 C 的一个最优前缀码的完全二叉树。C 中字符 c 的出现频率为 $f(c)$。设 x 和 y 是树 T 中的两个叶子且为兄弟，z 是它们的父亲。若将 z 看成具有频率 $f(z)=f(x)+f(y)$ 的字符，则树

$T' = T - \{x,y\}$ 表示字符集 $C' = C - \{x,y\} \cup \{z\}$ 的一个最优前缀码。

证明： 首先证明 T 的平均码长 $B(T)$ 可用 T' 的平均码长 $B(T')$ 来表示。

事实上，对任意 $c \in C - \{x,y\}$ 有 $d_T(c) = d_{T'}(c)$，因此 $f(c)d_T(c) = f(c)d_{T'}(c)$。

另一方面，$d_T(x) = d_T(y) = d_{T'}(z) + 1$，因此

$$f(x)d_T(x) + f(y)d_T(y) = (f(x) + f(y))(d_{T'}(z) + 1)$$
$$= f(x) + f(y) + f(z)d_{T'}(z)$$

由此即知，$B(T) = B(T') + f(x) + f(y)$。

若 T' 所表示的字符集 C' 的前缀码不是最优的，则有 T'' 表示的 C' 的前缀码使得 $B(T'') < B(T')$。由于 z 被看成 C' 中的一个字符，所以 z 在 T'' 中是一树叶。若将 x 和 y 加入树 T'' 中作为 z 的儿子，则得到表示字符集 C 的前缀码的二叉树 T'''，且有

$$B(T''') = B(T'') + f(x) + f(y)$$
$$< B(T') + f(x) + f(y)$$
$$= B(T)$$

这与 T 的最优性矛盾。因此 T' 所表示的 C' 的前缀码是最优的。

由贪心选择性质和最优子结构性质，用数学归纳法立即可推出：哈夫曼算法是正确的，即 HuffmanTree 产生 C 的一棵最优前缀编码树。

例 8.2 大数据统计。

在媒体的各种竞赛中，参赛者表演结束后，评委们将对参赛者的表现给出评分。根据评分规则，去掉若干个最高分和若干个最低分，计算剩余得分的平均值作为参赛者的最终成绩。网络民意调查也采用了这种统计方法。主要差别是网络调查的数据量很大，无法将所有数据一次性读入计算机内存。但是去掉的最高分和最低分数不会很大。利用这一点就可以对大数据调查进行快速统计。假设共有 n 个评分，去掉的最高分个数是 high，去掉的最低分个数是 low。在统计平均值时，用优先队列来保存要去掉的最高分和最低分。读入数据后就能方便地根据评分规则去掉 high 个最高分和 low 个最低分，并计算剩余得分的平均值。

```
1   double comp(int low,int high,int n)
2   {
3       int m=max(low,high);
4       Heap minh=MinHeapInit(1+m);
5       Heap maxh=MinHeapInit(1+m);
6       long long sum=0;
7       for (int i=0;i<n;i++){
8           scanf("%d",&x);
9           sum+=x;
10          HeapInsert(-x,maxh);
11          if(HeapSize(maxh)>low)DeleteMin(maxh);
12          HeapInsert(x,minh);
13          if(HeapSize(minh)>high)DeleteMin(minh);
14      }
15      while(HeapSize(minh)>0)sum-=DeleteMin(minh);
16      while(HeapSize(maxh)>0)sum+=DeleteMin(maxh);
17      return 1.0*sum/(n-high-low);
18  }
```

算法第 4～5 行初始化存储最高分的极小化优先队列 minh，和存储最低分的极大化优先队列 maxh。在实现时将 maxh 作为存储元素负值的极小化优先队列。二者的效果是等价的。第 9 行统计读入数据之和。第 10～11 行存储 low 个最低分到极大化优先队列 maxh。第 12～13 行存储 high 个最高分到极小化优先队列 minh。最后在第 15～16 行去掉 high 个最高分和 low 个最低分，并在第 17 行返回剩余得分的平均值。极小化优先队列 minh 和极大化优先队列 maxh 中最多有 m 个元素。其中，$m=\max(low,high)$。因此，算法需要的计算时间为 $O(n\log m)$，需要的空间是 $O(m)$。

本 章 小 结

本章讲授的主题是以集合为基础的抽象数据类型优先队列及其实现方法。优先队列支持的主要集合运算是插入运算和删除最小元运算。由于优先队列与字典的相似性，所有实现字典的方法都可用于实现优先队列。但用优先级树和堆来实现优先队列效率更高。本章介绍了用数组实现的极小化堆。当堆中有 n 个元素时，插入运算和删除最小元运算在最坏情况下所需的计算时间均为 $O(\log n)$。利用堆结构还可以设计出对给定的 n 个元素就地排序的堆排序算法。在最坏情况下，堆排序算法只需要进行 $O(\log n)$ 次元素键的比较。可并优先队列也是以集合为基础的抽象数据类型。除必须支持优先队列的插入运算和删除最小元运算外，可并优先队列还支持两个不同优先队列的合并运算。左偏树是实现可并优先队列的高效数据结构。对于含有 n 个元素的集合，左偏树可以在最坏情况下需要 $O(\log n)$ 时间完成可并优先队列支持的插入运算、删除最小元运算和两个不同优先队列的合并运算。

习 题 8

8.1　说明如何用有序数组为基本数据结构来实现抽象数据类型优先队列。

8.2　说明如何用单链表为基本数据结构来实现抽象数据类型优先队列。

8.3　说明如何用有序链表为基本数据结构来实现抽象数据类型优先队列。

8.4　在用有序链表为基本数据结构的优先队列中，可以采用下面的懒排序技术。算法在执行 Min 和 DeleteMin 运算时将链表排序。在执行 Insert 运算时，将新近插入的元素保存在另一个无序链表中。仅当执行 Min 和 DeleteMin 运算时将无序链表中的元素排序并合并到主链表中。试设计实现上述思想的算法，并讨论其效率及其优缺点。

8.5　说明如何用优先队列来实现栈和队列。

8.6　试设计并实现极大化堆。

8.7　一个已按非增序排好序的数组是一个极小化堆吗？

8.8　设数组 a 是一个有 15 个元素的极小化堆，且堆中各元素的键值互不相同。该堆中的最小元素在 $a[1]$ 中，第 2 小元素在 $a[2]$ 或 $a[3]$ 中。对于 $k=2,3,4$，回答：

（1）该堆中第 k 小元素可以在哪些位置出现？

（2）该堆中第 k 小元素不可以在哪些位置出现？

8.9　设数组 a 是一个有 n 个元素的极小化堆，且堆中各元素的键值互不相同。对于任意 $1\leqslant k\leqslant n$，回答：

（1）该堆中第 k 小元素可以在哪些位置出现？

（2）该堆中第 k 小元素不可以在哪些位置出现？

8.10　对于极大化堆重做习题 8.9。

8.11　试设计并实现极大化左偏高树。

8.12　试设计并实现左偏重树，并分析各运算所需的计算时间。

算法实验题 8

算法实验题 8.1　多机调度问题。

★ 问题描述：设有 n 个独立的作业 $\{1,2,\cdots,n\}$，由 m 台相同的机器进行加工处理。作业 i 所需的处理时间为 t_i。现约定，每个作业均可在任何一台机器上加工处理，但未完工前不允许中断，作业不能拆分成更小的子作业。多机调度问题要求给出一种作业调度方案，使所给的 n 个作业在尽可能短的时间内由 m 台机器加工处理完成。

这个问题是 NP 完全问题，到目前为止还没有有效的解法。对于这类问题，用贪心选择策略有时可以设计出较好的近似算法。采用最长处理时间作业优先的贪心选择策略可以设计出解多机调度问题的较好的近似算法。按此策略，当 $n \leqslant m$ 时，只要将机器 i 的 $[0,t_i]$ 时间区间分配给作业 i 即可。当 $n > m$ 时，首先将 n 个作业依其所需的处理时间从大到小排序。然后依此顺序将作业分配给空闲的处理机。

★ 实验任务：对于给定的 n 个独立的作业，实现上述近似算法。

★ 数据输入：由文件 input.txt 给出输入数据。第 1 行有两个正整数 n 和 m，分别表示有 n 个作业和 m 台相同的机器。第 2 行有 n 个正整数，第 i 个数表示作业 i 所需的处理时间。

★ 结果输出：将计算出的完成 n 个作业所需的最少时间输出到文件 output.txt 中。

输入文件示例	输出文件示例
input.txt	output.txt
10 3	268
2 8 18 32 50 72 98 128 182 200	

算法实验题 8.2　堆雪人问题。

★ 问题描述：在堆雪人游戏中，已经准备了 n 种大小不同的雪球，用来堆雪人。第 i 种雪球有 $a[i]$ 个，且每个雪球的大小均为 i，$1 \leqslant i \leqslant n$。每个雪人可以用 3 个大小不同的雪球堆成。按照这个规则，最多能堆成多少个雪人？例如，当 $n=5$，且 5 种雪球的个数分别为 1,1,2,2,3 时，最多能堆成 3 个雪人。

★ 实验任务：对于给定的 n 种雪球的数量，计算能堆成的最多雪人数。

★ 数据输入：由文件 input.txt 给出输入数据。第 1 行有 1 个正整数 n，$1 \leqslant n \leqslant 100\,000$，表示有 n 种大小不同的雪球。第 2 行有 n 个正整数，分别表示第 i 种雪球的数量，$1 \leqslant i \leqslant n$。

★ 结果输出：将计算出的最多雪人数输出到文件 output.txt 中。

输入文件示例	输出文件示例
input.txt	output.txt
5	3
1 1 2 2 3	

算法实验题 8.3 环形跑道问题。

★ 问题描述：在一个总长度为 L 的环形跑道上，n 个运动员开始了一场环跑游戏。每个运动员都有不同的编号 i，$1 \leqslant i \leqslant n$。运动员 i 的起跑点为 $s[i]$，跑步速度为 $v[i]$。速度 $v[i]$ 值为正时表示顺时针方向，为负时表示逆时针方向。游戏规则是：当两个运动员相遇时，编号较小的运动员出局。当跑道上只有 1 个运动员时，游戏结束。环形跑道问题要求从游戏开始到结束所需的时间。例如，当 $L=4$，$n=2$，且 2 个运动员的起跑点为 0 和 2，跑步速度分别为 3 和 2 时，游戏需要的时间是 2。

★ 数据输入：由文件 input.txt 给出输入数据。第 1 行有两个正整数 n，$1 \leqslant n \leqslant 100\,000$，和 L，分别表示运动员数和环形跑道总长度。第 2 行有 n 个正整数，表示第 i 个运动员的起跑点 $s[i]$。第 3 行有 n 个整数，表示第 i 个运动员的跑步速度 $v[i]$。

★ 结果输出：以最简分数形式将计算出的游戏需要的时间输出到文件 output.txt 中。若游戏不能结束则输出-1。

输入文件示例	输出文件示例
input.txt	output.txt
2 4	2/1
0 2	
3 2	

算法实验题 8.4 二叉搜索堆问题。

★ 问题描述：假设给定有序集合中的每个元素有一个序值，另外还有一个优先级。二叉搜索树可按照元素的序值组织集合中的元素，使得在按中序遍历二叉搜索树时，将集合中元素按照其序值从小到大排列。堆也是一棵二叉树。堆可按照元素的优先级组织集合中的元素，使得堆中每个元素的优先级小于其父结点中元素的优先级。二叉搜索堆，通常记为 Treap，是二叉搜索树和堆的一种结合。二叉搜索堆也是一棵二叉树，它可用于存储元素具有序值和优先级的集合中的元素。对于序值而言，二叉搜索堆是一棵二叉搜索树，而对于优先级而言，二叉搜索堆又是一个堆。

例如，给定集合 $S=\{$ $a/3,b/6,c/4,d/7,e/2,f/5,g/1$ $\}$，其中，符号 s/n 表示集合中相应元素的序值为 s，优先级为 n。可建立表示集合 S 的二叉搜索堆，如图 8-5 所示。

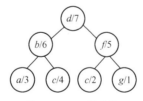

图 8-5 二叉搜索堆

★ 实验任务：对于给定集合 S 中 n 个元素的序值和优先级，设计一个计算时间为 $O(n\log n)$ 的算法，建立表示集合 S 的二叉搜索堆。

★ 数据输入：由文件 input.txt 给出输入数据。文件中有多个测试项，每个测试项以一个正整数 n 开始，表示给定集合中有 n 个元素。紧接着有 n 个数据项 s/n，表示集合中相应元素的序值为 s，优先级为 n。其中，序值 s 用小写英文字符串表示，优先级 n 用正整数表示。文件的最后以数字 0 结束。

★ 结果输出：对每个测试项，用一行输出所建立的二叉搜索堆。每个二叉搜索堆按照定义 T=(<左子树>s/n<右子树>)递归输出。

输入文件示例
input.txt
7 a/7 b/6 c/5 d/4 e/3 f/2 g/1
7 a/1 b/2 c/3 d/4 e/5 f/6 g/7
7 a/3 b/6 c/4 d/7 e/2 f/5 g/1
0

输出文件示例
output.txt
(a/7(b/6(c/5(d/4(e/3(f/2(g/1))))))
((((((a/1)b/2)c/3)d/4)e/5)f/6)g/7)
(((a/3)b/6(c/4))d/7((e/2)f/5(g/1)))

第9章 并 查 集

学习要点

- 理解以不相交的集合为基础的抽象数据类型并查集
- 掌握用数组实现并查集的方法
- 掌握用树结构实现并查集的方法
- 理解将小树合并到大树的合并策略及其实现
- 掌握路径压缩技术及其实现方法

9.1 并查集的定义及其简单实现

在一些应用问题中，需将 n 个不同的元素划分成一组不相交的集合。开始时，每个元素组成一个单元素集合，然后按一定顺序将属于同一组元素的集合合并。其间要反复用到查询某个元素属于哪个集合的运算。适合于描述这类问题的抽象数据类型称为并查集。它的数学模型是一组不相交的动态集合的集合 $S=\{A,B,C,\cdots\}$，它支持以下运算。

（1）UFunion(A,B,U)：将并查集 U 中的集合 A 和 B 合并，其结果取名为 A 或 B。

（2）UFfind(e)：找出包含元素 e 的集合，并返回该集合的名字。

并查集的一个应用是确定集合上的等价关系。在第 3 章中讨论了用栈来解离线等价关系问题。利用抽象数据类型并查集，可按下述方式解等价关系问题。首先，将集合 S 中的每个元素初始化为一个单元素集，然后逐个处理每个等价性条件。当处理等价性条件 $x \equiv y$ 时，先用 UFfind 将 x 和 y 所属的集合找出来，再用 UFunion 将找出的集合进行合并。

注意，在并查集中需要两种类型的参数：集合名字的类型和元素的类型。在许多情况下，可以用整数作为集合的名字。如果集合中共有 n 个元素，可以用 $1 \sim n$ 范围内的整数来表示元素。实现并查集的一个简单方法是用数组来表示元素及其所属子集的关系。其中，用数组下标表示元素，用数组单元记录该元素所属的子集名字。若元素类型不是整型，则可以先构造一个映射，将每个元素映射成一个整数。这种映射可以用散列表或其他方式来实现。

用数组实现的并查集可描述如下。

```
1    typedef struct ufset *UFset;/* 并查集指针类型 */
2    typedef struct ufset{/* 并查集结构 */
3        int *components;/* 元素所属子集关系数组 */
4        int n;/* 集合中元素个数 */
5    }UFS;
```

其中，整数 n 是集合中元素的个数。components 是表示元素及其所属子集关系的数组，components[x]表示元素 x 当前所属的集合的名字。

函数 UFinit(size)将 components 初始化成大小为 size 的单元素集合。

```
1    UFset UFinit(int size)
2    {/* 初始化成单元素集合 */
3        UFset U=(UFset)malloc(sizeof *U);
4        U->components=(int *)malloc((size+1)*sizeof(int));
5        for(int e=0;e<=size;e++)
6            U->components[e]=e;
7        U->n=size;
8        return U;
9    }
```

在并查集的这种表示法下，其基本运算很容易实现。

UFfind(e)的值就是 components[e]。

```
1    int UFfind(int e,UFset U)
2    {/* 找出包含元素 e 的集合 */
3        return U->components[e];
4    }
```

UFunion(i, j, U)也容易实现如下。

```
1    int UFunion(int i,int j,UFset U)
2    {/* 合并集合 */
3        for(int k=1;k<=U->n;k++)
4            if(U->components[k]==j)U->components[k]=i;
5        return i;
6    }
```

9.2 用父结点数组实现并查集

采用树结构实现并查集的基本思想是：每个集合用一棵树来表示，树的结点用于存储集合中的元素名和一个指向其父结点的指针，树根结点处的元素代表该树所表示的集合，利用映射可以找到集合中元素所对应的树结点。

父结点数组是实现上述树结构的有效方法。

```
1    typedef struct ufset *UFset;/* 并查集指针类型 */
2    typedef struct ufset{/* 并查集结构 */
3        int *parent;/* 父结点数组 */
4    }UFS;
```

其中，parent 是表示树结构的父结点数组。元素 x 的父结点为 parent[x]。

函数 UFinit(size)将每个元素初始化为一棵单结点树。

```
1    UFset UFinit(int size)
2    {/* 初始化成单元素集合 */
3        UFset U=(UFset)malloc(sizeof *U);
4        U->parent=(int *)malloc((size+1)*sizeof(int));
5        for(int e=0;e<=size;e++)
6            U->parent[e]=0;
```

```
7      return U;
8   }
```

在并查集的父结点数组表示下，UFfind(*e*,*U*)运算就是从元素 *e* 相应的结点走到树根处，找出所在集合的名字。

```
1   int UFfind(int e,UFset U)
2   {/* 找出包含元素e的集合 */
3      while(U->parent[e])e=U->parent[e];/* 上移 */
4      return e;
5   }
```

用 UFunion(*i*,*j*,*U*)合并两个集合，只要将表示其中一个集合的树的树根改为表示另一个集合的树的树根的儿子。

```
1   int UFunion(int i,int j,UFset U)
2   {/* 合并集合 */
3      U->parent[j]=i;
4      return i;
5   }
```

容易看出，在最坏情况下，合并可能使 *n* 个结点的树退化成一条链。在这种情况下，对所有元素各执行一次 UFfind 将耗时 $O(n^2)$。因此，尽管 UFunion 只需要 $O(1)$ 时间，但 UFfind 可能使总的时间耗费很大。为了克服这个缺点，可进行改进，使得每次 UFfind 不超过 $O(\log n)$ 时间。在树根中保存该树的结点数，每次合并时总是将小树合并到大树上。当一个结点从一棵树移到另一棵树上时，这个结点到树根的距离就增加 1，而这个结点所在的树的大小至少增加一倍。于是并查集中每个结点最多被移动 $O(\log n)$ 次，从而每个结点到树根的距离不会超过 $O(\log n)$。因此每次 UFfind 运算只需要 $O(\log n)$ 时间。

在下面所描述的改进的并查集结构中增加了一个根结点数组 root，用来记录树的根结点。当元素 *e* 所在结点不是根结点时，root[*e*]=0，parent[*e*]表示其父结点；当元素 *e* 所在结点是根结点时，root[*e*]=1，parent[*e*]的值是树中结点个数。

```
1   typedef struct ufset *UFset;/* 并查集指针类型 */
2   typedef struct ufset{/* 并查集结构 */
3       int *parent;/* 父结点数组 */
4       int *root;/* 根结点数组 */
5   }UFS;
```

函数 UFinit(size)将每个元素初始化为一棵单结点树。

```
1   UFSet UFinit(int size)
2   {/* 初始化成单元素集合 */
3      UFset U=(UFset)malloc(sizeof *U);
4      U->parent=(int *)malloc((size+1)*sizeof(int));
5      U->root=(int *)malloc((size+1)*sizeof(int));
6      for(int e=1;e<=size;e++){
7        U->parent[e]=1;
8        U->root[e]=1;
```

```
9      }
10     return U;
11 }
```

UFfind(*e*,*U*)运算从元素 *e* 相应的结点走到树根处，找出所在集合的名字。

```
1  int UFfind (int e, UFset U)
2  {/* 找出包含元素 e 的集合 */
3      while(!U->root[e])e=U->parent[e];/* 上移 */
4      return e;
5  }
```

改进后的 UFunion(*i*,*j*,*U*)运算将小树合并到大树上。

```
1  int UFunion(int i,int j,UFset U)
2  {/* 合并集合 */
3      if(i==j)return i;
4      if(U->parent[i]<U->parent[j]){
5          /* i 成为 j 的子树 */
6          U->parent[j]+=U->parent[i];
7          U->root[i]=0;
8          U->parent[i]=j;
9          return j;
10     }
11     else{/* j 成为 i 的子树 */
12         U->parent[i]+=U->parent[j];
13         U->root[j]=0;
14         U->parent[j]=i;
15         return i;
16     }
17 }
```

加速并查集运算的另一个办法是采用路径压缩技术。在执行 **UFfind** 运算时，实际上找到了从一个结点到树根的一条路径。路径压缩是把这条路上的所有结点都改为树根的儿子。实现路径压缩的最简单方法是在这条路上走两次，第一次找到树根，第二次将路上所有结点的父结点都改为树根。

```
1  int UFfind(int e,UFset U)
2  {/* 找出包含元素 e 的集合 */
3      int i,j=e;
4      while(!U->root[j])j=U->parent[j];/* 上移 */
5      while(j!=e){/* 路径压缩 */
6          i=U->parent[e];
7          U->parent[e]=j;
8          e=i;
9      }
10     return j;
11 }
```

路径压缩并不影响 UFunion 运算的时间，它仍然只要 $O(1)$ 时间。但是路径压缩大大地加速了 UFfind 运算。若在执行 UFunion 运算时总是将小树合并到大树上，而且在执行 UFfind 运算时，实行路径压缩，则可以证明，n 次 UFfind 运算最多需要 $O(n\alpha(n))$ 时间。其中，$\alpha(n)$ 是单变量阿克曼函数的逆，它是一个增长速度比 $\log n$ 慢得多但又不是常数的函数。对于通常见到的正整数 n 而言，$\alpha(n) \leq 4$。

用父结点数组实现并查集 UFset 时，根结点数组 root 和父结点数组 parent 都是动态分配的，需要适时释放所分配的空间。

```
1    void UFfree(UFset U)
2    {/* 释放空间 */
3        free(U->parent);
4        free(U->root);
5        free(U);
6    }
```

9.3 应用举例

例 9.1 离线最小值问题。

给定集合 $S=\{1,2,\cdots,n\}$，以及由 n 个 Insert(x,T) 和 m 个 DeleteMin(T) 运算组成的运算序列。其中，n 个 Insert 运算恰好将集合 $S=\{1,2,\cdots,n\}$ 中每个数插入动态集合 T 一次，DeleteMin(T) 每次删除动态集合 T 中的最小元素。离线最小值问题要求对于给定的运算序列，计算出每个 DeleteMin(T) 运算输出的值。换句话说，要求计算数组 out，使第 i 次 DeleteMin(T) 运算输出的值为 out[i]，$i=1,2,\cdots,m$。在执行具体计算前，运算序列已给定，这就是问题表述中离线的含义。

为了计算输出数组 out 的值，可以用一个优先队列 H，按照给定的运算序列依次执行 n 个 Insert(x,T) 和 m 个 DeleteMin(T) 运算，将第 i 次 DeleteMin(T) 运算的结果记录到 out[i] 中。执行完所给的运算后，数组 out 即为所求。按照上述思路设计的算法描述如下。

```
1    void onmin(int in[],int e[],int out[],int n,int m)
2    {
3        int curr=1;
4        Heap H=MinHeapInit(n);
5        for(int i=1;i<=m;i++){
6            while(curr<=e[i])HeapInsert(in[curr++],H);
7            out[i]=DeleteMin(H);
8        }
9    }
```

在最坏情况下，上述算法需要 $O(m\log n)$ 时间。当 $m=\Omega(n)$ 时，算法需要的计算时间为 $O(n\log n)$。实际上，上述算法是一个在线算法，即每次处理一个运算，并不要求事先知道运算序列。因而算法没有用到问题的离线性质。利用并查集和问题的离线性质可以将算法的计算时间进一步减少为 $O(n\alpha(n))$。

将给定的 n 个 Insert 和 m 个 DeleteMin 运算组成的运算序列表示为

$$I_1DI_2DI_3D\cdots I_kDI_{k+1}$$

式中，I_j（$1 \leqslant j \leqslant k+1$）为连续若干个（可以为 0）Insert 运算组成的运算序列，D 表示 DeleteMin 运算。下面用并查集算法模拟这个运算序列。

开始时，用 UFunion 运算将 I_j 中 Insert 运算插入动态集合 T 中的元素组成一个集合，并将该集合记为第 j 个集合，$1 \leqslant j \leqslant k+1$。由于第 j 个集合的名与其序号可能不同，算法中用两个数组 si 和 is 来表示集合名与其序号的对应关系。例如，第 j 个集合名为 name 时，si[name]=j 且 is[j]=name。另外，算法中还用两个数组 prev 和 next 来表示 I_j 之间的顺序。开始时，prev[j]=$j-1$，$1 \leqslant j \leqslant k+1$ 且 next[j]=$j+1$，$0 \leqslant j \leqslant k$。接下来，算法对每个 i（$1 \leqslant i \leqslant n$）用 UFfind 运算计算出集合序号 j，使得 $i \in I_j$。这表明第 j 个 DeleteMin 运算输出元素 i，即 out[j]=i。然后用 UFunion 运算将集合 I_j 与集合 I_{j+1} 合并，并修改数组 prev 和 next 的值，将 j 从链表中删除。算法结束后，输出数组 out 给出正确的计算结果。

```
1   void offmin(int in[],int e[],int out[],int n,int k)
2   {
3       UFset U=UFinit(n+1);
4       int *si=(int *)malloc((n+2)*sizeof(int));
5       int *is=(int *)malloc((n+2)*sizeof(int));
6       int *prev=(int *)malloc((k+2)*sizeof(int));
7       int *next=(int *)malloc((k+2)*sizeof(int));
8       for(int i=1;i<=k;i++){
9           int curr=(e[i]>e[i-1])?in[e[i-1]+1]:0;
10          if(e[i]<i || e[i]<e[i-1])exit(1);
11          for(int j=e[i-1]+2;j<=e[i];j++)
12              curr=UFunion(curr,in[j],U);
13          si[curr]=i;
14          is[i]=curr;
15      }
16      is[k+1]=0;
17      for(int i=0;i<=k;i++){
18          prev[i+1]=i;
19          next[i]=i+1;
20      }
21      for(int i=1;i<=n;i++){
22          int name=UFfind(i,U);
23          int j=si[name];
24          if(j<=k){
25              int newset=name;
26              if(is[next[j]])
27                  newset=UFunion(name,is[next[j]],U);
28              si[newset]=next[j];
29              is[next[j]]=newset;
30              next[prev[j]]=next[j];
31              prev[next[j]]=prev[j];
32              out[j]=i;
33          }
34      }
35  }
```

上面的算法中用两个数组 in 和 e 表示输入序列。in 给出 n 个元素的插入序列，e 给出 DeleteMin 运算在插入序列中的位置。例如，给定的插入元素和 DeleteMin 运算序列为 $\{3,4,D,2,D,1,D\}$ 时，有 $n=4$ 且 $k=3$。此时，in=[3,4,2,1]且 e=[2,3,4]；I_1=[3,4]，I_2=[2]，I_3=[1]，I_4=[]。第一次执行算法主循环体时，$i=1$，此时找到 $j=3$，即 $1\in I_3$。由此可知 out[3]=1。算法将集合 I_3 与 I_4 合并后 I_4=[1]。当 $i=2$ 时，找到 $j=2$，即 $2\in I_2$。由此得 out[2]=2。算法将集合 I_2 与 I_4 合并后 I_4=[1,2]。同理当 $i=3$ 时，计算出 $j=1$。最后算法输出 out=[3,2,1]。

上述算法的主要计算量在于其主循环体中的 n 个 UFfind 运算。若在执行 UFunion 运算时总是将小树合并到大树上，而且在执行 UFfind 时，实行路径压缩，则 n 次 UFfind 运算最多需要 $O(n\alpha(n))$ 时间。算法其余部分所需要的计算时间为 $O(n)$。由此可见，上述算法需要的总计算时间为 $O(n\alpha(n))$。

例 9.2 朋友圈问题。

一个原始部落中居住着 n 个人。这 n 个人中任意两个认识的人是朋友或敌人，而且服从下面的敌友规则：

（1）朋友的朋友是朋友；

（2）敌人的敌人是朋友。

所有是朋友的人组成一个朋友圈。假设敌友关系信息用 1 个字符'E'或'F'，和两个正整数 x 和 y 来表示。'F' x y 表示 x 和 y 互为朋友。'E' x y 表示 x 和 y 互为敌人。给定这 n 个人的 m 条敌友关系信息，确定这 n 个人中有多少个朋友圈。容易看出，可以用并查集来表示朋友圈。将敌友关系信息给出的朋友圈作为等价类，然后就可以确定有多少个等价类。

```
1    int friends()
2    {
3        int m,n,x,y,ans=0;
4        char ch;
5        scanf("%d%d",&n,&m);
6        int e[n];
7        for(int i=0;i<=n;i++)e[i]=0;
8        UFset uf=UFinit(n);
9        for(int i=0;i<m;i++){
10           scanf("%s%d%d",&ch,&x,&y);
11           if(ch=='E'){
12               if(e[x])uni(y,e[x],uf);
13               else e[x]=y;
14               if(e[y])uni(x,e[y],uf);
15               else e[y]=x;
16           }
17           else uni(x,y,uf);
18       }
19       for(int i=1;i<=n;i++){
20           int j=UFfind(i,uf);
21           if(j==i)ans++;
22       }
23       UFfree(uf);
24       return ans;
```

25

得知 x 和 y 互为朋友，则在第 17 行将 x 和 y 的朋友圈合并。算法中用一个数组 e 来存储敌人信息。分别在第 13 和 15 行记录第一个敌人。当得知 x 和 y 的敌人的敌人时，分别在第 13 和 15 行合并其朋友圈。最后在第 19~22 行统计朋友圈个数。算法在第 12，17 和 20 行的合并由 uni 来完成并查集的 UFunion 运算如下。

```
1   void uni(int x,int y,UFset uf)
2   {
3       int a=UFfind(x,uf),b=UFfind(y,uf);
4       UFunion(a,b,uf);
5   }
```

若在执行 UFunion 运算时总是将小树合并到大树上，而且在执行 UFfind 运算时，实行路径压缩，则执行 m 次 UFfind 和 UFunion 运算最多需要 $O(m\alpha(n))$ 时间。算法其余部分所需要的计算时间为 $O(n)$。由此可见，上述算法需要的总计算时间为 $O(n+m\alpha(n))$。

本 章 小 结

本章主要讲授以不相交的集合为基础的抽象数据类型并查集及其实现方法。并查集支持的主要集合运算是集合查询和集合合并运算。用数组容易实现并查集，但其集合合并运算效率较低。用树结构实现并查集使得集合合并运算只需要 $O(1)$ 时间。在最坏情况下，合并运算可能使 n 个结点的树退化成一条链。在这种情况下，对所有元素各执行一次 UFfind 运算将耗时 $O(n^2)$。为了克服这个缺点，在合并时采用将小树合并到大树的策略可使每次执行 UFfind 运算不超过 $O(\log n)$ 时间。进一步采用路径压缩技术可以使执行 UFfind 需要的平均时间降至 $O(\alpha(n))$。

习 题 9

9.1 假设开始时有 n 个单元素集合，试证明：

（1）经过 m 次 UFunion 运算后，任一集合中的元素个数都不超过 $m+1$；

（2）最多需要 $n-1$ 次 UFunion 运算即可将 n 个单元素集合合并为一个 n 元素集合；

（3）若执行 UFunion 运算次数小于 $\lceil n/2 \rceil$，则所剩集合中至少有一个单元素集合；

（4）若执行了 m 次 UFunion 运算，则至少还有 $\max\{n-2m, 0\}$ 个单元素集合。

9.2 在执行改进的 UFunion 运算时，采用将小树合并到大树上的策略。若采用将矮树合并到高树上的策略，则算法效率如何？

9.3 在执行改进的 UFfind 运算时，可以采用路径分割技术，即在元素 e 到根的路上，将每个结点（除根结点及其儿子结点外）的父结点指针改为指向其祖父结点。试用此技术重写算法 UFfind，并分析算法的总体效率。

9.4 在执行改进的 UFfind 运算时，可以采用半路径分割技术，即在元素 e 到根的路上，将相隔结点（除根结点及其儿子结点外）的父结点指针改为指向其祖父结点。试用此技术重写算法 UFfind，并分析算法的总体效率。

9.5 试说明如何利用并查集来计算一个无向图中连通子图的个数。

9.6 S 是直线上 n 个带权区间的集合。从区间 $I \in S$ 到区间 $J \in S$ 的一条路径是 S 的一个区间序列 $J(1),J(2),\cdots,J(k)$，其中 $J(1) = I$，$J(k) = J$，且对所有 $1 \leq i \leq k-1$，$J(i)$ 与 $J(i+1)$ 相交。这条路径的长度定义为路径上各区间权之和。在所有从 I 到 J 的路径中，路径长度最短的路径称为从 I 到 J 的最短路径。带权区间图的单源最短路径问题要求计算从 S 中一个特定的源区间到 S 中所有其他区间之间的最短路径。设计解此问题的有效算法。

9.7 给定 n 个单位时间任务，以及这 n 个任务间的 m 个先后次序。现在要在两台相同的机器上安排这 n 个任务，使总完成时间最少。试设计解此问题的有效算法。

算法实验题 9

算法实验题 9.1 二进制方程问题。

★ 问题描述：二进制数可看成由 0 和 1 组成的非空串。二进制方程是形如 $x_1 x_2 \cdots x_l = y_1 y_2 \cdots y_r$ 的等式，其中 x_i 和 y_j 是二进制数字 0 和 1，或者用小写英文字母表示的二进制变量。每个变量都代表某个固定长度的二进制数，其长度称为该变量的长度。解二进制方程就是赋予每个变量一个适当长度的二进制数（这个二进制数的长度应与变量的长度相等），当所有变量都用相应的二进制数替换后，等式两边的二进制数相等。

二进制方程问题要求对于给定的二进制方程，计算其解的个数。

例如，设 a,b,c,d,e 是长度分别为 4,2,4,4,2 的变量（a 的长度是 4，b 的长度是 2$\cdots$），则二进制方程 1bad1 = acbe 有 16 个不同的解。

★ 实验任务：用并查集设计一个有效算法，对于给定的二进制方程，计算其解的个数。

★ 数据输入：由文件 input.txt 给出输入数据。文件的第 1 行是一个整数 x（$1 \leq x \leq 5$），表示方程的总数。接下来的部分是对这 x 个方程的描述。每个方程用 6 行描述。描述格式是：第 1 行是一个整数 k，$0 \leq k \leq 26$，表示方程中变量的数目，且 k 个变量分别用前 k 个小写英文字母表示。第 2 行是 k 个用空格分隔的正整数，表示变量 $a,b\cdots$ 的长度。第 3 行是一个整数 L，表示方程左端的长度（即由 0，1 及小写英文字母组成的串的长度）。第 4 行是方程左端的串。第 5 行的正整数 R 表示方程右端的长度。第 6 行是方程右端的串。

★ 结果输出：将计算出的每个二进制方程的解的个数的以 2 为底的对数依次输出到文件 output.txt 中。例如，一个二进制方程的解的个数为 x 时，输出 $\log x$。当方程无解时输出-1。

输入文件示例	输出文件示例
input.txt	output.txt
1	4
5	
4 2 4 4 2	
5	
1bad1	
4	
acbe	

算法实验题 9.2 网络连通问题。

★ 问题描述：校园网络中心负责监控校园内计算机网络的连通状况。两台计算机的直接连通是双向的。任意两台计算机可以通过其他计算机实现间接连通。开始时所有计算机处于不连通状态，网络连通问题要求，对于给定的计算机间直接连通的信息，在线查询计算机的连通状况。

★ 实验任务：对于给定的计算机间直接连通的信息和在线查询请求，回答查询结果。

★ 数据输入：由文件 input.txt 给出输入数据。第 1 行有 1 个正整数 n，表示后续有 n 行，每行由 $c\,x\,y$ 或 $q\,x\,y$ 形式的数据项构成。数据项 $c\,x\,y$ 表示计算机 x 和 y 直接连通。数据项 $q\,x\,y$ 表示在线查询计算机 x 和 y 的连通情况。

★ 结果输出：将回答为连通的在线查询数 p 和回答为不连通的在线查询数 q 输出到文件 output.txt 中。文件的第 1 行是 p 的值，第 2 行是 q 的值。

输入文件示例	输出文件示例
input.txt	output.txt
10	1
c 1 5	2
c 2 7	
q 7 1	
c 3 9	
q 9 6	
c 2 5	
q 7 5	

算法实验题 9.3 任务安排问题。

★ 问题描述：给定 n 个单位时间任务，以及这 n 个任务间的完成截止时间和完成此任务可以获得的收益。现在要在一台机器上安排这 n 个任务，使得能按时完成任务获得的总收益最大。

★ 实验任务：对于给定的 n 个任务间的完成截止时间和完成此任务可以获得的收益，计算这 n 个任务的最优安排计划，使得能按时完成任务获得的总收益最大。

★ 数据输入：由文件 input.txt 给出输入数据。有多个测试项。每个测试项的第 1 行有 1 个正整数 n，$0<n<150\,000$，表示有 n 个任务，分别编号为 $1,2,\cdots,n$。从第 2 行开始每行有 2 个正整数 d 和 f，分别表示完成此任务的截止时间和完成此任务可以获得的收益。

★ 结果输出：将计算出的最大收益（模 $1e^9+7$）输出到文件 output.txt 中。

输入文件示例	输出文件示例
input.txt	output.txt
5	142
2 100	
1 19	
2 27	
1 25	
3 15	

算法实验题 9.4 无向图的连通分支问题。

★ 问题描述：试设计用并查集来计算一个无向图的连通分支的算法。

★ 实验任务：对于给定的无向图 G，用并查集计算无向图 G 的连通分支。

★ 数据输入：由文件 input.txt 给出输入数据。第 1 行有 3 个正整数 n,k 和 m，分别表示无向图 G 有 n 个顶点和 k 条边，m 是查询顶点对个数。接下来的 $k+m$ 行中，每行有 2 个正整数。

前 k 行给出图 G 的 k 条边（可能重复）；后 m 行是查询顶点对。

★ 结果输出：对于每个查询顶点对 (i, j)，将计算结果依次输出到文件 output.txt 中。若顶点 i 和顶点 j 属于图 G 的同一连通分支，则输出"Yes"，否则输出"No"。

输入文件示例	输出文件示例
input.txt	output.txt
10 3 3	Yes
1 2	Yes
3 4	No
1 3	
2 3	
1 4	
5 6	

第10章 图

学习要点

- 理解图的基本概念和与图相关的术语
- 理解图是一个表示复杂非线性关系的数据结构
- 掌握图的邻接矩阵表示及其实现方法
- 掌握图的邻接表表示及其实现方法
- 了解图的紧缩邻接表表示方法
- 掌握图的广度优先搜索方法
- 掌握图的深度优先搜索方法
- 掌握单源最短路径问题的 Dijkstra 算法
- 掌握有负权边的单源最短路径问题的 Bellman-Ford 算法
- 掌握所有顶点对之间最短路径问题的 Floyd 算法
- 掌握构造最小支撑树的 Prim 算法
- 掌握构造最小支撑树的 Kruskal 算法
- 理解图的最大匹配问题的增广路径算法

10.1 图的基本概念

在计算机科学与技术领域中，常常需要表示不同事物之间的关系。图是描述这类关系的一个很自然的模型。由于客观事物之间的关系往往是千变万化、错综复杂的，所以借以表达这类关系的图也是千变万化、错综复杂的。

在线性表结构中，结点之间的关系是线性关系，除起始结点和终止结点外，每个结点只有一个直接前驱和一个直接后继。在树型结构中，结点之间的关系实质上是层次关系。除根结点外，每个结点只有一个父结点，但可以有多个儿子结点。图所表示的非线性结构更加复杂。图中每个结点（有时也称为顶点）既可能有前驱结点也可能有后继结点，且个数不限。用图可以表达复杂的关系。

下面先介绍图的基本概念，然后讨论图的表示方法，以及关于图的各种算法。

1. 图

图 G 是由 V 和 E 两个集合组成的二元组，记为 $G=(V,E)$，其中 V 是顶点的非空有限集，E 是 V 中顶点对，即边的有限集。通常，也将图 G 的顶点集和边集分别记为 $V(G)$ 和 $E(G)$。$E(G)$ 可以是空集，此时图 G 中只有顶点而没有边。

2. 有向图

若图 G 中的每条边都是有方向的，则称 G 为有向图。在有向图中，一条有向边是顶点的有序对。例如，(u,v)表示从顶点 u 指向顶点 v 的一条有向边。其中，顶点 u 称为有向边(u,v)的起点，顶点 v 称为该有向边的终点。有向图中的有向边常用带箭头的线段来表示。

例如，图 10-1 中的 G1 是一个有向图，该图的顶点集和边集分别为

$$V(G1)=\{1,2,3,4\}$$

$$E(G1)=\{(1,2),(1,3),(2,4),(3,2),(4,3)\}$$

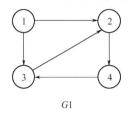 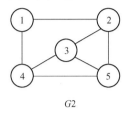

G1   G2

图 10-1 图的示例

3. 无向图

若图 G 中的每条边都是没有方向的，则称 G 为无向图。无向图中的边表示图中顶点的无序对。因此，在无向图中(u,v)和(v,u)表示同一条边。

例如，图 10-1 中的 G2 是一个无向图，它的顶点集和边集分别为

$$V(G2)=\{1,2,3,4,5\}$$

$$E(G2)=\{(1,2),(1,4),(2,3),(2,5),(3,4),(3,5)\}$$

在以下的讨论中，不考虑顶点到其自身的边，即若(u,v)或(v,u)是图 G 的一条边，则要求 u≠v。此外，不允许一条边在图中重复出现。换句话说，只讨论简单的图。

4. 完全图

在上述规定下，图 G 的顶点数 n 和边数 e 满足下述关系：若 G 是无向图，则 $0 \leqslant e \leqslant n(n-1)/2$；若 G 是有向图，则 $0 \leqslant e \leqslant n(n-1)$。恰好有 $n(n-1)/2$ 条边的无向图称为完全无向图；恰好有 $n(n-1)$ 条边的有向图称为完全有向图。显然，完全图具有最多的边数，任意一对顶点间均有边相连。

5. 关联

若(u,v)是一条无向边，则称顶点 u 和 v 互为邻接点，或称 u 和 v 相邻接；并称边(u,v)关联于顶点 u 和 v，或称边(u,v)与顶点 u 和 v 相关联。若(u,v)是一条有向边，则称 v 是 u 的邻接顶点；并称边(u,v)关联于顶点 u 和 v，或称边(u,v)与顶点 u 和 v 相关联。

6. 顶点的度

无向图中顶点 v 的度定义为关联于该顶点的边的数目，记为 D(v)。若 G 为有向图，则以顶点 v 为终点的边的数目，称为 v 的入度，记为 ID(v)；以顶点 v 为起点的边的数目，称为 v 的出度，记为 OD(v)；顶点 v 的度则定义为该顶点的入度与出度之和，即 D(v)=ID(v)+OD(v)。

例如，图 10-1 的 G2 中顶点 2 的度为 3，图 G1 中顶点 2 的入度为 2，出度为 1，度为 3。无论是有向图还是无向图，顶点数 n、边数 e 和度数之间都有如下关系：

$$e = \frac{1}{2}\sum_{i=1}^{n}D(v_i)$$

7. 子图

设 $G=(V,E)$ 是一个图，若 V' 是 V 的子集，E' 是 E 的子集，且 E' 中的边所关联的顶点均在 V' 中，则 $G'=(V',E')$ 也是一个图，并称其为图 G 的一个子图。

例如，图 10-2 所示为图 10-1 中有向图 $G1$ 的若干子图，图 10-3 所示为图 10-1 中无向图 $G2$ 的若干子图。

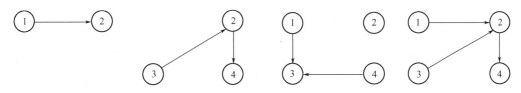

图 10-2　有向图 $G1$ 的若干子图

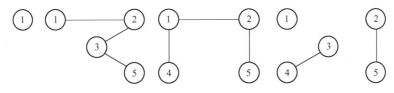

图 10-3　无向图 $G2$ 的若干子图

8. 路

在无向图 G 中，若存在一个顶点序列 $u(1),u(2),\cdots,u(m)$，使得 $(u(i),u(i+1))\in E(G)$，$i=1,2,\cdots,m-1$，则称该顶点序列为顶点 $u(1)$ 和 $u(m)$ 之间的一条路径。其中，$u(1)$ 称为该路径的起点，$u(m)$ 称为该路径的终点。这条路径所包含的边数 $m-1$ 称为该路径的长度。

若图 G 是有向图，则路径也是有向的，其中每条边 $(u(i),u(i+1))$，$i=1,2,\cdots,m-1$ 均为有向边。

9. 简单路

若一条路径上除起点和终点可能相同外，其余顶点均不相同，则称此路径为一条简单路径。

10. 回路

起点和终点相同的简单路径称为简单回路或简单环或圈。例如，图 10-1 的 $G1$ 中，顶点序列 3，2，4，3 组成一条长度为 3 的简单回路。

11. 有根图

在一个有向图中，若从一个顶点 v 有路径可以到达图中其他所有顶点，则称此有向图为有根图，v 称为该有根图的根。例如，图 10-1 中的 $G1$ 为有根图，顶点 1 为 $G1$ 的根。

12. 连通图

在无向图 G 中，若从顶点 u 到顶点 v 有一条路径，则称顶点 u 和 v 在图 G 中是连通的。若

$V(G)$中任意两个不同的顶点 u 和 v 都是连通的，则称 G 为连通图。例如，图 10-1 中的 G2 为一个连通图。

13. 连通分支

无向图 G 的极大连通子图称为 G 的连通分支。显然，任何连通图只有一个连通分支，即其自身。而非连通的无向图有多个连通分支。例如，图 10-4 中的图有两个连通分支 H1 和 H2。

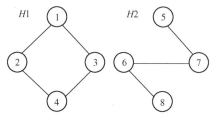

图 10-4　有两个连通分支的图

14. 强连通分支

在有向图 G 中，若对于 $V(G)$ 中任意两个不同的顶点 u 和 v，都存在从 u 到 v 及从 v 到 u 的路径，则称 G 是强连通图。有向图 G 的极大强连通子图称为 G 的强连通分支。显然，强连通图只有一个强连通分支，即其自身。非强连通的有向图有多个强连通分支。

例如，图 10-1 中的 G1 不是强连通图，因为从顶点 2 到顶点 1 之间没有路径，但它有两个强连通分支，如图 10-5 所示。

15. 赋权图和网络

若无向图的每条边都带一个权，则称相应的图为赋权无向图。同理，若有向图的每条边都带一个权，则称相应的图为赋权有向图。通常权是具有某种实际意义的数，如两个顶点之间的距离、耗费等。赋权无向图和赋权有向图统称为网络。图 10-6 就是网络的一个例子。

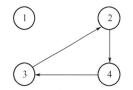
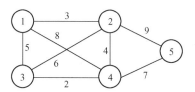

图 10-5　图 10-1 中 G1 的强连通分支　　　　图 10-6　网络示例

10.2　抽象数据类型图

有了图的基本概念后，现在可以定义以图为数学模型的抽象数据类型（Abstract Data Type，ADT）图。为此要定义图上的一些基本运算。由于无向图与有向图的差别仅在于无向图中的边是顶点的无序对，而有向图中的边是顶点的有序对，所以可以将一个无向图 G 当成一个有向图来处理，其中将 G 的每一条边 (u,v) 用两条有向边 (u,v) 和 (v,u) 来代替。下面定义的 ADT 图的基本运算是以有向图为基本模型的。

ADT 图支持以下的基本运算。

（1）Graphinit(*n*): 创建 *n* 个孤立顶点的图。

（2）GraphExist(*i*,*j*,*G*): 判断图 *G* 中是否存在边(*i*,*j*)。

（3）GraphEdges(*G*): 返回图 *G* 的边数。

（4）GraphVertices(*G*): 返回图 *G* 的顶点数。

（5）GraphAdd(*i*,*j*,*G*): 在图 *G* 中加入边(*i*,*j*)。

（6）GraphDelete(*i*,*j*,*G*): 删除图 *G* 的边(*i*,*j*)。

（7）Degree(*i*,*G*): 返回图 *G* 中顶点 *i* 的度数。

（8）OutDegree(*i*,*G*): 返回图 *G* 中顶点 *i* 的出度。

（9）InDegree(*i*,*G*): 返回图 *G* 中顶点 *i* 的入度。

10.3　图的表示法

图的表示法有很多，本节仅介绍 3 种常用的方法，至于具体选择哪种表示法较合适，主要取决于具体的应用及对图所进行的运算。

10.3.1　邻接矩阵表示法

在图的邻接矩阵表示法中，用一个二维数组，即图的邻接矩阵来存储图中各边的信息。

图 *G* 的邻接矩阵 *A* 是一个布尔矩阵，定义为

$$A[i,j] = \begin{cases} 1, & (i,j) \in E(G) \\ 0, & (i,j) \notin E(G) \end{cases}$$

例如，图 10-1 中 *G*1 和 *G*2 的邻接矩阵 *A*1 和 *A*2 如图 10-7 所示。

当图 *G* 是一个网络时，其邻接矩阵可定义为

$$A[i,j] = \begin{cases} w(i,j), & (i,j) \in E(G) \\ \infty, & (i,j) \notin E(G) \end{cases}$$

例如，图 10-6 中网络的邻接矩阵如图 10-8 所示。

$$A1 = \begin{bmatrix} 0 & 1 & 1 & 0 \\ 0 & 0 & 0 & 1 \\ 0 & 1 & 0 & 0 \\ 0 & 0 & 1 & 0 \end{bmatrix} \qquad A2 = \begin{bmatrix} 0 & 1 & 0 & 1 & 0 \\ 1 & 0 & 1 & 0 & 1 \\ 0 & 1 & 0 & 1 & 1 \\ 1 & 0 & 1 & 0 & 0 \\ 0 & 1 & 1 & 0 & 0 \end{bmatrix} \qquad \begin{bmatrix} \infty & 3 & 5 & 8 & \infty \\ 3 & \infty & 6 & 4 & 9 \\ 5 & 6 & \infty & 2 & \infty \\ 8 & 4 & 2 & \infty & 7 \\ \infty & 9 & \infty & 7 & \infty \end{bmatrix}$$

图 10-7　*G*1 和 *G*2 的邻接矩阵　　　　　　　　　图 10-8　网络的邻接矩阵

用邻接矩阵表示一个有 *n* 个顶点的有向图时，所需空间为 $\Omega(n^2)$。在用邻接矩阵表示无向图时，可以利用邻接矩阵的对称性，只存储下三角（或上三角）部分，这样可以节省一半的空间，但所需空间仍为 $\Omega(n^2)$。输入邻接矩阵和查看一遍邻接矩阵都要 $\Omega(n^2)$ 时间。当图的边数远远小于 n^2 时，用邻接矩阵来表示图就很浪费时间和空间，而用邻接表来表示图会更有效。

10.3.2　邻接表表示法

用邻接表表示图 *G* = (*V*, *E*)时，对每个顶点 $i \in V$，将它的所有邻接顶点存放在一个表中，这个表称为顶点 *i* 的邻接表。将每个顶点的邻接表存储在图 *G* 的邻接表数组中。

例如，表示图 10-1 中 G1 和 G2 的邻接表分别如图 10-9（a）和（b）所示。

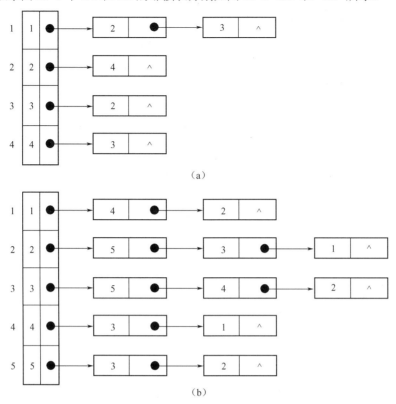

（a）

（b）

图 10-9　图 10-1 中 G1 和 G2 的邻接表

10.3.3　紧缩邻接表表示法

紧缩邻接表将图 G 的每个顶点的邻接表紧凑地存储在两个一维数组 List 和 h 中。其中，一维数组 List 依次存储顶点 $1,2,\cdots,n$ 的邻接顶点。数组单元 $h[i]$ 存储顶点 i 的邻接表在数组 List 中的起始位置。

例如，表示图 10-1 中 G1 和 G2 的紧缩邻接表分别如图 10-10（a）和（b）所示。

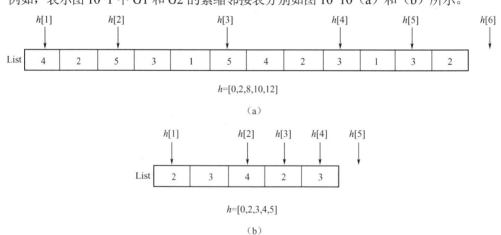

图 10-10　图 10-1 中 G1 和 G2 的紧缩邻接表

10.4　用邻接矩阵实现图

10.4.1　用邻接矩阵实现赋权有向图

从图的结构和概念上看，可将图分为赋权有向图、赋权无向图、有向图和无向图 4 种不同类型。在上述 4 种不同类型的图中，赋权有向图具有较一般的特征。有向图可看成不带权的赋权有向图。而无向图与有向图的差别仅在于无向图中的边是顶点的无序对，而有向图中的边是顶点的有序对，所以可以将一个无向图 G 当成一个有向图来处理，其中将 G 的每一条边(i,j)用两条有向边(i,j)和(j,i)来代替。用邻接矩阵实现的赋权有向图结构定义如下。

```
1   typedef struct graph *Graph;/* 赋权有向图指针类型 */
2   struct graph{/* 邻接矩阵赋权有向图结构 */
3       WItem NoEdge;/* 无边标记 */
4       int n;/* 顶点数 */
5       int e;/* 边数 */
6       WItem **a;/* 邻接矩阵 */
7   }AWDgraph;
```

其中，数组 a 存储赋权有向图的邻接矩阵；NoEdge 是赋权有向图在邻接矩阵中的无边标记；n 是赋权有向图的顶点数；e 是赋权有向图的边数。

函数 Graphinit(n,noEdge)创建一个有 n 个孤立顶点的赋权有向图。

```
1   Graph Graphinit(int n,WItem noEdge)
2   {/* 创建n个孤立顶点的赋权有向图 */
3       Graph G=(Graph)malloc(sizeof *G);
4       G->n=n;
5       G->e=0;
6       G->NoEdge=noEdge;
7       G->a=Make2DArray(G->n+1,G->n+1,noEdge);
8       return G;
9   }
```

函数 GraphEdges(G)和 GraphVertices(G)分别返回赋权有向图 G 的边数和顶点数。

```
1   int GraphEdges(Graph G)
2   {/* 边数 */
3       return G->e;
4   }
5
6   int GraphVertices(Graph G)
7   {/* 顶点数 */
8       return G->n;
9   }
```

函数 GraphExist(i,j,G)判断当前赋权有向图 G 中的边(i,j)是否存在。

```
1   int GraphExist(int i,int j,Graph G)
```

```
2    {/* 边(i,j)是否存在 */
3        if(i<1 || j<1 || i>G->n || j>G->n || G->a[i][j]==G->NoEdge)  return 0;
4        return 1;
5    }
```

函数 GraphAdd(*i,j,w,G*)在赋权有向图 *G* 中加入边权为 *w* 的边(*i,j*)。

```
1    void GraphAdd(int i,int j,WItem w,Graph G)
2    {/* 加入边(i,j) */
3        if(i<1 || j<1 || i>G->n || j>G->n || i==j || G->a[i][j]!=G->NoEdge)  return;
4        G->a[i][j]=w;
5        G->e++;
6    }
```

函数 GraphDelete(*i,j,G*)删除赋权有向图 *G* 中的边(*i,j*)。

```
1    void GraphDelete(int i,int j,Graph G)
2    {/* 删除边(i,j) */
3        if(i<1 || j<1 || i>G->n || j>G->n || G->a[i][j]==G->NoEdge)  return;
4        G->a[i][j]=G->NoEdge;
5        G->e--;
6    }
```

函数 OutDegree(*i,G*)返回赋权有向图 *G* 中顶点 *i* 的出度。

```
1    int OutDegree(int i,Graph G)
2    {/* 顶点i的出度 */
3        int sum=0;
4        if(i<1 || i>G->n)return 1;
5        /* 统计出边 */
6        for(int j=1;j<=G->n;j++)
7            if(G->a[i][j]!=G->NoEdge)  sum++;
8        return sum;
9    }
```

函数 InDegree(*i,G*)返回赋权有向图 *G* 中顶点 *i* 的入度。

```
1    int InDegree(int i, Graph G)
2    {/* 顶点i的入度 */
3        int sum=0;
4        if(i< 1 || i>G->n)  return 1;
5        /* 统计入边 */
6        for(int j=1;j<=G->n;j++)
7            if(G->a[j][i]!=G->NoEdge)  sum++;
8        return sum;
9    }
```

函数 GraphOut(*G*)输出赋权有向图 *G* 的邻接矩阵。

```
1    void GraphOut(Graph G)
2    {/* 输出邻接矩阵 */
3        for(int i=1;i<=G->n;i++){
```

```
4          for(int j=1;j<=G->n;j++)  WItemShow(G->a[i][j]);
5          printf("\n");
6       }
7    }
```

10.4.2　用邻接矩阵实现赋权无向图

用邻接矩阵实现赋权无向图时，将一个赋权无向图 G 当成一个赋权有向图来处理，将 G 的每一条边(i,j)用两条有向边(i,j)和(j,i)来代替。因此，函数 GraphAdd(i,j,w,G)在图 G 中加入边权为 w 的有向边(i,j)时，还应同时加入边权为 w 的有向边(j,i)。

```
1    void GraphAdd(int i, int j, WItem w, Graph G)
2    {/* 加入边(i,j) */
3       if(i<1 || j<1 || i>G->n || j>G->n || i==j || G->a[i][j]!=G->NoEdge)  return ;
4       G->a[i][j]=w;
5       G->a[j][i]=w;
6       G->e++;
7    }
```

函数 GraphDelete(i,j,G)在图 G 中删除边(i,j)时，还应同时删除边(j,i)。

```
1    void GraphDelete(int i, int j, Graph G)
2    {/* 删除边(i,j) */
3       if(i<1 || j<1 || i>G->n || j>G->n || G->a[i][j]==G->NoEdge)  return;
4       G->a[i][j]=G->NoEdge;
5       G->a[j][i]=G->NoEdge;
6       G->e--;
7    }
```

10.4.3　用邻接矩阵实现有向图

用邻接矩阵实现有向图时，每条边的边权规定为 1，边权为 0 时表示无边。

函数 Graphinit(n)创建一个有 n 个孤立顶点的有向图。

```
1    Graph Graphinit(int n)
2    {/* 创建 n 个孤立顶点的有向图 */
3       Graph G=(Graph)malloc(sizeof *G);
4       G->n=n;
5       G->e=0;
6       G->a=Make2DArray(G->n+1,G->n+1,0);
7       return G;
8    }
```

其他函数与赋权有向图类似。

10.4.4　用邻接矩阵实现无向图

用邻接矩阵实现的无向图与用邻接矩阵实现的有向图结构类似，每条边的边权也规定为

1。将无向图 G 的每一条边(i,j)用两条有向边(i,j)和(j,i)来代替。因此，函数 GraphAdd(i,j,G)在图 G 中加入有向边(i,j)时，还应同时加入有向边(j,i)。

```
1    void GraphAdd(int i,int j,Graph G)
2    {/* 加入边(i,j) */
3      if(i<1 || j<1 || i>G->n || j>G->n || i==j || G->a[i][j]!=0)  return;
4      G->a[i][j]=1;
5      G->a[j][i]=1;
6      G->e++;
7    }
```

函数 GraphDelete(i,j,G)在图 G 中删除边(i,j)时，还应同时删除边(j,i)。

```
1    void GraphDelete(int i,int j,Graph G)
2    {/* 删除边(i,j) */
3      if(i<1 || j<1 || i>G->n || j>G->n || G->a[i][j]==0)  return;
4      G->a[i][j]=0;
5      G->a[j][i]=0;
6      G->e--;
7    }
```

10.5 用邻接表实现图

10.5.1 用邻接表实现有向图

用邻接表实现有向图时，将每个顶点的邻接表存储在图的邻接表数组中。邻接表结点结构定义如下。

```
1    typedef struct lnode *glink;/* 邻接表指针类型 */
2    struct lnode{/* 邻接表结点类型 */
3        int v;/* 边的另一个顶点 */
4        glink next;/* 邻接表指针 */
5    }Lnode;
6
7    glink NewLNode(int v,glink next)
8    {/* 创建新邻接表结点 */
9        glink x=(glink)malloc(sizeof *x);
10       x->v=v;x->next=next;
11       return x;
12   }
```

其中，v 是边的另一个顶点；next 是邻接表指针，指向邻接表的下一个结点。函数 NewLNode 创建一个新的邻接表结点。

用邻接表实现有向图的结构定义如下。

```
1    typedef struct graph *Graph;
2    struct graph{
3        int n;/* 顶点数 */
```

```
4        int e;/* 边数 */
5        glink *adj;/* 邻接表数组 */
6    }Ldgraph;
```

其中，数组 adj 存储有向图的邻接表；n 是有向图的顶点数；e 是有向图的边数。

函数 Graphinit(n)创建一个用邻接表实现的有 n 个孤立顶点的有向图。

```
1    Graph Graphinit(int v)
2    {/* 创建 n 个孤立顶点的图 */
3        Graph G=(Graph)malloc(sizeof *G);
4        G->n=v;
5        G->e=0;
6        G->adj=(glink *)malloc((v+1)*sizeof(glink));
7        for(int i=0;i<=v;i++)  G->adj[i]=0;
8        return G;
9    }
```

函数 GraphEdges(G)和 GraphVertices(G)分别返回有向图 G 的边数和顶点数。

```
1    int GraphEdges(Graph G)
2    {/* 边数 */
3        return G->e;
4    }
5
6    int GraphVertices(Graph G)
7    {/* 顶点数 */
8        return G->n;
9    }
```

函数 GraphExist(i,j,G)判断当前有向图 G 中的边(i,j)是否存在。

```
1    int GraphExist(int i,int j,Graph G)
2    {/* 边(i,j)是否存在 */
3        if(i<1 || j<1 || i>G->n || j>G->n)  return 0;
4        glink p=G->adj[i];
5        while(p && p->v!=j) p=p->next;
6        if(p)return 1;
7        else return 0;
8    }
```

函数 GraphAdd(i,j,G) 通过在顶点 i 的邻接表的表首插入顶点 j 来实现向有向图中加入一条
有向边(i,j)的操作。

```
1    void GraphAdd(int i,int j,Graph G)
2    {/* 加入边(i,j) */
3        if(i<1 || j<1 || i>G->n || j>G->n || i==j || GraphExist(i,j,G))  return;
4        G->adj[i]=NewLNode(j,G->adj[i]);
5        G->e++;
6    }
```

函数 GraphDelete(*i,j,G*)删除有向图 G 中的边(*i,j*)。

```
1   void GraphDelete(int i,int j,Graph G)
2   {/* 删除边(i,j) */
3      glink p,q;
4      if(i<1 || j<1 || i>G->n || j>G->n || !GraphExist(i,j,G))  return;
5      p=G->adj[i];
6      if(p->v == j){
7         G->adj[i]=p->next;
8         free(p);
9      }
10     else{
11        while(p && p->next->v!=j)  p=p->next;
12        if(p){
13           q=p->next;
14           p->next=q->next;
15           free(q);
16        }
17     }
18     G->e--;
19  }
```

函数 OutDegree(*i,G*) 通过计算顶点 *i* 的邻接表长，返回有向图 *G* 中顶点 *i* 的出度。

```
1   int OutDegree(int i,Graph G)
2   {/* 顶点 i 的出度 */
3      int j=0;
4      if(i<1 || i>G->n)  return 1;
5      /* 统计出边 */
6      glink p=G->adj[i];
7      while(p){
8        j++;
9        p=p->next;
10     }
11     return j;
12  }
```

函数 InDegree(*i,G*)返回有向图 *G* 中顶点 *i* 的入度。

```
1   int InDegree(int i,Graph G)
2   {/* 顶点 i 的入度 */
3      int sum=0;
4      if(i<1 || i>G->n)  return 1;
5      /* 统计入边 */
6      for(int j=1;j<=G->n;j++)
7        if(GraphExist(j,i,G))  sum++;
8      return sum;
9   }
```

函数 GraphOut(*G*)输出有向图 *G* 的邻接表。

```
1    void GraphOut(Graph G)
2    {/* 输出邻接表 */
3      for(int i=1;i<=G->n;i++){
4        glink p=G->adj[i];
5        while(p){
6            printf("%d  ",p->v);
7            p=p->next;
8        }
9        printf("\n");
10     }
11   }
```

10.5.2　用邻接表实现无向图

用邻接表实现无向图时，将一个无向图 G 当成一个有向图来处理，即将无向图 G 的每一条边(i,j)用两条有向边(i,j)和(j,i)来代替。因此，函数 GraphAdd(i,j,G)在无向图 G 中加入有向边(i,j)时，还应同时加入有向边(j,i)。

```
1    void GraphAdd(int i,int j,Graph G)
2    {/* 加入边(i,j) */
3      if(i<1 || j<1 || i>G->n || j>G->n || i==j || GraphExist(i,j,G))  return;
4      G->adj[i]=NewLNode(j,G->adj[i]);
5      G->adj[j]=NewLNode(i,G->adj[j]);
6      G->e++;
7    }
```

函数 GraphDelete(i,j,G)在图 G 中删除边(i,j)时，还应同时删除边(j,i)。

```
1    void GraphDelete(int i,int j,Graph G)
2    {/* 删除边(i,j) */
3      glink p,q;
4      if(i<1 || j<1 || i>G->n || j>G->n || !GraphExist(i,j,G))  return;
5      p=G->adj[i];
6      if(p->v==j){
7        G->adj[i]=p->next;
8        free(p);
9      }
10     else{
11       while(p && p->next->v!=j)  p=p->next;
12       if(p){
13         q=p->next;
14         p->next=q->next;
15         free(q);
16       }
17     }
18     p=G->adj[j];
19     if(p->v==i){
20       G->adj[j]=p->next;
21       free(p);
```

```
22      }
23      else{
24        while(p && p->next->v!=i)p=p->next;
25        if(p){
26          q=p->next;
27          p->next=q->next;
28          free(q);
29        }
30      }
31      G->e--;
32  }
```

10.5.3　用邻接表实现赋权有向图

用邻接表实现赋权有向图时，每个顶点相应的邻接表中除存储与该顶点相应的边信息外，还要存储与边相关联的边权信息。因此，与赋权有向图相应的邻接表结点类型定义如下。

```
1   typedef struct lwnode *glink;/* 赋权邻接表指针类型 */
2   struct lwnode{/* 赋权邻接表结点类型 */
3     int v;/* 边的另一个顶点 */
4     WItem w;/* 边权 */
5     glink next;/* 邻接表指针 */
6   }Lwnode;
7
8   glink NewLWNode(int v,WItem w,glink next)
9   {/* 创建一个新邻接表结点 */
10      glink x=(glink)malloc(sizeof *x);
11      x->v=v;x->w=w;x->next=next;
12      return x;
13  }
```

其中，v 是边的另一个顶点；w 是边权；next 是邻接表指针，指向邻接表的下一个结点。函数 NewLWNode 创建一个新的邻接表结点。

用邻接表实现赋权有向图的结构定义如下。

```
1   typedef struct graph *Graph;/* 赋权图指针类型 */
2   struct graph{/* 邻接表赋权图结构 */
3     int n;/* 顶点数 */
4     int e;/* 边数 */
5     glink *adj;/* 邻接表数组 */
6   }Lwgraph;
```

其中，数组 adj 存储赋权有向图的邻接表；n 是赋权有向图的顶点数；e 是赋权有向图的边数。

函数 Graphinit(n)创建一个用邻接表实现的有 n 个孤立顶点的赋权有向图。

```
1   Graph Graphinit(int v)
2   {/* 创建n个孤立顶点的图 */
```

```
3      Graph G=(Graph)malloc(sizeof *G);
4      G->n=v;
5      G->e=0;
6      G->adj=(glink *)malloc((v+1)*sizeof(glink));
7      for(int i=0;i<=v;i++)  G->adj[i]=0;
8      return G;
9    }
```

函数 GraphEdges(G)和 GraphVertices(G)分别返回赋权有向图 G 的边数和顶点数。

```
1    int GraphEdges(Graph G)
2    {/* 边数 */
3        return G->e;
4    }
5
6    int GraphVertices(Graph G)
7    {/* 顶点数 */
8        return G->n;
9    }
```

函数 GraphExist(i,j,G)判断当前赋权有向图 G 中的边(i,j)是否存在。

```
1    int GraphExist(int i,int j,Graph G)
2    {/* 边(i,j)是否存在 */
3        if(i<1 || j<1 || i>G->n || j>G->n)  return 0;
4        glink p=G->adj[i];
5        while(p && p->v!=j)p=p->next;
6        if(p)return 1;
7        else return 0;
8    }
```

函数 GraphAdd(i,j,w,G) 通过在顶点 i 的邻接表的表首插入顶点 j，来实现向赋权有向图中加入一条边权为 w 的有向边(i,j)。

```
1    void GraphAdd(int i,int j,WItem w,Graph G)
2    {/* 加入边(i,j) */
3        if(i<1 || j<1 || i>G->n || j>G->n || i==j || GraphExist(i,j,G))  return;
4        G->adj[i]=NewLWNode(j,w,G->adj[i]);
5        G->e++;
6    }
```

函数 GraphDelete(i,j,G)删除赋权有向图 G 中的边(i,j)。

```
1    void GraphDelete(int i,int j,Graph G)
2    {/* 删除边(i,j) */
3        glink p,q;
4        if(i<1 || j<1 || i>G->n || j>G->n || !GraphExist(i,j,G))  return;
5        p=G->adj[i];
6        if(p->v==j){
7            G->adj[i]=p->next;
```

```
8          free(p);
9      }
10     else{
11         while(p && p->next->v!=j)  p=p->next;
12         if(p){
13             q=p->next;
14             p->next=q->next;
15             free(q);
16         }
17     }
18     G->e--;
19 }
```

函数 OutDegree(i,G)通过计算顶点 i 的邻接表长，返回赋权有向图 G 中顶点 i 的出度。

```
1   int OutDegree(int i,Graph G)
2   {/* 顶点 i 的出度 */
3       int j=0;
4       if(i<1 || i>G->n)  return 1;
5       /* 统计出边 */
6       glink p=G->adj[i];
7       while(p){
8         j++;
9         p=p->next;
10      }
11      return j;
12  }
```

函数 InDegree(i,G)返回赋权有向图 G 中顶点 i 的入度。

```
1   int InDegree(int i,Graph G)
2   {/* 顶点 i 的入度 */
3       int sum=0;
4       if(i<1 || i>G->n)  return 1;
5       /* 统计入边 */
6       for(int j=1;j<=G->n;j++)
7         if(GraphExist(j,i,G)) sum++;
8       return sum;
9   }
```

函数 GraphOut(G)输出赋权有向图 G 的邻接表。

```
1   void GraphOut(Graph G)
2   {/* 输出邻接表 */
3   printf("G->n=%d\n",G->n);
4       for(int i=1;i<=G->n;i++){
5           printf("i=%d\n",i);
6         glink p=G->adj[i];
7         while(p){
8           ShowNode(p);
9           p=p->next;
```

```
10        }
11        printf("\n");}
12   }
```

10.5.4   用邻接表实现赋权无向图

用邻接表实现赋权无向图时，将一个赋权无向图 G 当成一个赋权有向图来处理，即将赋权无向图 G 的每一条权值为 w 的边(i,j)，用两条权值为 w 的赋权有向边(i,j)和(j,i)代替。因此，函数 GraphAdd(i,j,w,G)在赋权无向图 G 中加入权值为 w 的有向边(i,j)时，还应同时加入权值为 w 的有向边(j,i)。

```
1    void GraphAdd(int i, int j, WItem w, Graph G)
2    {/* 加入边(i,j) */
3        if(i<1 || j<1 || i>G->n || j>G->n || i==j || GraphExist(i,j,G))  return;
4        G->adj[i] = NewLWNode(j,w,G->adj[i]);
5        G->adj[j] = NewLWNode(i,w,G->adj[j]);
6        G->e++;
7    }
```

函数 GraphDelete(i,j,G)在图 G 中删除边(i,j)时，还应同时删除边(j,i)。

```
1    void GraphDelete(int i,int j,Graph G)
2    {/* 删除边(i,j) */
3        glink p,q;
4        if(i<1 || j<1 || i>G->n || j>G->n || !GraphExist(i,j,G))  return;
5        p=G->adj[i];
6        if(p->v == j){
7            G->adj[i]=p->next;
8            free(p);
9        }
10       else{
11           while(p && p->next->v!=j)p=p->next;
12           if(p){
13               q=p->next;
14               p->next=q->next;
15               free(q);
16           }
17       }
18       p=G->adj[j];
19       if(p->v==i){
20           G->adj[j]=p->next;
21           free(p);
22       }
23       else{
24           while(p && p->next->v!=i)  p=p->next;
25           if(p){
26               q=p->next;
27               p->next=q->next;
28               free(q);
```

```
29        }
30      }
31      G->e--;
32  }
```

10.6　图的遍历

许多关于图的算法都需要系统地访问图的每一个顶点。本节所讨论的图的广度优先搜索和深度优先搜索就是系统地访问图的所有顶点，即遍历一个图的两个重要方法。任意给定图的一个顶点，用这两种方法都可以访问到与这个给定顶点有路相连的所有顶点。

10.6.1　广度优先搜索

广度优先搜索是系统地访问一个图的所有顶点的方法。其基本思想是从图中某个顶点 i 出发，在访问了顶点 i 后，就尽可能先横向搜索 i 的邻接顶点。在依次访问 i 的各个未被访问过的邻接顶点后，分别从这些邻接顶点出发，递归地以广度优先方式搜索图中其他顶点，直至图中所有已被访问的顶点的邻接顶点都被访问到。若此时图中还有未被访问的顶点，则再选择一个这样的顶点作为起始顶点，重复上述过程，直至图中所有顶点都被访问到。换句话说，以广度优先搜索策略遍历图的过程是以一个顶点 i 为起始顶点，由近及远，依次访问和顶点 i 有路相通，且路径长度为 $1,2\cdots$ 的顶点。

广度优先搜索算法 bfs 可描述如下。

```
1   bfs(G,i)
2   {/* 从顶点 v 开始，广度优先搜索图 G 的算法 */
3       标记顶点 i;
4       用顶点 i 初始化顶点队列 Q;
5       while(!QueueEmpty(Q)){
6         i=DeleteQueue(Q);
7         设 j 是 i 的邻接顶点;
8         while(j){
9           if(j 未标记){标记顶点 j;EnterQueue(j,Q);}
10          j=i 的下一个邻接顶点;
11        }
12      }
13  }
```

上述算法适用于前面讨论的各种类型的图。在具体实现时，用一个数组 pre 来记录搜索到的顶点的状态。初始时对所有顶点 v 有 pre[i]=0。用一全局整型变量 cnt 记录算法对图中顶点的访问次序。算法结束后，数组 pre[i] 中的值是算法访问顶点 i 的序号。

在用邻接矩阵实现的无向图 G 中的广度优先搜索算法 bfs 可实现如下。

```
1   void bfs (Graph G,int i)
2   {
3       Queue q=QueueInit();
4       EnterQueue(i,q);
5       while(!QueueEmpty(q))
```

```
6        if(pre[i=DeleteQueue(q)]==0){
7          pre[i]=cnt++;
8          for(int j=1;j<=G->n;j++)
9            if(G->a[i][j])
10             if(pre[j]==0)EnterQueue(j,q);
11       }
12   }
```

上述算法可以遍历图 G 的顶点 i 所在连通分支中的所有顶点。调用函数 bfs 一次只能遍历图的一个连通分支。当图 G 是连通图时，只要调用一次 bfs 就可遍历图 G 的所有顶点；而当图 G 有多个连通分支时，必须对每一个连通分支调用一次 bfs。

用广度优先搜索方式遍历图 G 的算法如下。

```
1    void GraphSearch(Graph G)
2    {
3        cnt=1;
4        for(int i=1;i<=G->n;i++)pre[i]=0;
5        for(int i=1;i<=G->n;i++)
6          if(pre[i]==0)bfs(G,i);
7    }
```

从算法 bfs 可以看到，每个被访问到的顶点都只进入队列 q 一次。被访问顶点，其邻接矩阵所在的行或其邻接表恰被遍历一次。如果在一次 bfs 的搜索过程中访问了 s 个顶点，那么用邻接矩阵实现图时，所需的搜索时间为 $O(sn)$；用邻接表实现图时，所需的搜索时间为 $O\left(\sum_i OD(i)\right)$。

注意到算法 bfs 中，队列 q 中可能有重复的顶点，而每个未访问的顶点只需处理一次，可见队列 q 中的重复顶点影响了算法的效率，应设法避免。解决这个问题的一个方法是，在队列的入队运算中加入重复顶点判断，并舍去重复顶点；另一个方法是，每访问一个顶点就立即标记，同时队列 q 仅存储新近访问的顶点。这样，队列 q 中的顶点就都是已访问过的顶点，从而避免了重复顶点。根据上述思想对算法 bfs 改进如下。

```
1    void bfs(Graph G,int i)
2    {
3        Queue q=QueueInit();
4        EnterQueue(i,q);
5        pre[i]=cnt++;
6        while(!QueueEmpty(q)){
7          i=DeleteQueue(q);
8          for(int j=1;j<=G->n;j++)
9            if((G->a[i][j]) && (pre[j]==0)){
10             EnterQueue(j,q);
11             pre[j]=cnt++;
12           }
13       }
14   }
```

由上容易看出，用改进后的算法 bfs 对有 n 个顶点的图 G 进行广度优先遍历时，队列 q 中最多只有 n 个顶点。由此可知，用邻接矩阵实现图 G 时，广度优先遍历所需的搜索时间为 $O(n^2)$；用邻接表实现图 G 时，广度优先遍历所需的搜索时间为 $O(n+e)$。其中，n 为图 G 的顶点数；e 为图 G 的边数。

10.6.2　深度优先搜索

用深度优先搜索策略来遍历一个图类似于树的前序遍历，是树的前序遍历方法的推广。

深度优先搜索的基本思想是：对于给定的图 $G=(V,E)$，首先，将 V 中每一个顶点都标记为未被访问。然后，选取一个顶点 $v \in V$，并开始搜索。标记 v 为已访问，再递归地用深度优先搜索算法，依次搜索 v 的每一个未被访问过的邻接顶点。若从 v 出发有路可达的顶点都已被访问过，则从 v 开始的搜索过程结束。此时，若图中还有未被访问过的顶点，则再任选一个，并从这个顶点开始做新的搜索。上述过程一直进行到 v 中所有顶点都已被访问为止。

因为上述搜索算法总是尽可能地先沿纵深方向进行搜索，所以称为深度优先搜索。例如，设 x 是刚被访问过的顶点，按深度优先搜索方法，下一步将选择 x 的一个邻接顶点 y。如果发现 y 已被访问过，就重新选择 x 的另一个邻接顶点。如果 y 未被访问过，就访问顶点 y，将它标记为已访问，并进行从 y 开始的深度优先搜索，直到搜索完从 y 出发的所有路，才退回到顶点 x，再选择 x 的一个未被访问过的邻接顶点。上述过程一直进行到 x 的所有邻接顶点都被访问过为止。

显然，上述遍历图 G 的顶点的过程是一个递归过程。在具体实现时，用一个数组 pre 来记录搜索到的顶点的状态。初始时对所有顶点 v 有 pre[i]=0。用一全局整型变量 cnt 记录算法对图中顶点的访问次序。算法结束后，数组 pre[i] 中的值是算法访问顶点 i 的序号。

在用邻接矩阵实现的无向图 G 中的深度优先搜索算法 dfs 可实现如下。

```
1    void dfs(Graph G,int i)
2    {
3        pre[i]=cnt++;
4        for(int j=1;j<=G->n;j++)
5          if(G->a[i][j])
6              if(pre[j]==0)dfs(G,j);
7    }
```

类似地，在用邻接表实现的有向图 G 中的深度优先搜索算法 dfs 可实现如下。

```
1    void dfs(Graph G,int i)
2    {
3        glink p;
4        pre[i]=cnt++;
5        for(p=G->adj[i];p;p=p->next)
6          if(pre[p->v]==0)dfs(G,p->v);
7    }
```

上述算法可以遍历图 G 的顶点 i 所在连通分支中的所有顶点。调用算法 dfs 一次只能遍历图的一个连通分支。当图 G 是连通图时，只要调用一次 dfs 就可遍历图 G 的所有顶点。而当图 G 有多个连通分支时，必须对每一个连通分支调用一次 dfs。

用深度优先搜索方式遍历图 G 的算法如下。

```
1   void GraphSearch(Graph G)
2   {
3       cnt=1;
4       for(int i=1;i<=G->n;i++)pre[i]=0;
5       for(int i=1;i<=G->n;i++)
6          if(pre[i]==0)dfs(G,i);
7   }
```

深度优先搜索算法 dfs 与广度优先搜索算法 bfs 具有相同的时间复杂性。用邻接矩阵实现图 G 时，深度优先遍历所需的搜索时间为 $O(n^2)$；用邻接表实现图 G 时，深度优先遍历所需的搜索时间为 $O(n+e)$。其中，n 为图 G 的顶点数；e 为图 G 的边数。

10.7　最短路径

本节讨论在一个赋权有向图上寻找最短路径的问题。在一般情况下，最短路径问题可分为单源最短路径和所有顶点对之间的最短路径两大类。下面分别进行讨论。

10.7.1　单源最短路径

给定一个赋权有向图 $G=(V,E)$，其中每条边的权是一个非负实数。另外，还给定 V 中的一个顶点，称为源。现在要计算从源到图 G 的其他所有顶点的最短路径长度。这里路径的长度是指路上各边权之和。这个问题通常称为单源最短路径问题。

解单源最短路径的一个常用算法是 Dijkstra 算法。其基本思想是，设置一个顶点集合 S 并不断地进行贪心选择来扩充这个集合。一个顶点属于集合 S 当且仅当从源到该顶点的最短路径长度已知。初始时，S 中仅含有源。设 u 是 G 的某一个顶点，把从源到 u 且中间只经过 S 中顶点的路径称为从源到 u 的特殊路径，并用数组 dist 来记录当前每个顶点所对应的最短特殊路径长度。Dijkstra 算法每次从 $V-S$ 中取出具有最短特殊路径长度的顶点 u，将 u 添加到 S 中，同时对数组 dist 进行必要的修改。一旦 S 包含了所有 V 中顶点，dist 就记录了从源到其他所有顶点之间的最短路径长度。

Dijkstra 算法可描述如下。其中，输入的赋权有向图是 $G=(V,E)$，$V=\{1,2,\cdots,n\}$，顶点 s 是源，dist[v] 表示当前从源 s 到顶点 v 的最短特殊路径长度，prev[v] 表示从源 s 到顶点 v 的最短特殊路径上顶点 v 的前驱顶点。

```
1   步骤1:  初始化 dist[v]=a[s][v],1≤v≤n;
2           对于所有与 s 邻接的顶点 v 置 prev[v]=s;
3           对于其余顶点 u 置 prev[u]=0;
4           建立表 L 包含所有 prev[v]!=0 的顶点 v。
5   步骤2:  若表 L 空，则算法结束，否则转步骤3。
6   步骤3:  从表 L 中取出 dist 值最小的顶点 v。
7   步骤4:  对于顶点 v 的所有邻接顶点 u 置 dist[u]=min{dist[u],dist[v]+a[v][u]};
```

在用邻接矩阵实现的赋权有向图中，单源最短路径问题的 Dijkstra 算法可实现如下。

```
1   void Dijkstra(int s,WItem dist[],int prev[],Graph G)
2   {/* Dijkstra 算法 */
3       List L=ListInit();
4       if(s<1 || s>G->n)return;
5       /* 初始化 dist, prev 和 L */
6       for(int i=1;i<=G->n;i++){
7           dist[i]=G->a[s][i];
8           if(dist[i]==G->NoEdge)  prev[i]=0;
9           else{
10              prev[i]=s;
11              ListInsert(0,i,L);
12          }
13      }
14      dist[s]=0;
15       /* 修改 dist 和 prev */
16      while(!ListEmpty(L)){
17          /* 找 L 中具有最小 dist 值的顶点 v */
18          /* 将顶点 v 从表 L 中删除，并修改 dist 的值 */
19          int i=ListDelMin(L,dist);
20          for(int j=1;j<=G->n;j++){
21              if(G->a[i][j]!=G->NoEdge && (!prev[j] || dist[j]>dist[i]+G->a[i][j])){
22                  /* dist[j] 减少 */
23                  dist[j]=dist[i]+G->a[i][j];
24                  /* 顶点 j 插入表 L */
25                  if(!prev[j])  ListInsert(0,j,L);
26                  prev[j]=i;
27              }
28          }
29      }
30  }
```

其中，函数 ListDelMin(*L*,dist)返回表 *L* 中具有最小 dist 值的顶点 *v*，并将顶点 *v* 从表 *L* 中删除。

```
1   ListItem ListDelMin(List L,WItem dist[])
2   {
3       link p,q,t,r;
4       if(ListEmpty(L))  return 0;
5       p=L->first; t=p; r=t; q=p->next;
6       while(q){
7           if(dist[q->element]<dist[r->element]){ t=p;  r=q;}
8           p=q;
9           q=q->next;
10      }
```

```
11      if(t==r)L->first=r->next;
12      else t->next=r->next;
13      ListItem x=r->element;
14      free(r);
15      return x;
16  }
```

例如，对图 10-11 中的赋权有向图，应用 Dijkstra 算法计算从源顶点 1 到其他顶点间最短路径的迭代过程如表 10-1 所示。

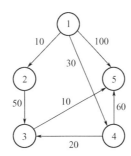

图 10-11　赋权有向图

表 10-1　Dijkstra 算法的迭代过程

迭 代	S	u	dist[2]	dist[3]	dist[4]	dist[5]
初始	{1}	—	10	∞	30	100
1	{1,2}	2	10	60	30	100
2	{1,2,4}	4	10	50	30	90
3	{1,2,4,3}	3	10	50	30	60
4	{1,2,4,3,5}	5	10	50	30	60

上述 Dijkstra 算法只求出从源顶点到其他顶点间的最短路径长度。如果还要求出相应的最短路径，可以用算法中数组 prev 记录的信息求出相应的最短路径。算法中数组 prev[i]记录的是从源顶点到顶点 i 的最短路径上 i 的前一个顶点。初始时，对所有 $i \neq 1$，置 prev[i]=v。在 Dijkstra 算法中更新最短路径长度时，只要 dist[u]+$c[u][i]$<dist[i]，就置 prev[i]=u。当 Dijkstra 算法终止时，可以根据数组 prev 找到从源到 i 的最短路径上每个顶点的前一个顶点，从而找到从源到 i 的最短路径。

例如，对于图 10-11 中的赋权有向图，经 Dijkstra 算法计算后可得：prev[2]=1，prev[3]=4，prev[4]=1，prev[5]=3。如果要找出顶点 1 到顶点 5 的最短路径，可以从数组 prev 得到顶点 5 的前一个顶点是 3，3 的前一个顶点是 4，4 的前一个顶点是 1。于是从顶点 1 到顶点 5 的最短路径是 1,4,3,5。

下面讨论 Dijkstra 算法的正确性和计算复杂性。

Dijkstra 算法是应用贪心算法设计策略的一个典型例子。它所进行的贪心选择是从 $V-S$ 中选择具有最短特殊路径的顶点 u，从而确定从源到 u 的最短路径长度 dist[u]。这种贪心选择为什么能导致最优解呢？换句话说，为什么从源到 u 没有更短的其他路径呢？事实上，如果存在一条从源到 u 且长度比 dist[u]更短的路径，设这条路径初次走出 S 之外到达的顶点为 $x \in V-S$，然后于 S

内外徘徊若干次，最后离开 S 到达 u，如图 10-12（a）所示。

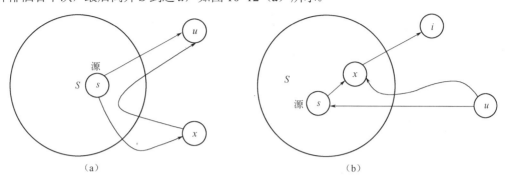

图 10-12 从源到 u 的最短路径

在这条路径上，分别记 $d(s,x)$，$d(x,u)$ 和 $d(s,u)$ 为顶点 s 到顶点 x，顶点 x 到顶点 u 和顶点 s 到顶点 u 的路径长度，那么有

$$\text{dist}[x] \leqslant d(s,x)$$
$$d(s,x)+d(x,u)=d(s,u)<\text{dist}[u]$$

利用边权的非负性，可知 $d(x,u) \geqslant 0$，从而推得 $\text{dist}[x]<\text{dist}[u]$，此为矛盾。这就证明了 $\text{dist}[u]$ 是从源到顶点 u 的最短路径长度。

要完成 Dijkstra 算法正确性的证明，还必须证明最优子结构性质，即算法中确定的 $\text{dist}[u]$ 确实是当前从源到顶点 u 的最短特殊路径长度。为此，只要考查算法在把 u 添加到 S 中后，$\text{dist}[u]$ 的值所起的变化就行了。将添加 u 之前的 S 称为老的 S。当添加了 u 之后，可能出现一条到顶点 i 的新的特殊路径。若这条新特殊路径是先经过老的 S 到达顶点 u，然后从 u 经一条边直接到达顶点 i，则这种路径的最短长度是 $\text{dist}[u]+c[u][i]$。这时，若 $\text{dist}[u]+c[u][i]<\text{dist}[i]$，则算法中用 $\text{dist}[u]+c[u][i]$ 作为 $\text{dist}[i]$ 的新值。如果这条新特殊路径经过老的 S 到达 u 后，不是从 u 经一条边直接到达 i，而是像图 10-12（b）那样，回到老的 S 中某个顶点 x，最后才到达顶点 i，那么由于 x 在老的 S 中，所以 x 比 u 先加入 S，故图 10-12（b）中从源到 x 的路径的长度比从源到 u，再从 u 到 x 的路径的长度小。于是当前 $\text{dist}[i]$ 的值小于图 10-12（b）中从源经 x 到 i 的路径的长度，也小于从源经 u 和 x，最后到达 i 的路径的长度。因此，在算法中不必考虑这种路径。由此可知，不论算法中 $\text{dist}[u]$ 的值是否有变化，它总是当前顶点集 S 到顶点 u 的最短特殊路径长度。

Dijkstra 算法的计算复杂性：对于一个具有 n 个顶点和 e 条边的赋权有向图，如果用赋权邻接矩阵实现这个图，那么 Dijkstra 算法的主循环体需要 $O(n)$ 时间。这个循环需要执行 $n-1$ 次，完成循环需要 $O(n^2)$ 时间。算法的其余部分所需要的时间不超过 $O(n^2)$。

10.7.2　Bellman-Ford 最短路径算法

若允许带权有向图中某些边的权为负实数，则 Dijkstra 算法不能正确地求出从源到所有其他顶点的最短路径长度。对于如图 10-13 所示的带负权边的有向图，用 Dijkstra 算法找顶点 1 到其余顶点间最短路径长度的计算步骤如表 10-2 所示。

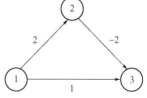

图 10-13 带负权边的有向图

表 10-2　Dijkstra 算法的计算步骤

迭代	S	u	dist[2]	dist[3]
初始	{1}	—	2	1
1	{1, 3}	3	2	1
2	{1, 2, 3}	2	2	1

对于这个例子，Dijkstra 算法找出的从顶点 1 到顶点 3 的最短路径为 1,3，其长度为 1，而实际上最短路径应为 1,2,3，其长度为 0。可见，当有向图 G 中含有负权边时，Dijkstra 算法不能正确工作。

当带权图 $G=(V,E)$ 中有负权边时，可对 Dijkstra 算法进行适当修改，得到如下的 Bellman-Ford 算法。该算法可返回一个布尔值，表明图 G 中是否有一个从源可达的负权圈。若有这样的圈，算法判定该问题无解。若不存在从源可达的负权圈，算法将正确地计算出从源到其他各顶点间的最短路径。

Bellman-Ford 算法的基本思想是，对图中除源顶点 s 外的任一顶点 u，依次构造从 s 到 u 的最短路径长度序列 $\text{dist}^1[u], \text{dist}^2[u], \cdots, \text{dist}^{n-1}[u]$。其中，$n$ 是图 G 的顶点数。$\text{dist}^1[u]$ 是从 s 到 u 的只经过 G 中 1 条边的最短路径长度，$\text{dist}^2[u]$ 是从 s 到 u 的最多经过 G 中 2 条边的最短路径长度，$\cdots$，$\text{dist}^k[u]$ 是从 s 到 u 的最多经过 G 中 k 条边的最短路径长度。当图 G 中没有从源可达的负权圈时，从 s 到 u 的最短路径上最多有 $n-1$ 条边。因此，$\text{dist}^{n-1}[u]$ 就是从 s 到 u 的最短路径长度。显然，若从源 s 到 u 的边长为 $e(s,u)$，则 $\text{dist}^1[u] = e(s,u)$。对于 $k>1$，$\text{dist}^k[u]$ 满足递归式：$\text{dist}^k[u] = \min\{\text{dist}^{k-1}[v] + e(v,u) \mid (v,u) \in E\}$。Bellman-Ford 最短路径算法就是依此递归式计算最短路径的。

在实现 Bellman-Ford 最短路径算法时，用数组 ub 记录顶点的最短路径长度更新状态，数组 count 记录顶点的最短路径长度更新次数，队列 qu 存储最短路径长度更新过的顶点。算法依次从队列 qu 中取出待更新顶点 u，按照计算 $\text{dist}^k[u]$ 的递归式进行计算。在计算过程中，一旦发现对顶点 k 有 count[k]>n，说明图 G 有一个从顶点 k 出发的负权圈，算法就报告负权圈并终止。否则，当队列 qu 为空时，算法得到图 G 的各顶点的最短路径长度。

```
1    int BellmanFord(int s,WItem dist[],int prev[],Graph G)
2    {
3        Queue qu;
4        glink p;
5        int n=G->n;
6        if(s<1 || s>n)exit(1);
7        int *count=(int *)malloc((n+1)*sizeof(int));
8        int *ub=(int *)malloc((n+1)*sizeof(int));
9        for(int i=1;i<=n;i++){
10           dist[i]=INT_MAX;
11           count[i]=0;
12           prev[i]=0;
13           ub[i]=0;
14       }
15       qu=QueueInit();
```

```
16        dist[s]=0;
17        EnterQueue(s,qu);
18        while(!QueueEmpty(qu)){
19            int k=DeleteQueue(qu);
20            ub[k]=0;
21            count[k]++;
22            if (count[k]>n){
23                printf("有负圈");
24                return 0;
25            }
26            p=G->adj[k];
27            while(p){
28                int j=p->v;
29                if(dist[j]>dist[k]+p->w){
30                    dist[j]=dist[k]+p->w;
31                    prev[j]=k;
32                    if(!ub[j]){
33                        EnterQueue(j,qu);
34                        ub[j]=1;
35                    }
36                }
37                p=p->next;
38            }
39        }
40    return 1;
42 }
```

上述 Bellman-Ford 最短路径算法最多考查每条边 n 次，因此，当图的顶点数为 n，边数为 e 时，算法在最坏情况下需要 $O(ne)$ 时间。

10.7.3 所有顶点对之间的最短路径

给定一个赋权有向图 $G=(V,E)$，其中每一条边(u,v)的权 $a[u][v]$是一个非负实数。要求对任意的顶点有序对(u,v)找出从顶点 u 到顶点 v 的最短路径长度。这个问题就称为赋权有向图的所有顶点对之间的最短路径问题。

解决这个问题的一个方法是，每次以一个顶点为源，重复执行 Dijkstra 算法 n 次。这样就可以求得所有顶点对之间的最短路径。容易看出，这样做所需的计算时间为 $O(n^3)$。

下面介绍求所有顶点对之间最短路径的较直接的 Floyd 算法，其基本思想如下所述。

设 $V = \{ 1,2,\cdots,n \}$，设置一个 $n \times n$ 矩阵 c，初始时 $c[i][j]=a[i][j]$。

然后，在矩阵 c 上进行 n 次迭代。经第 k 次迭代后，$c[i][j]$的值是从顶点 i 到顶点 j，且中间不经过编号大于 k 的顶点的最短路径长度。在 c 上做第 k 次迭代时，用下面的公式来计算：$c[i][j] = \min \{ c[i][j], c[i][k]+c[k][j] \}$。

这个公式可以直观地用图 10-14 来表示。

要计算 $c[i][j]$，只要比较当前 $c[i][j]$ 与

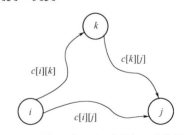

图 10-14 从顶点 i 到 j 且经过顶点 k 的最短路径长度

$c[i][k]+c[k][j]$ 的大小。当前 $c[i][j]$ 的值表示从顶点 i 到 j，中间顶点编号不大于 $k-1$ 的最短路径长度；而 $c[i][k]+c[k][j]$ 表示从顶点 i 到 k，再从 k 到 j，且中间不经过编号大于 k 的顶点的最短路径长度。如果 $c[i][k]+c[k][j] < c[i][j]$，就置 $c[i][j]$ 的值为 $c[i][k]+c[k][j]$。

在用邻接矩阵实现的赋权有向图中，求所有顶点对之间最短路径的 Floyd 算法可实现如下。

```
1   void Floyd(WItem **c,int **path,Graph G)
2   {
3    /* 初始化c[i][j] */
4    for(int i=1;i<=G->n;i++)
5      for(int j=1;j<=G->n;j++){
6        c[i][j]=G->a[i][j];
7        path[i][j]=0;
8      }
9    for(int i=1;i<=G->n;i++)c[i][i]=0;
10   /* 循环计算c[i][j] 的值 */
11   for(int k=1;k<=G->n;k++)
12     for(int i=1;i<=G->n;i++)
13       for(int j=1;j<=G->n;j++){
14         WItem t1=c[i][k],t2=c[k][j],t3=c[i][j];
15         if(t1!=G->NoEdge && t2!=G->NoEdge && (t3==G->NoEdge || t1+t2<t3)){
16            c[i][j]=t1+t2;
17            path[i][j]=k;
18         }
19       }
20  }
```

上述算法中的二维数组 path 用于记录最短路径。当 k 是算法中使 $c[i][j]$ 取得最小值的整数时，就置 $path[i][j]=k$。当 $path[i][j]=0$ 时，表示从顶点 i 到 j 的最短路径就是从 i 到 j 的边。在计算出 $c[i][j]$ 的值后，由 path 记录的信息，容易找出相应的最短路径。

上述 Floyd 算法的三重 for 循环耗费 $O(n^3)$ 时间，其他语句所需的计算时间不超过 $O(n^3)$。因此，Floyd 算法所需的计算时间为 $O(n^3)$。

10.8　无圈有向图

一个不含圈的有向图称为无圈有向图（Directed Acyclic Graph，DAG）。DAG 是有向图的特殊情形，而树又是 DAG 的特殊情形。

如果一个算术表达式含有公共子表达式，那么可以用一个 DAG 来表示这个算术表达式的句法结构，实现对相同子表达式的共享，节省存储空间。

10.8.1　拓扑排序

DAG 可以用来表示偏序关系。集合 S 上的偏序关系是指满足下述两个条件的二元关系 R：

（1）对所有 $a \in S$，aRa 不成立（反自反性）；

（2）对所有 $a,b,c \in S$，若 aRb 且 bRc，则 aRc（传递性）。

整数中的小于关系和集合中的真包含关系都是偏序关系的例子。

用一个 DAG 表示一个偏序集的方法如下：首先将集合 S 上的二元关系 R 看成 S 中元素的有序对的集合。有序对(a,b)属于这个集合当且仅当 aRb。这时，若 R 是偏序关系，则有向图 $G=(S,R)$ 就是一个 DAG。反之，设有向图 $G=(S,R)$ 是一个 DAG，定义 S 上的关系 R^+ 如下：aR^+b 当且仅当在 G 中有一条从 a 到 b 的长度大于或等于 1 的路（R^+ 是 R 的传递闭包）。这时，R^+ 就是 S 上的一个偏序关系。

对一个有向图 $G=(V,E)$ 中所有顶点确定一个线性序 ord：$V\to\{1,2,\cdots,n\}$，使得对所有$(u,v)\in E$ 有 ord$(u)<$ord(v)。这个过程就称为对有向图 G 的拓扑排序。

当 G 是一个 DAG 时，对 G 进行深度优先遍历，各顶点的后序编号给出 G 的顶点的反拓扑排序。具体算法描述如下。算法中用邻接表实现给定的 DAG。

```
1    void TSdfs(Graph D,int v,int ts[])
2    {
3        pre[v]=0;
4        for(glink t=D->adj[v];t;t=t->next)
5          if(pre[t->v])TSdfs(D,t->v,ts);
6        ts[cnt++]=v;
7    }
8
9    void RevTopSort(Graph D,int ts[])
10   {
11       cnt=1;
12       for(int v=0;v<=D->n;v++)pre[v]=1;
13       for(int v=1;v<=D->n;v++)
14         if(pre[v])TSdfs(D,v,ts);
15   }
```

其中，算法 TSdfs 实现对给定 DAG 的深度优先遍历，RevTopSort 实现 DAG 顶点的反拓扑排序。数组 ts 给出顶点的反拓扑序。深度优先遍历所需的搜索时间为 $O(n+e)$。其中，n 为给定 DAG 的顶点数；e 为给定 DAG 的边数。由此可知，上述反拓扑排序算法所需的计算时间为 $O(n+e)$。

从算法的观点看，拓扑排序与反拓扑排序并没有本质的不同。例如，将原 DAG 的各边反转，变换后的有向图仍为一个 DAG，它的反拓扑序即为原图的拓扑序。或者在上述反拓扑排序算法中，用一个栈存储顶点编号，最后输出栈中顶点编号为 DAG 的拓扑序。

```
1    void TSdfs(Graph D,int v,int ts[])
2    {
3        pre[v]=0;
4        for(int w=0;w<D->n;w++)
5          if(D->a[w][v] && pre[w])TSdfs(D,w,ts);
6        ts[cnt++]=v;
7    }
8
9    void TopSort(Graph D,int ts[])
10   {
11       cnt=1;
```

```
12        for(int v=0;v<=D->n;v++)pre[v]=1;
13        for(int v=1;v<=D->n;v++)
14           if(pre[v])TSdfs(D,v,ts);
15     }
```

显然，若有向图 G 有一个拓扑排序，则 G 是一个 DAG。反之，也可用数学归纳法证明任一 DAG 必可拓扑排序。事实上，设 G 是一个 DAG。当 $n=|V|=1$ 时，G 显然有拓扑排序。假设所有顶点数小于 n 的 DAG 均可拓扑排序。当 $n>1$ 时，G 必至少有一个顶点的入度为 0。删去 G 的一个入度为 0 的顶点，得到 G 的一个含 $n-1$ 个顶点的子图 G'。G' 显然仍是一个 DAG。由归纳假设即知 G' 可拓扑排序，从而 G 可拓扑排序。

上述论证过程实际上给出了对有向图 G 进行拓扑排序的算法。在下面的算法中，用数组 in 来存储拓扑排序过程中每一个顶点的入度；用队列 q 来存储拓扑排序过程中尚未编号的入度为 0 的顶点。具体算法可描述如下。

```
1     void TopSort(Graph D,int ts[])
2     {
3        for(int v=1;v<=D->n;v++){in[v]=0;ts[v]=0;}
4        for(int v=1;v<=D->n;v++)
5          for(glink t=D->adj[v];t;t=t->next)
6             in[t->v]++;
7        q=QueueInit(D->n);
8        for(int v=1;v<=D->n;v++)
9          if(in[v]==0)EnterQueue(v,q);
10       for(int i=1;!QueueEmpty(q);i++){
11          int v=DeleteQueue(q);
12          ts[i]=v;
13          for(glink t=D->adj[v];t;t=t->next)
14             if(--in[t->v]==0)EnterQueue(t->v,q);
15       }
16    }
```

算法依序从队列 q 中取出一个入度为 0 的尚未编号顶点，为其编号后将它从当前的有向图中删去，并相应地修改 in，直到所有顶点都已编号为止。

10.8.2　DAG 的最短路径

若给定的带权有向图是一个 DAG，则由于 DAG 的特殊性，关于 DAG 的最短路径问题具有最优子结构性质。因此可充分利用 DAG 的无圈性，在 $O(n+e)$ 时间内解关于 DAG 的多源最短路径问题，具体算法可描述如下。

```
1     void shortest(Graph G,int p[],WItem c[])
2     {
3        int i,v,w;glink t;
4        TopSort(G,ts);
5        for(v=ts[i=1];i<=G->n;v=ts[i++])
6          for(t=G->adj[v];t;t=t->next)
7             if(c[w=t->v]>c[v]+t->w){
```

```
8              p[w]=v;
9              c[w]=c[v]+t->w;
10        }
11 }
```

上述算法的输入参数数组 p 初始化为 0，对入度为 0 的源顶点 v 初始化 $c[v]=0$，其余顶点初始化为 Max$W$。算法先用 TopSort 进行拓扑排序，然后按反拓扑序计算各顶点的最短路径。算法结束后，数组单元 $c[v]$ 的值就是 G 中其他顶点到顶点 v 的所有路径中最短路径的长度。数组 p 存储相应的最短路径。

10.8.3　DAG 的最长路径

用类似方法可设计在 $O(n+e)$ 时间内解关于 DAG 的多源最长路径问题，算法如下。

```
1    void longest(Graph G,int p[],WItem c[])
2    {
3       int i,v,w;
4       TopSort(G,ts);
5       for(v=ts[i=1];i<=G->n;v=ts[i++])
6         for(glink t=G->adj[v];t;t=t->next)
7           if(c[w=t->v]<c[v]+t->w){
8               p[w]=v;
9               c[w]=c[v]+t->w;
10          }
11   }
```

10.8.4　DAG 所有顶点对之间的最短路径

若给定的带权有向图是一个 DAG，则由于 DAG 的特殊性，DAG 的最短路径问题具有最优子结构性质。因此可充分利用 DAG 的无圈性，设计在 $O(ne)$ 时间内解关于 DAG 的所有顶点对之间的最短路径问题的动态规划算法，具体可描述如下。

```
1    void SPdfs(Graph G,int s,WItem **d,int **p)
2    {
3       d[s][s]=0;
4       for(glink u=G->adj[s];u!=NULL;u=u->next){
5           int t=u->v;
6           WItem w=u->w;
7           if(d[s][t]>w){d[s][t]=w;p[s][t]=t;}
8           if(d[t][t]==maxW) SPdfs(G,t,d,p);
9           for(int i=1;i<=G->n;i++)
10            if(d[t][i]<maxW)
11             if(d[s][i]>w+d[t][i]){
12                 d[s][i]=w+d[t][i];
13                 p[s][i]=t;
14            }
15      }
16   }
```

```
17
18   void AllShortes(Graph G, WItem **dist, int **path)
19   {
20       for(int v=1;v<=G->n;v++)
21           if(dist[v][v]==maxW)SPdfs(G,v,dist,path);
22   }
```

上述算法仍采用深度优先搜索策略，当对于顶点 v 的递归返回时，v 的邻接表中顶点的最短路径已计算出，只需检查从顶点 v 出发的各边即可。在每个顶点处的计算时间为 $O(e)$，因此，整个算法所需的计算时间为 $O(ne)$。

10.9 最小支撑树

设 $G =(V,E)$ 是一个无向连通赋权图。E 中每条边 (u,v) 的权为 $a[u][v]$。若 G 的一个子图 G' 是一棵包含 G 的所有顶点的树，则称 G' 为 G 的支撑树。支撑树上各边权的总和称为该支撑树的权。在 G 的所有支撑树中，权值最小的支撑树称为 G 的最小支撑树。

最小支撑树在实际中有广泛应用。例如，在设计通信网络时，用图的顶点表示城市，用边 (u,v) 的权 $a[u][v]$ 表示建立城市 u 和 v 之间的通信线路所需的费用，则最小支撑树给出了建立通信网络的最经济的方案。

10.9.1 最小支撑树性质

用贪心算法设计策略可以设计出构造最小支撑树的有效算法。本节要介绍的构造最小支撑树的 Prim 算法和 Kruskal 算法都可以看成应用贪心算法设计策略的典型例子。尽管这两个算法进行贪心选择的方式不同，但都利用了下面的最小支撑树性质。

设 $G=(V,E)$ 是一个连通赋权图，U 是 V 的一个真子集。如果 $(u,v)\in E$，$u\in U$，$v\in V-U$，且在所有这样的边中，(u,v) 的权 $a[u][v]$ 最小，那么一定存在 G 的一棵最小支撑树，它以 (u,v) 为一条边。这个性质有时也称为 MST 性质。

MST 性质可证明如下。

假设 G 的任何一棵最小支撑树都不含边 (u,v)。将边 (u,v) 添加到 G 的一棵最小支撑树 T 上，将产生一个含有边 (u,v) 的圈，并且在这个圈上有一条不同于 (u,v) 的边 (u',v')，使得 $u'\in U$，$v'\in V-U$，如图 10-15 所示。

将边 (u',v') 删去，得到 G 的另一棵支撑树 T'。由于 $a[u][v]\leq a[u'][v']$，所以 T' 的权值 $\leq T$ 的权值。即 T' 是一棵含有边 (u,v) 的最小支撑树，这与假设矛盾。

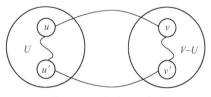

图 10-15 含边 (u,v) 的圈

10.9.2 Prim 算法

设 $G=(V,E)$ 是一个连通赋权图，$V=\{1,2,\cdots,n\}$。构造 G 的一棵最小支撑树 Prim 算法的基本思想是：首先置 $S =\{1\}$。然后，只要 S 是 V 的真子集，就进行如下的贪心选择：选取满足条

件 $i \in S$，$j \in V-S$，且 $a[i][j]$ 最小的边，并将顶点 j 添加到 S 中。这个过程一直进行到 $S=V$ 时为止。在这个过程中选取到的所有边恰好构成 G 的一棵最小支撑树。

```
1   Prim(G)
2   {
3     T=∅;
4     S={1};
5     while(S!=V){
6       (i,j)=i∈S且j∈V-S的最小权边;
7       T=T∪{(i,j)};
8       S=S∪{j};
9     }
10  }
```

在算法结束时，T 中包含 G 的 $n-1$ 条边。利用最小支撑树性质和数学归纳法容易证明，上述算法中的边集合 T 始终包含 G 的某棵最小支撑树中的边。因此，在算法结束时，T 中的所有边构成 G 的一棵最小支撑树。

例如，对于图 10-16 中的连通赋权图，按 Prim 算法选取边的过程如图 10-17 所示。

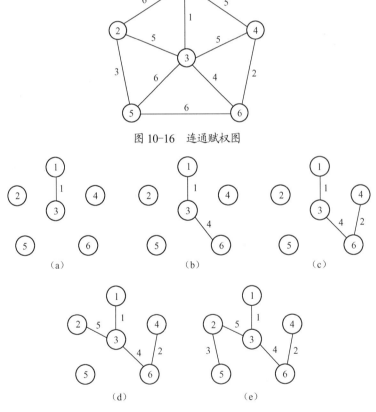

图 10-16　连通赋权图

（a）　　　　　　（b）　　　　　　（c）

（d）　　　　　　（e）

图 10-17　按 Prim 算法选取边的过程

在上述 Prim 算法中，还应当考虑如何有效地找出满足条件 $i \in S$，$j \in V-S$，且权 $a[i][j]$ 最小的边(i, j)。实现这个目标的一个较简单的办法是设置两个数组 closest 和 lowcost。对于每一个$j \in V-S$，closest[j]是j在S中的一个邻接顶点，它与j在S中的其他邻接顶点k相比较有$c[j][\text{closest}[j]] \leqslant a[j][k]$。lowcost[$j$]的值就是$a[j][\text{closest}[j]]$。

在执行 Prim 算法过程中，先找出$V-S$中使 lowcost 值最小的顶点j，然后根据数组 closest 选取边(j,closest[j])，最后将j添加到S中，并对 closest 和 lowcost 进行必要的修改。

在用邻接矩阵实现的赋权无向图G中构造一棵最小支撑树的 Prim 算法可实现如下。

```
1   void Prim(WItem *lowcost,int *closest,Graph G)
2   {
3       WItem min;
4       int *s;
5       s=(int *)malloc((G->n+1)*sizeof(int));
6       for(int i=1;i<=G->n;i++){
7           lowcost[i]=G->a[i][1];
8           closest[i]=1;
9           s[i]=0;
10      }
11      s[1]=1;
12      for(int i=1;i<G->n;i++){
13          WItem min=G->NoEdge;
14          int j=1;
15          for(int k=2;k<=G->n;k++)
16            if((lowcost[k]<min)&&(!s[k])){
17                min=lowcost[k];
18                j=k;
19            }
20          s[j]=1;
21          for(int k=2;k<=G->n;k++)
22            if((G->a[k][j]<lowcost[k])&&(!s[k])){
23                lowcost[k]=G->a[k][j];
24                closest[k]=j;
25            }
26      }
27  }
```

易知，上述算法 Prim 所需的计算时间为$O(n^2)$。

10.9.3 Kruskal 算法

构造最小支撑树的另一个常用算法是 Kruskal 算法。当图的边数为e时，Kruskal 算法所需的计算时间是$O(e\log e)$。当$e = \Omega(n^2)$时，Kruskal 算法比 Prim 算法差，但当$e = O(n^2)$时，Kruskal 算法比 Prim 算法好得多。

给定无向连通赋权图$G=(V,E)$，$V=\{1,2,\cdots,n\}$。Kruskal 算法构造G的最小支撑树的基本思想是：首先将G的n个顶点看成n个孤立的连通分支。将所有的边按权从小到大排序，从第一条边开始，依边权递增的顺序查看每一条边，并按下述方法连接两个不同的连通分支：当查看

到第 k 条边(v,w)时，如果端点 v 和 w 分别是当前两个不同的连通分支 $T1$ 和 $T2$ 中的顶点时，就用边(v,w)将 $T1$ 和 $T2$ 连接成一个连通分支，然后继续查看第 $k+1$ 条边；如果端点 v 和 w 在当前的同一个连通分支中，就直接再查看第 $k+1$ 条边。这个过程一直进行到只剩下一个连通分支时为止。此时，这个连通分支就是 G 的一棵最小支撑树。

例如，对图 10-16 中的连通赋权图，按 Kruskal 算法选取边的过程如图 10-18 所示。

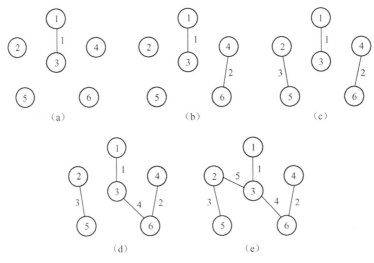

图 10-18　按 Kruskal 算法选取边的过程

上述构造最小支撑树的 Kruskal 算法需要按权的递增顺序查看图 G 的所有边。为此需要将 G 的所有边按边权值排序。存储每条边的结构定义如下。

```
1  typedef struct edge{
2      int u;
3      int v;
4      WItem w;
5  }Edge;
```

函数 EDGE(u,v,w)构造一条权为 w 的边(u,v)。

```
1  Edge EDGE(int u,int v,WItem w)
2  {
3      Edge e;
4      e.u=u;e.v=v;e.w=w;
5      return e;
6  }
```

函数 Edges(a,G)抽取图 G 的所有边到赋权边数组 a 中，并返回图 G 的边数。

```
1  int Edges(Edge a[],Graph G)
2  {
3      int k=0;
4      for(int i=1;i<=G->n;i++)
5        for(int j=i+1;j<=G->n;j++)
```

```
6            if(G->a[i][j]!=G->NoEdge)
7                a[k++]=EDGE(i,j,G->a[i][j]);
8        return k;
9    }
```

关于集合的一些基本运算可用于实现 Kruskal 算法。在 Kruskal 算法中，要对一个由图 G 的连通分支组成的集合不断进行修改。将这个由图 G 的连通分支组成的集合记为 U，则需要用到的集合的基本运算有如下两种。

（1）UFunion(a,b,U)：将 U 中两个连通分支 a 和 b 连接起来，所得的结果称为 A 或 B。

（2）UFfind(v,U)：返回 U 中包含顶点 v 的连通分支的名字。这个运算用来确定某条边的两个端点所属的连通分支。

这些基本运算正是第 9 章中介绍的并查集所支持的基本运算。

利用并查集 UFset 可实现 Kruskal 算法如下。

```
1    void Kruskal(Edge mst[],Graph G)
2    {
3        Edge a[maxE];
4        UFset U;
5        int e=Edges(a,G);
6        sort(a,0,e-1);
7        U=UFinit(G->n);
8        for(int i=0,k=0;i<e && k<G->n-1;i++){
9            int s=UFfind(a[i].u,U);
10           int t=UFfind(a[i].v,U);
11           if(s!=t){
12               mst[k++]=a[i];
13               UFunion(s,t,U);
14           }
15       }
16   }
```

设输入的连通赋权图有 e 条边，则将这些边依其权排序的时间为 $O(e\log e)$。实现 UnionFind 运算所需的计算时间为 $O(e\log e)$ 或 $O(e\log^* e)$。因此 Kruskal 算法所需的计算时间为 $O(e\log e)$。

10.10 图匹配

设 $G=(V,E)$ 是一个无向图。若顶点集合 V 可分割为两个互不相交的子集，并且图中每条边 (i,j) 所关联的两个顶点 i 和 j 分属于这两个不同的顶点集，则称图 G 为一个二分图。

在学校的教务管理中，排课表是一项例行工作。一般情况下，每位教师可胜任多门课程的教学，而每个学期只讲授一门所胜任的课程；每学期的一门课程只需一位教师讲授。可以用一个二分图来表示教师与课程的这种关系。教师和课程都是图的顶点，边(t,c)表示教师 t 胜任课程 c。图 10-19（a）为表示 5 位教师和 5 门课程之间关系的二分图。

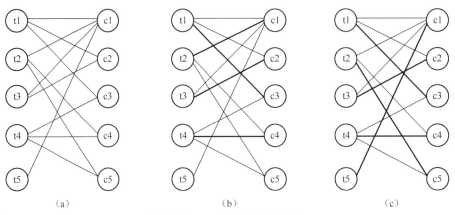

图 10-19　二分图及其最大匹配

　　为每位教师安排一门课程，相当于为每个教师顶点选择一条和课程顶点相关联的边，且任何两个教师顶点不和同一课程顶点相关联。这个排课表问题实际上是图的匹配问题。

　　图匹配问题可描述如下：设 $G =(V,E)$ 是一个图。若 $M \subseteq E$，且 M 中任何两条边都不与同一个顶点相关联，则称 M 是 G 的一个匹配。G 的边数最多的匹配称为 G 的最大匹配。如果图的一个匹配使图中每个顶点都是该匹配中某条边的端点，那么就称这个匹配为图的一个完全匹配。一个图的完全匹配一定是这个图的一个最大匹配。

　　为了求一个图的最大匹配，可以系统地列举出该图的所有匹配，然后从中选出边数最多者。这种方法所需要的时间是图中边数的一个指数函数。因此，需要一种更有效的算法。

　　下面介绍一种利用增广路径求最大匹配的算法。设 M 是图 G 的一个匹配，将 M 中每边所关联的顶点称为已匹配顶点，其余顶点称为未匹配顶点。若 P 是图 G 中一条连通两个未匹配顶点的路径，并且在路径 P 上属于 M 的边和不属于 M 的边交替出现，则称 P 为一条关于 M 的增广路径。由此定义可知，增广路径具有以下性质。

　　（1）一条关于 M 的增广路径的长度必为奇数，且路上的第一条边和最后一条边都不属于 M。

　　（2）对于一条关于 M 的增广路径 P，将 M 中属于 P 的边删去，将 P 中不属于 M 的边添加到 M 中，所得到的边集合记为 $M \oplus P$，则 $M \oplus P$ 是一个比 M 更大的匹配。

　　（3）M 为 G 的一个最大匹配当且仅当不存在关于 M 的增广路径。

　　性质（1）和（2）是显而易见的。

　　对于性质（3），当存在一条关于 M 的增广路径时，由性质（2）可知，M 不是最大匹配。反之，当 M 不是最大匹配时，一定可以找到一条关于 M 的增广路径。事实上，设 N 是一个比 M 更大的匹配，并令 $G' =(V,M \oplus N)$。因为 M 和 N 都是 G 的一个匹配，所以 V 中的每个顶点最多和 M 中一条边相关联，也最多和 N 中一条边相关联。于是 G' 的每个连通分支构成一条由 M 和 N 中的边交替组成的简单路径或圈。每个圈中所含的 M 和 N 的边数相同，而每条简单路径是一条关于 M 的增广路径或是一条关于 N 的增广路径。由于在 G' 中属于 N 的边多于属于 M 的边，所以 G' 中必含关于 M 的增广路径。

　　由此，求图 $G=(V,E)$ 的最大匹配 M 的算法可描述如下：

　　（1）置 M 为空集；

　　（2）找出一条关于 M 的增广路径 P，并用 $M \oplus P$ 代替 M；

（3）重复步骤（2）直至不存在关于 M 的增广路径，最后得到的匹配就是 G 的一个最大匹配。

在上述算法中，关键的问题是如何根据已有匹配 M，找出 G 中关于匹配 M 的一条增广路径。为了简化起见，只讨论 G 是二分图的情形。

设 G=(V,E) 是一个二分图，M 是 G 的一个匹配，按下述方法构造一棵树，取 G 的一个未匹配顶点作为树根，它位于树的第 0 层。设已经构造好了树的 i-1 层，现在要构造第 i 层。当 i 为奇数时，将那些关联于第 i-1 层中一个顶点且不属于 M 的边，连同该边关联的另一个顶点一起添加到树上。当 i 为偶数时，则添加那些关联于第 i-1 层中一个顶点且属于 M 的边，连同该边关联的另一个顶点。若在上述构造树的过程中，发现一个未匹配顶点 v 被作为树的奇数层顶点，则这棵树上从顶点 v 到树根的路径就是一条关于 M 的增广路径；若在构造树的过程中，既没有找到增广路径，又无法按要求往树上添加新的顶点，则可以在余下的顶点中再取一个未匹配顶点作为树根，构造一棵新的树。这个过程一直进行下去，如果最终仍未得到任何增广路径，就说明 M 已经是一个最大匹配了。

例如，图 10-19（a）中二分图的一个匹配 M 如图 10-19（b）所示。其中，粗线边表示匹配 M 中的边。按上述方法，取未匹配顶点 t5 作为树根，顶点 c1 是树上第 1 层中唯一的顶点，未匹配边 (t5,c1) 是树上的一条边。顶点 t2 处于树的第 2 层，匹配边 (c1,t2) 是树上的一条边。顶点 c5 是未匹配顶点，可以添加到第 3 层。至此找到一条增广路径 P：t5,c1,t2,c5。由此增广路径得到图 G 的一个更大的匹配 M⊕P，如图 10-19（c）所示。此时，M⊕P 是一个完全匹配，从而也是 G 的一个最大匹配。

设二分图 G 有 n 个顶点和 e 条边，M 是 G 的一个匹配。如果用邻接表表示 G，那么求一条关于 M 的增广路径需要时间为 $O(e)$。由于每找出一条新的增广路径都将得到一个更大的匹配，所以最多求 n/2 条增广路径就可以得到图 G 的最大匹配。因此，求图 G 的最大匹配所需的计算时间为 $O(ne)$。

10.11   应用举例

例 10.1   差分约束系统。

设 $x_1, x_2, \cdots, x_n$ 是 n 个非负变量。关于变量 $x_1, x_2, \cdots, x_n$ 的差分约束是形如 $x_i - x_i \leq b_k$ 的不等式约束，其中 b_k 是常数。差分约束系统问题是对于给定的一系列差分约束 $x_j - x_i \leq b_k$，$1 \leq i$，$j \leq n$，$1 \leq k \leq m$，确定变量 $x_1, x_2, \cdots, x_n$ 的值，使其满足 m 个差分约束。例如，下面的 8 个不等式构成关于 5 个变量 x_1, x_2, x_3, x_4, x_5 的差分约束系统：

$$x_1 - x_2 \leq 0$$
$$x_1 - x_5 \leq -1$$
$$x_2 - x_5 \leq 1$$
$$x_3 - x_1 \leq 5$$
$$x_4 - x_1 \leq 4$$
$$x_4 - x_3 \leq 0$$
$$x_5 - x_3 \leq -3$$
$$x_5 - x_4 \leq -3$$

这个差分约束系统可用矩阵形式表示为

$$\begin{bmatrix} 1 & -1 & 0 & 0 & 0 \\ 1 & 0 & 0 & 0 & -1 \\ 0 & 1 & 0 & 0 & -1 \\ -1 & 0 & 1 & 0 & 0 \\ -1 & 0 & 0 & 1 & 0 \\ 0 & 0 & -1 & 1 & 0 \\ 0 & 0 & -1 & 0 & 1 \\ 0 & 0 & 0 & -1 & 1 \end{bmatrix} \begin{bmatrix} x_1 \\ x_2 \\ x_3 \\ x_4 \\ x_5 \end{bmatrix} \leqslant \begin{bmatrix} 0 \\ -1 \\ 1 \\ 5 \\ 4 \\ -1 \\ -3 \\ -3 \end{bmatrix}$$

$x = (-5, -3, 0, -1, -4)$ 是上述差分约束系统的一个解。将每个变量的值加 5，得到该差分约束系统的一个非负解 $x = (0, 2, 5, 4, 1)$。在一般情况下，若 $x = (x_1, x_2, \cdots, x_n)$ 是差分约束系统 $Ax \leqslant b$ 的一个解，则 $x + d = (x_1 + d, x_2 + d, \cdots, x_n + d)$ 也是差分约束系统 $Ax \leqslant b$ 的一个解。事实上，对任意 x_i 和 x_j 有 $(x_j + d) - (x_i + d) = x_j - x_i$，因此 $A(x + d) = Ax \leqslant b$。

对于给定的差分约束系统 $Ax \leqslant b$，可构造相应的差分约束有向赋权图 $G = (V, E)$ 如下：

$V = \{v_0, v_1, \cdots, v_n\}$；

$E = \{(v_i, v_j) | x_j - x_i \leqslant b_k, 1 \leqslant k \leqslant m\} \{(v_0, v_1), (v_0, v_2), \cdots, (v_0, v_n)\}$。

其中，顶点 v_i 对应于变量 x_i，$1 \leqslant i \leqslant n$；顶点 v_0 是另外增加的源顶点，从顶点 v_0 到顶点 v_i 引入一条有向边 (v_0, v_i)，其权值为 0，$1 \leqslant i \leqslant n$。有向边 (v_i, v_j) 对应于差分约束 $x_j - x_i \leqslant b_k$，该边的权值为 b_k。注意到 b_k 可取负值，所得到的图 $G = (V, E)$ 是一个有负权边的有向赋权图，可用 Bellman-Ford 最短路径算法求源顶点 v_0 到图 G 中其他顶点 v_i 的最短路径 $\delta(v_0, v_i)$。若图 $G = (V, E)$ 不含负权圈，则 $x = (\delta(v_0, v_1), \delta(v_0, v_2), \cdots, \delta(v_0, v_n))$ 是差分约束系统 $Ax \leqslant b$ 的一个解；若图 $G = (V, E)$ 含有负权圈，则差分约束系统 $Ax \leqslant b$ 无解。

事实上，若图 $G = (V, E)$ 不含负权圈，考查 E 中有向边 $(v_i, v_j) \in E$。由三角不等式可知，$\delta(v_0, v_j) \leqslant \delta(v_0, v_i) + e(v_i, v_j)$，即 $\delta(v_0, v_j) - \delta(v_0, v_i) \leqslant e(v_i, v_j) = b_k$。因此，$x = (\delta(v_0, v_1), \delta(v_0, v_2), \cdots, \delta(v_0, v_n))$ 满足所有差分约束，即 x 是差分约束系统 $Ax \leqslant b$ 的一个解。

如果图 $G = (V, E)$ 含有负权圈，不失一般性，设 $c = (v_1, v_2, \cdots, v_k)$，当 $v_1 = v_k$ 时，是 G 的一个负权圈，其权值为 $w(c) = e(v_1, v_2) + e(v_2, v_3) + \cdots + e(v_{k-1}, v_k) + e(v_k, v_1) < 0$。由于顶点 v_0 只有出边，所以顶点 v_0 不在圈 c 中。显然，圈 c 对应于如下差分约束：

$$x_2 - x_1 \leqslant e(v_1, v_2)$$
$$x_3 - x_2 \leqslant e(v_2, v_3)$$
$$\vdots$$
$$x_k - x_{k-1} \leqslant e(v_{k-1}, v_k)$$
$$x_1 - x_k \leqslant e(v_k, v_1)$$

将上述不等式相加得到 $0 \leqslant w(c)$。这与 c 是负权圈矛盾。

通过上面的讨论可看到，含有 n 个变量和 m 个约束的差分约束系统 $Ax \leqslant b$ 可转换为含有 $n+1$ 个顶点和 $n+m$ 条有向边的有向赋权图 $G = (V, E)$。用 Bellman-Ford 最短路算法求源顶点 v_0 到图 G 中其他顶点 v_i 的最短路径 $\delta(v_0, v_i)$，即可求得差分约束系统 $Ax \leqslant b$ 的解 $x = (\delta(v_0, v_1), \delta(v_0, v_2), \cdots, \delta(v_0, v_n))$。

上述算法需要的计算时间为 $O((n+1)(n+m)) = O(n^2 + nm)$。注意，由差分约束系统 $Ax \leqslant b$ 变

换得到的有向赋权图 $G = (V, E)$ 的特殊性，即源顶点 v_0 只有出边，且其出边的权值均为 0。因此，可将顶点 v_0 连同其 n 条边从 G 中删去，而将最短路径长度初始化为 0，用 Bellman-Ford 最短路径算法求解，同样可求得 $x = (\delta(v_0, v_1), \delta(v_0, v_2), \cdots, \delta(v_0, v_n))$。此时，算法时间复杂性降为 $O(nm)$。

在实际应用中，有许多问题可变换为差分约束系统问题。例如，在有截止时间的工作排序问题中，有 n 件工作待完成。完成第 k 件工作所需的时间为 t_k。有些工作是有先后次序的，如工作 i 必须在工作 j 完成之后才能开始。另外，有些工作还有截止时间，如工作 i 必须最迟在工作 j 完成若干时间之后开始。对于给定工作集合、先后次序和截止时间约束，有截止时间的工作排序问题，要求计算完成全部工作所需的最少时间，这个问题容易变换为差分约束系统问题，从而可用 Bellman-Ford 最短路径算法求解。

例 10.2 套汇问题。

套汇是指利用货币汇兑率的差异将一个单位的某种货币转换为大于一个单位的同种货币的方法。例如，假定 1 美元可以买 0.7 英镑，1 英镑可以买 9.5 法郎，1 法郎可以买 0.16 美元。通过货币兑换，一个商人可以从 1 美元开始买入，得到 0.7×9.5×0.16=1.064 美元，从而获得 6.4% 的利润。给定 n 种货币的有关兑换率的表 $a[0..n-1][0..n-1]$。其中，$a[i,j]$ 表示一个单位货币 i 可以买到的货币 j 的单位数。套汇问题就是根据兑换率的表 $a[0..n-1][0..n-1]$，计算是否存在套汇获利的可能性。

这个问题可以变换为有向图的负圈判定问题。事实上，若将 a 看成一个赋权有向图 G 的邻接矩阵，则存在套汇获利的可能性等价于 G 中存在一个圈，使得该圈上各边权的乘积大于 1。设 $b[i][j] = -\log(a[i][j])$，可以将图 G 变换为邻接矩阵为 b 的赋权有向图 H。由此可得，G 中存在各边权的乘积大于 1 的圈当且仅当赋权有向图 H 存在负圈。用 Bellman-Ford 算法或 Floyd 算法就容易判定是否存在套汇获利的可能性。根据这个思路，也可以直接用 Floyd 算法对赋权有向图 G 计算，此时需将路径的长度定义为边的乘积。

```
1    int arbitrage(double a[][maxn],int n)
2    {
3      for(int k=0;k<n;k++)
4        for(int i=0;i<n;i++)
5          for(int j=0;j<n;j++){
6            double tmp=a[i][k]*a[k][j];
7            a[i][j]=(tmp>a[i][j])?tmp:a[i][j];
8            if((i!=j)&&(a[i][j]*a[j][i]>1))return 1;
9          }
10     return 0;
11   }
```

算法在第 8 行判定是否存在边的乘积对于 1 的圈。这实际上就是 Floyd 算法，需要的计算时间是 $O(n^3)$。

本 章 小 结

本章讲授实践中常用的表示复杂非线性关系的数据结构图，以及图的一般操作和表示图的数据结构。本章着重介绍了图的邻接矩阵表示及其实现方法、图的邻接表表示及其实现方法，以及图的紧缩邻接表实现方法。在此基础上讨论了遍历一个图的两个重要方法，即图的广度优先搜索和深度优先搜索算法。对于实际应用中常遇到的最短路径问题，本章详细叙述了单源最短路径问题的 Dijkstra 算法、有负权边的单源最短路径问题的 Bellman-Ford 算法和所有顶点对之间最短路径问题的 Floyd 算法。最小支撑树问题是另一个经典的图论问题。本章讨论了构造最小支撑树的 Prim 算法和 Kruskal 算法。最后介绍了二分图的概念及其相关的图匹配问题，并讨论了最大匹配问题的增广路径算法。

习　题　10

10.1　有向图 $G=(V,E)$ 的转置是图 $G^T=(V,E^T)$，其中 $E^T=\{(v,u) \in V \times V: (u,v) \in E\}$。因此，$G^T$ 就是 G 的所有边反向所组成的图。试按邻接表和邻接矩阵两种表示法写出从图 G 计算 G^T 的有效算法，并分析算法的时间复杂性。

10.2　有向图 $G=(V,E)$ 的平方图是图 $G^2=(V,E^2)$，其中 $(u,w) \in E^2$ 当且仅当存在一个顶点 $v \in V$，使得 $(u,v) \in E$ 且 $(u,w) \in E$，即当图 G 中存在一条从顶点 u 到顶点 w 的长度为 2 的路径时，$(v,w) \in E^2$。试按邻接表和邻接矩阵两种表示法分别写出从 G 产生 G^2 的有效算法，并分析算法的时间复杂性。

10.3　采用邻接矩阵实现一个具有 n 个顶点的图时，大多数关于图的算法时间复杂性为 $O(n^2)$，但也有例外。例如，即使采用邻接矩阵实现一个有向图 G，确定 G 是否含有一个汇（即入度为 $n-1$，出度为 0 的顶点），只需要计算时间 $O(n)$。试写出其算法。

10.4　设计并实现用紧缩邻接表实现的赋权有向图的结构和算法。

10.5　对有向图 G 进行深度优先搜索，得到一个深度优先支撑森林。按树根被访问到的先后顺序将森林中的树从左到右排列，并从最左边的树开始，顺序对每棵树上的顶点进行后序编号，可以得到一种顶点的编号。另外，对 G 进行深度优先遍历时，按递归调用 DFS 完成的先后顺序，可以得到另一种顶点编号。证明上述两种对顶点的编号方式得到的顶点编号相同。

10.6　试写一个计算时间 $O(n)$ 的算法，用来确定一个具有 n 个顶点的图是否有圈。

10.7　试设计一个算法，用来确定一个无向图的所有连通分支。

10.8　试设计一个函数 FindPaths，对于给定的图 G 和其中的两个顶点 v 和 w，输出 G 中从 v 到 w 的所有简单路径，并分析算法的时间复杂性。

10.9　修改无向图的邻接表表示法，使得当 j 是顶点 i 的邻接表中第 1 个顶点时，可以在 $O(1)$ 时间内删除边 (i,j)。试写一个实现这种删除的算法。

10.10　设 G 是一个具有 n 个顶点和 e 条边的带权有向图，各边的权值为 0～N-1 之间的整数，N 为一非负整数。修改 Dijkstra 算法使其能在 $O(Nn+e)$ 时间内计算出从源到所有其他顶点之间的最短路径长度。

10.11　有时仅对赋权有向图上从任意一个顶点到另外任意一个顶点间有没有路径感兴趣。修改 Floyd 算法，计算出图的道路矩阵 P，使得从顶点 i 到顶点 j 有路径时 $P[i][j]=1$，否则 $P[i][j]=0$。

10.12　一个 d 维箱 $(x_1,x_2,\cdots,x_d)$ 嵌入另一个 d 维箱 $(y_1,y_2,\cdots,y_d)$ 是指存在 $1,2,\cdots,d$ 的一个排列 π，使得 $x_{\pi(1)} < y_1, x_{\pi(2)} < y_2, \cdots, x_{\pi(d)} < y_d$。

（1）证明上述箱嵌套关系具有传递性。

（2）试设计一个有效算法，用于确定一个 d 维箱是否可嵌入另一个 d 维箱。

（3）给定由 n 个 d 维箱组成的集合 $\{B_1, B_2, \cdots, B_n\}$，试设计一个有效算法，找出这 n 个 d 维箱中的一个最长嵌套箱序列，并用 n 和 d 来描述算法的时间复杂性。

10.13 试分别设计用广度优先搜索算法 bfs 和深度优先搜索算法 dfs 找出给定图 G 的一棵支撑树的算法。

10.14 试设计一个构造图 G 的支撑树的算法，使构造出的支撑树的边的最大权值达到最小。

10.15 假设具有 n 个顶点的连通带权图中所有边的权值均为 $1\sim n$ 之间的整数，那么你能使 Kruskal 算法有何改进？时间复杂性能改进到何种程度？若对某常量 N，所有边的权值均为 $1\sim N$ 之间的整数，在这种情况下又如何？在上述两种情况下，对 Prim 算法能有何改进？

10.16 试设计一个算法，判断一个给定的图是否为二分图。

10.17 证明一个图是二分图当且仅当它不含长度为奇数的圈。举一个非二分图的例子，说明对二分图求增广路径的方法不能用于一般图。

10.18 设 M 和 N 是同一个二分图中的两个匹配，证明 $M \oplus N$ 中至少含有 $|M|-|N|$ 个顶点，且不在任何一条 M 的增广路径上。

10.19 对于图 $G=(V,E)$，若边集合 $C \subseteq E$ 使得对于任意的 $v \in V$，都关联于 C 中的一条边，则称 C 为图 G 的一个覆盖。图 G 的边数最少的覆盖称为 G 的最小覆盖。

（1）给定图 $G=(V,E)$ 及它的一个最大匹配 M，试设计一个算法求图 G 的一个最小覆盖。

（2）给定图 $G=(V,E)$ 及它的一个最小覆盖 C，试设计一个算法求 G 的一个最大匹配。

算法实验题 10

算法实验题 10.1 最小现金流问题。

★ 问题描述：在 n 个朋友组成的朋友圈内，常有朋友间互相借钱与还钱。在某时刻朋友间互相借钱与还钱的数量可以用一个赋权有向图来表示。用图中顶点表示每个人，用每条有向边表示借钱与还钱关系。每条有向边的边权表示借钱与还钱的数量。若 A 向 B 借钱 x，则在图中加一条由 B 指向 A 且边权为 x 的有向边。若 A 向 B 还钱 x，则在图中加一条由 A 指向 B 且边权为 x 的有向边。具有相同结果的借钱与还钱关系赋权有向图并不是唯一的。例如，A 向 B 支付 100 元，A 向 C 支付 200 元，B 向 C 支付 500 元的结果与 A 向 C 支付 300 元，B 向 C 支付 400 元的结果相同。但是，这 2 个有向图的现金流量却不相同。前者的现金流量是 800 元，而后者的现金流量是 700 元。

★ 实验任务：对于给定的 n（$0<n<5000$）个朋友组成的朋友圈内的借钱与还钱关系赋权有向图 G，顶点编号为 $0,1,\cdots,n-1$。计算与 G 有相同结果的赋权有向图 H，使得 H 具有最小现金流量。

★ 数据输入：由文件 input.txt 给出输入数据。第 1 行有 1 个正整数 n，表示给定的图 G 有 n 个顶点，顶点编号为 $0,1,\cdots,n-1$。接下来的 n 行中，第 i 行有 n 个整数，分别表示图 G 的一条边 (i,j) 的边权。

★ 结果输出：将计算出的与 G 有相同结果的赋权有向图的最小现金流量输出到文件

output.txt 中。

输入文件示例	输出文件示例
input.txt	output.txt
0 100 200	700
0 0 500	
0 0 0	

算法实验题 10.2 赋权有向图中心问题。

★ 问题描述：设 $G=(V,E)$ 是一个赋权有向图，v 是 G 的一个顶点，v 的偏心距定义为

$$\max_{w \in V} \{ \text{ 从 } w \text{ 到 } v \text{ 的最短路径长度 } \}$$

G 中偏心距最小的顶点称为 G 的中心。试利用 Floyd 算法设计一个求赋权有向图中心的算法。

★ 实验任务：对于给定的赋权有向图 G，计算图的中心。

★ 数据输入：由文件 input.txt 给出输入数据。第 1 行有 2 个正整数 n 和 m，表示给定的图 G 有 n 个顶点和 m 条边，顶点编号为 $1,2,\cdots,n$。接下来的 m 行中，每行有 3 个整数 u,v,w，表示图 G 的一条边(u,v)及其边权 w。

★ 结果输出：将计算出的图的中心及其偏心距输出到文件 output.txt 中。第 1 行是中心的偏心距，第 2 行是中心的编号。

输入文件示例	输出文件示例
input.txt	output.txt
5 7	2
1 2 4	3
1 3 2	
1 5 8	
2 4 4	
2 5 5	
3 4 1	
4 5 3	

算法实验题 10.3 最长简单路径问题。

★ 问题描述：试设计一个算法，对于给定的带权有向图，计算出该图中指定顶点为起点和终点的最长简单路径，并分析算法的计算时间复杂性。

★ 实验任务：对于给定的图 G 和 G 中的两个顶点 v 和 w，计算从 v 到 w 的最长简单路径。

★ 数据输入：由文件 input.txt 给出输入数据。第 1 行有 2 个正整数 n 和 m，表示给定的图 G 有 n 个顶点和 m 条边，顶点编号为 $1,2,\cdots,n$。接下来的 m 行中，每行有 3 个整数 u,v,w，表示图 G 的一条边(u,v)及其边权 w。第 $m+1$ 行是一个正整数 k，表示要计算 k 对顶点间的最长简单路径。接下来的 k 行中，每行有 2 个正整数 s 和 t，表示要计算顶点对 s 和 t 间的最长简单路径。

★ 结果输出：将计算出的各顶点对之间的最长简单路径长度依次输出到文件 output.txt 中。若不存在满足要求的简单路径，则输出-1。

输入文件示例	输出文件示例
input.txt	output.txt
7 10	

```
1 2 -5                    102
1 3 -6                    103
1 6 1                     -1
1 7 13
2 3 100
3 4 1
3 5 1
4 5 1
5 6 1
5 7 1
3
2 5
2 6
2 1
```

算法实验题 10.4 计算机网络问题。

★ 问题描述：校园里有 n 台计算机，要将它们用数据线连接起来。连接两台计算机的费用与这两台计算机之间的直线距离成正比。如果将每两台计算机都用数据线连接，势必造成浪费。为了节省费用，可以采用数据的间接传输手段，即一台计算机可以间接通过若干台计算机（作为中转）来实现与另一台计算机的连接。如何用最少费用连接 n 台计算机。

★ 实验任务：对于给定的 n 台计算机及其位置坐标，计算连接 n 台计算机的最少费用。

★ 数据输入：由文件 input.txt 给出输入数据。第 1 行有 2 个正整数 n 和 k，分别表示有 n 台计算机，以及布线费用与布线距离的比 k。此后的 n 行，每行有 2 个整数 x 和 y，表示相应计算机的位置。

★ 结果输出：将计算出的连接 n 台计算机的最少费用输出到文件 output.txt 中。计算结果保留 2 位小数。

输入文件示例	输出文件示例
input.txt	output.txt
3 1	6.47
0 0	
1 2	
-1 2	
0 4	

算法实验题 10.5 差分约束问题。

★ 问题描述：设 $x_1, x_2, \cdots, x_n$ 是 n 个非负变量。关于变量 $x_1, x_2, \cdots, x_n$ 的差分约束是形如 $x_i - x_j \leqslant c$ 的不等式约束。其中，c 是常数。差分约束问题是对于给定的差分约束，确定变量 $x_1, x_2, \cdots, x_n$ 的值，使其满足差分约束，且使 n 个变量的最大值与最小值之差达到最小。

★ 实验任务：对于给定的差分约束，计算满足差分约束的变量最大值与最小值之差的最小值。

★ 数据输入：由文件 input.txt 给出输入数据。第 1 行有 2 个正整数 n 和 m，表示有 n 个变量和 m 个差分约束，变量编号为 $1, 2, \cdots, n$。接下来的 m 行中，每行有 3 个整数 i, j, c，表示差分约束 $x_i - x_j \leqslant c$。

★ 结果输出：将计算出的满足差分约束的变量最大值与最小值之差的最小值输出到文件

output.txt 中。若不存在满足要求值，则输出"No solution!"。

输入文件示例	输出文件示例
input.txt	output.txt
4 6	6
1 2 -2	
1 3 -6	
3 4 5	
3 2 4	
2 4 1	
4 1 1	

算法实验题 10.6 有截止时间的工作排序问题。

★ 问题描述：设有 n 件工作待完成。完成第 k 件工作所需的时间为 t_k。有些工作是有先后次序的，如工作 i 必须在工作 j 完成之后才能开始。另外，有些工作还有截止时间，如工作 i 必须最迟在工作 j 完成若干时间之后开始。试设计一个算法，对于给定工作集合、先后次序和截止时间约束，计算完成全部工作所需的最少时间。

★ 实验任务：对于给定的 n 件工作集合、先后次序和截止时间约束，计算完成全部工作所需的最少时间。

★ 数据输入：由文件 input.txt 给出输入数据。第 1 行有 3 个正整数 n,k 和 m，表示有 n 件工作，k 个先后次序约束和 m 个截止时间约束，工作编号为 $1,2,\cdots,n$。接下来的 n 行中，每行有 1 个正整数，表示完成第 k 件工作所需的时间为 t_k。其后 k 行是 k 个先后次序约束。每行有 2 个正整数 i 和 j，表示工作 i 要先于工作 j 完成。最后 m 行是 m 个截止时间约束，每行有 3 个正整数 i，j 和 d，表示工作 i 必须最迟在工作 j 完成后的时间 d 之后开始。

★ 结果输出：将计算出的完成全部工作所需的最少时间输出到文件 output.txt 中。若不存在满足要求的工作安排，则输出"No solution!"。

输入文件示例	输出文件示例
input.txt	output.txt
10 11 2	173
41	
51	
50	
36	
38	
45	
21	
32	
32	
29	
1 2	
1 8	
1 10	
2 3	
7 9	
7 4	
8 9	

8 4
9 3
10 5
10 7
6 2 3
3 8 64

参 考 文 献

[1] AlfredAho,JohnHopcroft,JeffreyUllman. Data Structures and Algorithms[M].Boston: Addison-Wesley, 1983.

[2] ThomasCormen, CharlesLeisersen, RonaldRivest, et al. Introduction to Algorithms[M]. 3rd ed.Cambridge, Massachusetts: The MIT Press, 2009.

[3] MichaelGoodrich, Roberto Tamassia. Algorithm Design: Foundations, Analysis, and Internet Examples[M]. New York:John Wiley & Sons, 2001.

[4] Robert Sedgewick. Algorithms in C, Parts 1-5 (Bundle): Fundamentals, Data Structures, Sorting, Searching, and Graph Algorithms[M]. 3rd ed.Boston: Addison-Wesley Professional, 2001.

[5] StevenSkiena. The Algorithm Design Manual[M]. 2nd Edition. Berlin: Springer, 2010.

[6] 严蔚敏. 数据结构（C 语言版）[M]. 北京：清华大学出版社，2007.

[7] 王晓东. 数据结构（C++语言版）[M]. 北京：科学出版社，2008.